现代铜加工生产技术丛书

冷凝管生产技术

郭 莉　李耀群　编著

北 京
冶 金 工 业 出 版 社
2007

内 容 简 介

本书是《现代铜加工生产技术丛书》之一，详细介绍了冷凝管的制造过程与使用方法。全书共分8章，内容包括：概论、冷凝管标准及性能、铜合金冷凝管、不锈钢冷凝管、钛及钛合金冷凝管、新型冷凝管简介、冷凝管的腐蚀与防护、冷凝管选材等。

本书可供冷凝管生产的工程技术人员、高级技工以及相关专业的高校学生阅读，也可供冷凝管使用与安装部门的技术人员参考。

图书在版编目(CIP)数据

冷凝管生产技术/郭莉等编著.—北京：冶金工业出版社，2007.2

(现代铜加工生产技术丛书)

ISBN 978-7-5024-4191-3

Ⅰ.冷… Ⅱ.郭… Ⅲ.铜-冷凝-金属管-生产工艺 Ⅳ.TG146.1

中国版本图书馆CIP数据核字(2007)第006875号

出 版 人 曹胜利(北京沙滩嵩祝院北巷39号，邮编100009)
策划编辑 张登科(电话:010-64062877,E-mail:zhdengke@sina.com)
责任编辑 张登科 王雪涛 美术编辑 李 心
责任校对 栾雅谦 李文彦 责任印制 牛晓波
北京鑫正大印刷有限公司印刷；冶金工业出版社发行；各地新华书店经销
2007年2月第1版，2007年2月第1次印刷
148mm×210mm; 9.75印张; 260千字;300页; 1-3500册
29.00元
冶金工业出版社发行部 电话:(010)64044283 传真:(010)64027893
冶金书店 地址:北京东四西大街46号(100711) 电话:(010)65289081
(本社图书如有印装质量问题，本社发行部负责退换)

《现代铜加工生产技术丛书》

编　委　会

编写组成员

组　　长　李耀群

副 组 长　张登科

撰稿专家　(按姓氏笔画排序)

马可定　王碧文　兰利亚　刘永亮
杨丽娟　李耀群　范顺科　易茵菲
赵宝良　钱俏鹂　郭　莉　曹建国
萧恩奎　梅恒星

前　言

冷凝管是铜及铜合金管材中十分重要的产品之一，因其具有良好的力学性能、抗腐蚀性能、加工性能和较高的性价比而被广泛地应用于火力发电、船舶制造、海水淡化、石油化工等国民经济的重要领域。

20 世纪 70 年代之前，我国冷凝管的制造技术还处于一个比较初级的水平，产品的品种少、质量差，大量重要设备使用的管材需要进口。80 年代，随着国民经济进入快速发展期，能源工业、船舶制造、机械制造等行业对冷凝管的需求量大幅增加，同时对产品质量的要求也不断提高。市场需求的增加，大大促进了冷凝管研发、制造水平的提升和生产能力的增加，更多的抗腐蚀材料也不断地研发出来并投入使用，取得了良好的效果。产品质量水平和制造能力的提高，使国产产品的应用范围不断扩大并逐步取代了进口产品，进而实现了产品的出口。

进入 21 世纪，随着中国制造业水平的不断提高，冷凝管的市场和生产也呈现出进一步扩大的态势，许多铜管生产企业不同程度地进行了冷凝管生产线的扩建或改造。但是，对冷凝管行业来说，至今尚无比较系统完整的有关这方面的技术书籍，故有必要编写一本有关冷凝管的技术要求、适用范围、制造方法、安装使用以及使用过程中出现的腐蚀现象及防止措施等方面的书，详细介绍冷凝管的特性、要求与使用方法，并针对不同的条件进行合理选材和正确使用，以及在出现问题时能够运用正确的方法予以解决，提高其使用寿命。

本书在出版过程中，得到了高新张铜股份有限公司总经理郭照相、无锡隆达集团董事长浦益龙、洛阳双勇机器制造有限公司董事长郭铁军、温州永得利机器制造公司总经理林永兴、彰源金属工业(苏州)公司总经理杨世弘的大力支持。另外还得到了刘雅庭、王向东、田荣璋、钱俏鹂、张士宏、张智强、魏笔、文继有、张全叶、李卫等同志在资料、图片方面的帮助，在此一并表示感谢。

由于作者水平所限，书中不妥之处，欢迎业界专家和广大读者批评指正。

作 者

2006 年 10 月

目 录

1 概论…………………………………………………… 1

1.1 冷凝管分类及用途……………………………………… 1

1.1.1 冷凝管分类…………………………………………… 1

1.1.2 冷凝管用途…………………………………………… 2

1.2 冷凝管发展过程………………………………………… 6

1.3 冷凝管发展方向………………………………………… 10

2 冷凝管标准及性能……………………………………… 11

2.1 铜合金冷凝管产品标准………………………………… 11

2.1.1 合金牌号与供货范围………………………………… 12

2.1.2 技术要求……………………………………………… 13

2.1.3 铜合金焊接管技术要求……………………………… 22

2.2 热交换器用不锈钢管…………………………………… 25

2.2.1 合金牌号与供货范围………………………………… 25

2.2.2 技术要求……………………………………………… 26

2.3 热交换器用钛及钛合金管……………………………… 27

2.3.1 合金牌号与供货范围………………………………… 27

2.3.2 技术要求……………………………………………… 27

3 铜合金冷凝管……………………………………………… 29

3.1 铜合金冷凝管材料……………………………………… 29

3.2 铜合金冷凝管生产方式………………………………… 30

3.3 挤轧法生产工艺………………………………………… 31

3.3.1 工艺流程……31
3.3.2 熔炼与铸造……32
3.3.3 挤压……88
3.3.4 冷轧管……117
3.3.5 拉伸……139
3.3.6 热处理……164
3.3.7 辅助工序……177
3.3.8 冷凝管挤轧法生产过程的质量控制……188
3.4 其他生产方式简介……194
3.4.1 水平连铸－行星轧制法……194
3.4.2 水平连铸－冷轧法……196
3.4.3 焊接铜合金冷凝管……196
3.5 铜合金冷凝管的安装及注意事项……207
3.5.1 产品安装现场的检验与验收……207
3.5.2 安装注意事项……210

4 不锈钢冷凝管……212

4.1 概述……212
4.2 不锈钢冷凝管的生产……213
4.2.1 生产方式……213
4.2.2 生产工艺……214
4.2.3 典型规格的生产工艺参数……216
4.3 关键设备及主要技术参数……217
4.3.1 卷曲成形机组……218
4.3.2 焊接设备……219
4.3.3 在线固溶处理设备……220
4.3.4 涡流探伤仪……221
4.4 不锈钢焊管质量控制与质量保证……221
4.4.1 不锈钢带的质量保证……221
4.4.2 不锈钢管的几何尺寸控制……221

4.4.3 不锈钢管的焊缝质量保证 …… 222
4.4.4 不锈钢管性能和组织控制 …… 223
4.5 国内不锈钢焊管设备 …… 224
4.5.1 不锈钢管焊接生产线 …… 224
4.5.2 焊机 …… 226
4.5.3 光亮热处理炉设备 …… 227
4.5.4 精整设备 …… 227
4.5.5 检验设备 …… 228

5 钛及钛合金冷凝管 …… 230

5.1 概述 …… 230
5.2 冷凝管用钛及钛合金的性能 …… 231
5.2.1 钛的物理性能 …… 231
5.2.2 钛的化学性能 …… 231
5.2.3 钛的加工性能 …… 232
5.2.4 工业纯钛的力学性能 …… 232
5.3 钛及钛合金冷凝管生产 …… 233
5.3.1 焊接钛管工艺路线 …… 233
5.3.2 海绵钛的生产 …… 233
5.3.3 钛及钛合金的熔铸 …… 235
5.3.4 钛及钛合金冷凝管的生产 …… 242

6 新型冷凝管简介 …… 249

6.1 添加微量元素的新型铜合金材料 …… 249
6.1.1 加硼锡黄铜 …… 249
6.1.2 多元锡黄铜 …… 252
6.1.3 其他添加微量元素的铜合金材料 …… 252
6.2 铝青铜合金材料 …… 253
6.3 高效传热管 …… 254
6.4 铜合金－钛双金属管 …… 255

6.4.1 双金属管的规格 …… 255
6.4.2 双金属管的制造方法 …… 256
6.4.3 双金属管的性能 …… 257
6.4.4 使用情况 …… 261
6.5 复合管耐蚀热交换器 …… 263

7 冷凝管的腐蚀与防护 …… 266

7.1 铜合金冷凝管的腐蚀 …… 266
7.1.1 铜合金腐蚀的影响因素 …… 266
7.1.2 铜合金冷凝管的腐蚀类型 …… 269
7.2 不锈钢冷凝管的腐蚀 …… 275
7.2.1 不锈钢冷凝管的腐蚀种类 …… 276
7.2.2 与铜合金管对比实例 …… 278
7.3 钛及钛合金冷凝管的腐蚀 …… 279
7.4 冷凝管的腐蚀防护 …… 279
7.4.1 一般要求 …… 279
7.4.2 管材使用时的防护措施 …… 281

8 冷凝管选材 …… 285

8.1 冷却水类型 …… 285
8.2 冷却水水质 …… 285
8.2.1 影响凝汽器管使用寿命的水质指标 …… 285
8.2.2 国内部分典型水质情况 …… 287
8.3 选材导则 …… 293
8.3.1 凝汽器管选用原则 …… 293
8.3.2 凝汽器管的选用 …… 293

参考文献 …… 299

1 概　论

冷凝管是热交换器用管中所占比重较大的一类，在许多情况下，人们习惯地将部分热交换器管称为冷凝管。冷凝管的主要功能是蒸汽或其他介质的冷凝或进行热交换，是制作管式热交换器的重要材料之一。用于制作此类设备或装置的材料主要有铜及铜合金、钛及钛合金以及不锈钢。在这些不同的冷凝管材料中，铜及铜合金以其众多的品种、优良的工艺性能和较高的性能价格比，成为种类最多、用途最广、适应性最强、所占比重最大的一种。不同的国家对热交换器用铜管的定义有些差别，这些差别主要表现在定义域的范围，如美国材料与试验协会的ASTM标准中对冷凝管的定义是：加工成适用于冷凝器和热交换器特殊要求的尺寸允许偏差、表面质量和状态的管材。根据此定义，在ASTM标准中将所有符合上述定义的铜及铜合金管材产品以及所用材料全部列入了冷凝管的范畴。而我国，热交换器管的定义域范围则相对更为细化，一般系指冷却介质为天然水，开放式（包括开式循环）水冷系统的冷凝器和热交换器所用的铜合金管材。而对应用于制冷行业、以有机化合物为冷却介质、封闭循环冷却系统的冷凝器和热交换器所使用的铜管材，则在其他的标准中加以规定。本书重点对以天然水为冷却介质，开放式水冷系统的冷凝器和热交换器用铜合金管材、不锈钢管材以及钛及钛合金管材加以论述。

1.1　冷凝管分类及用途

1.1.1　冷凝管分类

冷凝管的分类可以在多个层面上进行：

按照金属的特性可分为铜及铜合金管、钛及钛合金管以及不锈钢管,其中铜合金管中又可细分为黄铜管、白铜管、青铜管;黄铜管还可再细分为普通黄铜管、锡黄铜管、铝黄铜管等。

按照制造方式可分为焊接管和无缝管;

按照产品的形状可分为光面管、波纹管、翅片管;

按照其交货形态可分为直条管和盘管;

按照用途可分为热交换器用管、海水淡化用管和船舶用管等。

1.1.2 冷凝管用途

1.1.2.1 电力行业

火力发电是利用燃煤、燃油或天然气等自然能源的燃烧将水加热成为水蒸气,由水蒸气推动汽轮机高速旋转带动发电机组达到发电的目的,实现不同能量之间的转换。凝汽器是汽轮发电机组重要的辅机设备,其主要任务是将汽轮机的排气凝结成水并在汽轮机排气口建立和维持一定的真空度,以提高机组的运行效率。通过凝汽器冷凝的水,重新回到锅炉开始下一个循环。核能发电与之不同的是用铀作为燃料来替代煤炭、石油或天然气等自然能源,核燃料在反应堆中进行裂变产生的大量热能进入蒸汽发生器,将水转变为水蒸气,之后通过汽轮机发电机组及其系统将热能转换为电能。由此可见,凝汽器及其附属设备可靠性的优劣与发电企业的经济性运行关系密切。

冷凝管是凝汽器的关键部件之一,承担着全部热交换过程的重要任务。通常管内通过海水或陆地淡水,而管外侧则是处于高温、高压状态的蒸汽。通过管内流动的冷却水将蒸汽冷凝成水实现热交换过程。随着科技的发展和技术的进步,火力发电机组已由过去的6～200 MW发展到今天的800～1200 MW超临界机组。设备的大型化提高了效率和效益,降低了成本和能耗,但对设备部件的材料和质量要求也提出了更高的要求。面对苛刻的使用条件,材料的耐水质腐蚀和抗冲击腐蚀能力以及力学性能、工艺性能和换热效率都要达到一个较高的水准。

我国是一个水资源极其匮乏的国家，为扼制因缺水阻碍电力发展的势态，大型直接或间接空冷机组应运而生并陆续投入运行。它的空冷凝汽器一改传统湿冷凝汽器的面貌与结构，其冷凝管全部是由长 10 m 的单排翅片管束组成，布置在巨大的空冷平台上，呈 A 字形结构矩形方阵排列，顶部设有大直径蒸汽分配管，四周设有挡风墙，如图 1-1 所示。图 1-2 是 600 MW 直接空冷机组钢结构空冷平台的支撑结构，由直径为 3.8 m 的 16 根空心清水混凝土柱所组成。空冷岛的壮观外形，已成为空冷电站的标志性建筑，冷凝管家族也因此又多了一位新成员。

图 1-1　空冷凝汽器装置

图 1-2　600 MW 直接空冷机组钢结构空冷平台支撑结构

我国火力发电行业在近三十年的时间里,得到了长足的发展,1978年我国200 MW机组仅有18台,到2000年已有545台,是1978年的30倍。单机容量已由20世纪80年代初期的最大200 MW机组发展到今天1000 MW的超临界机组。总装机容量超过1000 MW的大型电厂,80年代初期仅有几个,现在大型电厂的总装机容量已达3000 MW,超过1000 MW的电厂已遍布大江南北。1996年我国电力发展速度为7.2%,至2004年增加到12.8%;截至2005年末,我国电力总装机容量已达5亿多千瓦。

核电作为清洁能源,近几年来在我国呈现出强劲发展的态势,目前我国核电总装机容量7840 MW。核电站蒸发器用U形传热管也属冷凝管的范畴。一般情况下,每600 MW核电装机容量需用U形传热管约100 t。

1.1.2.2 船舶制造

舰船及大型油轮用冷凝器管材是冷凝管应用的又一重要领域。

油轮作为原油运输的重要工具,其功能是将原油由产地运送到具有炼油能力的另一地,由于原油黏度较高加之海上温度有时很低,需将原油加热以便于输出。热交换用管材按照计算出的必要的换热面积敷设于油舱的底部及四壁,因在海上,实现热交换的介质多为海水。所以,要求管材具有优异的耐海水腐蚀能力和较高的力学性能、工艺性能。产品除满足相应标准外,其各项性能指标还应满足IACS(国际船级社协会)要求或中国CCS规范,即《钢质海船入籍与建造规范》。产品在上船使用前还应通过具有相应资质的船级社的企业认证或批产品认证,并提供认证合格证书。此类管材大多采用铝黄铜管,规格较大,特别是用于连接部分的管材,如常用加热管规格为ϕ(42~44) mm×2 mm×6000 mm,连接管规格为ϕ56 mm×6 mm×6000 mm。

另有一部分舰船用热交换器管材使用在主机空冷器、船用汽轮机、船用热交换器、润滑油冷却器、给水加热器等舰船的关键组件上。其合金牌号根据冷却介质有不同的选择,主要采用铁白铜,产品规格多为常用规格,其质量要求较高,特别是军用舰只。世界上第一艘核动力舰就使用了约 30 t 白铜冷凝管。

我国的船舶制造业自改革开放以来也有了较大幅度的发展,油轮的制造水平已由 20 世纪 80 年代的万吨级提高到今天的 70 万吨级,其他各类舰船的制造水平和制造能力也有较大幅度的提升。舰船工业所使用的冷凝管用量也逐年增加,现用量已达 6 万 t。

1.1.2.3 海水淡化

淡水约占地球水资源的 3%,通过海水淡化获取新的淡水资源是世界今后用水的一大趋势。面对日趋严重的水资源危机,海水淡化技术更被认为是解决我国淡水资源危机的有效途径。

“海水淡化”顾名思义就是脱除海水中的大部分盐类,使处理后的海水达到生活用水标准的水处理技术。海水淡化技术的种类很多,但达到商业规模的到目前为止主要有反渗透法和蒸馏法。蒸馏淡化技术又分为低温多效、多级闪蒸和压汽蒸馏三种。这些方式都是基于蒸发和冷凝的原理,有的增加了反渗透处理。目前主流的多级闪蒸海水淡化技术,其淡化过程是先将海水除气,接着海水在热交换器中被蒸汽加热到一定的温度,然后逐渐减压,当环境压力低于被加热海水的温度所对应的饱和蒸汽压时,加热海水急速蒸发至蒸汽态。水蒸气通过一个用来除去固体颗粒的隔离器,然后在一个含有冷却水的热交换器的外表面冷凝成为淡水。

海水淡化成本和投资费用过高一直是海水淡化实现产业化的一大障碍,然而,开采地下水作为一个重要的开源措施,工程量小、成本低,这是很吸引人的优点,但在沿海地区长年过度开采地下水,不仅会造成地下水位下降,地层下沉,而且地下水含盐量也逐年升高,可见地下水的开采有一个限度。至于远程调水,其工程投资费用以及被引水地区的间接经济损失、日常运行费用、管理费用等总成本也非常高。美国曾有资料认为,远程调水超过 40 km,其成本就超过海水淡化。因此,通过海水淡化获取淡水仍是解决淡水资源匮乏的行之有效的办法之一。为了降低海水淡化的成本，我国及国外许多国家的科技人员在研制更为先进的海水淡化方法。据报道，我国科学家日前宣布，利用核能可以实现大规模的海水淡化，制造 1 m^3 淡化水的成本只需人民币 1 元左右。美国国际水能公司日前发明了一种叫做"快速喷雾蒸馏法"(RSD)的海水淡化技术，不仅可以大大减少成本，还有利于保护环境。这些低成本的海水淡化技术将会大大促进海水淡化产业的快速发展。

"十一五"期间，我国将以突破海水淡化关键技术为重点，尽快实现海水资源的规模化利用。我国将组织编制沿海省(区、市)海水利用专项规划，积极开展海水利用示范城市、示范海岛和示范区活动，建立国家级海水利用研发基地。同时加快开发 5 万 t/d 低温多效蒸馏海水淡化、单套 1 万 t/d 反渗透海水淡化示范工程，发展 10 万吨级海水循环冷却成套技术与装备和海水预处理技术，增强海水资源利用装备和产品的自主创新能力。

1.1.2.4 其他应用领域

在石油精炼和相关的石油化学处理过程中，很多的冷凝器和热交换器单元也有大量的铜合金冷凝管在使用。此外，核能发电厂蒸汽分离器，火力发电厂供水用高、低压加热器，大型设备的冷却器，燃气引擎用热交换器，制盐、制糖等行业也是冷凝管的应用范围。

1.2 冷凝管发展过程

早在 19 世纪，铜锌合金即黄铜因其具有良好的力学性能和工艺性能以及耐一般性腐蚀的稳定性就首先被应用在蒸汽机的冷凝器上，其使用的产品为含锌 30%的普通黄铜管材。由于普通黄铜在不良水质情况下有着比较严重的脱锌腐蚀和局部腐蚀现象，19 世纪末，人们发现在含锌 30%的黄铜中加入 0.5%～1.5%的锡，能极大地提高合金的耐蚀性，特别是在海水中的耐蚀性，因而，这类合金也获得了"海军黄铜"的名称。在黄铜中加入适量的

(1.5%～3.5%)铝,得到铝黄铜。铝可以急剧提高合金的强度和硬度,使合金表面形成坚固的抗腐蚀氧化膜,从而改善铜锌合金的耐蚀性,因此,这类黄铜合金有着良好的耐腐蚀性能。这些经过合金化过程、各项性能都有所改善的黄铜合金,在使用过程中仍存在一些弱点,主要表现在耐腐蚀性方面,其主要腐蚀形式是脱锌腐蚀、应力腐蚀和冲击腐蚀。20 世纪 30 年代,美国技术人员研究发现在铜铝合金中加砷会阻碍脱锌腐蚀,并证明了其砷含量在 0.04%时效果最好,便开始在冷凝管合金中加砷并申请了专利。

铜镍合金也称为白铜,被用于冷凝管材料也有悠久的历史。它具有良好的工艺性能、较高的力学性能和耐腐蚀性能,特别是对应力腐蚀有着其他合金材料无法比拟的优势。20 世纪 30 年代,美国一公司研究发现在低镍含量的铜镍合金中加入一定量的铁可大大增加材料抗海水冲击腐蚀能力,加入少量的锰可消除硫和碳在合金中的有害影响,有助于提高合金的力学性能和工艺性能。因此,含有一定量铁和锰的铁白铜合金材料被广泛地应用于热交换设备,一直沿用至今。

我国冷凝铜管的研发和生产大致分为三个阶段:

第一阶段:20 世纪 50～60 年代,沈阳有色金属加工厂、洛阳铜加工厂、上海铜厂等一些国有大中型企业研发、生产少量的冷凝管,仅生产 H68、HSn70－1 和 HAl77－2 三种不加砷的黄铜冷凝管,产品品种、规格少,产量低,质量水平一般。由于当时大型电力设备多为进口,其辅机及配套的冷凝管材也同时随机进口。在电厂运转使用中,冷凝管普遍存在着比较严重的脱锌腐蚀,从而导致管材泄漏率高、寿命低等现象,严重制约我国电力事业的发展。为解决这一问题,60 年代末,由国家经委牵头,一机部、冶金部、电力部参加,组建了包括大专院校、科研单位、生产厂家和部分电厂在内的技术攻关队伍,开展了提高冷凝管使用寿命的研究、试制工作。到 70 年代初,成功研制出了 H68A、HAl77－2A 和 HSn70－1A 三种加砷冷凝管,经电厂装机运行取得了良好的效果,较好地解决了黄铜管的脱锌腐蚀问题。80 年代初,国产白铜冷凝管也在

200 MW大型机组中投入运行并取得了很好的效果,经电力行业跟踪验证达到国外同期产品的水平。加砷黄铜已在国内电力行业及其他热交换器中普遍使用,基本淘汰了不含砷产品。在80年代热交换器用铜管标准由行业标准向国家标准升级时,将复杂黄铜合金牌号中代表含砷意义的A取消。

我国幅员辽阔,各地水质变化情况十分复杂,水中溶解固形物、悬浮物、含盐量与氯离子、水硬度、pH值等指标相差甚大。在东北、华北等一些水中溶解固形物、悬浮物、含盐量与氯离子含量较高的地区,铜管的使用年限仅有3年左右,腐蚀情况仍很严重。80年代初,在全国第四次冷凝管质量工作会议上,电力部门提出了开发研制更加耐腐蚀的冷凝管新材料的要求。此后,国内冷凝管生产厂做了大量的研究试制工作,改进工艺参数、添加不同微量元素的合金材料管材在电厂、海滨试验站和试验室进行了装机、挂片和各种类型的动态、静态耐腐蚀性试验。通过多方多年的努力,含微量硼元素的锡黄铜管在不同水质条件下装机运行7年后,其使用效果和耐蚀性能得到了确认。产品的合金牌号被定为HSn70-1B,这种产品在20世纪90年代后被广泛地应用在水质条件相对较差的以淡水作为冷却水的电厂和一些存在海水倒灌现象的海滨电厂。

第二阶段:从20世纪90年代到本世纪初,以长沙铜铝材厂、西北铜加工厂、沈阳盛发铜业有限公司等为代表的国有或民营企业进入冷凝管的生产行列并占有了一定的市场份额,总生产能力近2万t。在此期间,长沙铜铝材厂的年生产能力达到约8000 t,西北铜加工厂在原有HSn70-1B管的基础上添加了Ni、Mn等微量元素,研发出HSn70-1AB合金材料,该材料可适用于溶解固形物和悬浮物指标更高的场合。

90年代,铜合金焊接冷凝管也在某生产厂试制成功并进行了装机运行试验。

第三阶段:近几年,高新张铜股份有限公司快速崛起,大力发展铜合金管,其中冷凝管产量超过万吨,特别是在白铜管的研发方面成果尤其突出,2005 年研发出 BFe10－1－1 合金铜盘管,现已批量生产,主要规格范围为 ϕ(3～19) mm×(0.3～1.2) mm。2006 年又开发出 BFe10－1－1 大径管,最大规格已达 ϕ324 mm×3.5 mm,上述两项产品均通过技术鉴定并填补了国内空白,大部分产品用于出口。该公司生产的 BFe10－1－1 合金铜盘管和大径管分别见图 1-3、图 1-4。

图 1-3 BFe10－1－1 合金铜盘管

图 1-4 BFe10－1－1 铜合金大径管

此外,桂林漓佳金属材料有限公司、浙江海亮集团、无锡隆达集团、太仓金鑫铜管公司等也大力发展冷凝管,年生产能力达数千吨,无锡隆达除能生产常规白铜牌号外,还研发出 B7 白铜管,主要用于中央空调翅片管坯管,年产近 2000 t。

目前,我国铜合金冷凝管已具备了大型超临界机组的生产能力和质量水平,具备了根据不同水质选材的条件。在材料不断开发和更新、电厂水质不断恶化的情况下，冷凝管的平均使用寿命也已达到10年以上。

进入21世纪，我国钢铁行业有了突飞猛进的发展，随着冷凝管用不锈钢带的国产化生产，不锈钢冷凝管在电力行业的应用有了长足的发展。到目前为止，不锈钢冷凝管在新建大型火力发电机组中已占据了绝大多数的份额，成为铜合金冷凝管最大的替代产品。与铜合金冷凝管相比，不锈钢冷凝管的最大优势是在凝汽器冷却管系中比铜合金管具有更好耐腐蚀性能，可进一步提高凝汽器管的使用寿命，因而得到广泛的应用。近几年来，由于铜的价格快速攀升并高位盘整，使铜合金冷凝管的性价比大幅下降，更加速了上述替代过程。目前火力发电30万kW以上新机组已基本改用不锈钢冷凝管，不锈钢冷凝管在火力发电行业所占比重已达70%。

1.3　冷凝管发展方向

耐腐蚀性能是冷凝管的一个重要指标，更加耐蚀特别是提高其抗污染水质腐蚀能力的铜合金材料将是进一步研究的课题。

降低黄铜冷凝管的应力腐蚀倾向是铜合金冷凝管的又一研究方向。

海水淡化用超长冷凝管的盘拉法生产。目前，国内已有厂家进行了该产品的试制并获得了成功，但实现产业化生产仍需一个完善、熟练的过程。

空冷机组用翅片管束及换热效率更高的管材。

采用新的生产方式，降低生产成本、提高生产效率。

产品的包装与运输，随着产品长度的加大，产品包装与运输的难度增加，如何能够经济地运输、合理地包装也是生产厂应考虑的问题。

2 冷凝管标准及性能

2.1 铜合金冷凝管产品标准

鉴于冷凝管应用领域的重要性和特殊性，各国对冷凝管的质量指标都制订有专用的标准，即使在管材通用的标准中，对冷凝管的各项技术指标也会单列出特殊的要求。在正常生产经营活动中，常用铜合金冷凝管标准及代码列于表2-1。

表2-1 常用铜合金冷凝管标准及代码

国家或组织	标准代码	标准名称	备注
中国	GB/T8890	热交换器用铜及铜合金无缝管	
美国	ASTM B111	铜及铜合金无缝冷凝管和管口密套件	
日本	JIS H3300	铜及铜合金无缝管	
英国	BS2871.3	热交换器管	标准第三部分
德国	DIN 1785	用于冷凝器和传热器的铜管和加工铜合金管材	产品标准
	DIN17660	加工铜锌合金（黄铜、特殊黄铜）化学成分	化学成分标准
	DIN17664	加工铜镍合金化学成分	
欧盟	EN12451	铜及铜合金热交换器用无缝圆形管	
国际	ISO1635.2	冷凝器和热交换器用管交货技术条件	标准第二部分

美国冷凝管的标准更为细化，分别为不同用途以及不同制造方法的产品制订了专门的标准，如：

ANSI/ASTM B543《热交换器用铜及铜合金焊接管》（ANSI

为美国国家标准代码）

ASTM B552《海水淡化工厂用无缝和焊接铜镍管》

2.1.1　合金牌号与供货范围

各标准中的铜合金牌号列于表 2-2。

表 2-2　各标准中的铜合金牌号

品 种	国家或组织						
	中 国	美 国	日 本	英 国	德 国	欧 盟	国 际
普通黄铜	H68A H85A	C23000		CZ126		CuZn30As	CuZn30As
锡黄铜	HSn70-1	C44300	C4430	CZ111	CuZn28Sn	CuZn28Sn1As	CuZn28Sn1
		C44400					
		C44500					
铝黄铜	HAl77-2	C68700	C6870	CZ110	CuZn20Al	CuZn20Al2As	CuZn20Al2
				C6871			
				C6872			
铁白铜		C70400					
	BFe10-1-1	C70600	C7060	CN102	CuNi10Fe	CuNi10Fe1Mn	CuNi10Fe1Mn
		C71000	C7100				
	BFe30-1-1	C71500	C7150	CN107	CuNi30Fe	CuNi30Mn1Fe	CuNi30Mn1Fe
		C71640	C7164	CN108		CuNi30Fe2Mn2	CuNi30Fe2Mn2
		C72200					
铝青铜		C60800		CA102	CuAl5As	CuAl5As	
		C61300					
		C61400					

各标准中产品供货范围列于表 2-3。

表 2-3　各标准中产品供货范围

国家或组织	品 种	供应状态	规 格/mm		
			外 径	壁 厚	长 度
中 国	黄 铜	M 软 Y_2 半硬	10～45	0.75～3.5	≤18000
	白 铜		10～35	0.75～3.0	

续表 2-3

国家或组织	品 种	供应状态	规 格/mm		
			外 径	壁 厚	长 度
美 国	黄铜、青铜	O61 退火	12~50	0.506~3.4	≤30000
	白 铜	O61 退火 H55 轻拉 HR50 拉制消除应力			
日 本	所有品种	O 退火	10~44.4	0.9~3.7	≤30000
英 国	所有品种	O 退火 1/2H 半硬 M 拉伸消除应力 TA 热挤压	12~50		≤30000
德 国	锡黄铜	F33、F38	8~35	0.75~2.0	不限
	铝黄铜	F34、F40			
	白 铜	F30、F37			
	铝青铜	F35			
欧 盟	黄铜、青铜	退火状态	6~76		不限
	白 铜	退火、半硬、硬状态			
国 际	黄 铜	退火状态	12~50	0.75~2.5	≤30000
	白 铜	退火、半硬状态			

注：欧盟和国际标准中，产品的供货状态是根据退火后材料抗拉强度的不同来确定的，客户可依据所需要的抗拉强度范围来选择材料不同的状态。

2.1.2 技术要求

按照相应的标准要求，冷凝管一般应进行的检验项目列于表 2-4。

表 2-4 冷凝管常规检验项目

名 称	国家或组织						
	中 国 GB/T8890	美 国 ASTMB111	日 本 JISH3300	英 国 BS2871	德 国 DIN1785	欧 盟 EN12451	国 际 ISO1635
化学成分	标准中元素	标准中元素	标准中元素	标准中元素	标准中元素	标准中元素	标准中元素
尺寸公差	外径、壁厚、长度、切割垂直度、直度、圆度、端口毛刺	外径、壁厚、长度、切割垂直度	外径、壁厚、长度、直度、圆度	外径、壁厚、长度、切割垂直度	外径、壁厚、长度、圆度	外径、壁厚、长度、直度、切割垂直度	外径、壁厚、长度、直度

续表 2-4

名称	国家或组织						
	中国 GB/T8890	美国 ASTMB111	日本 JISH3300	英国 BS2871	德国 DIN1785	欧盟 EN12451	国际 ISO1635
化学成分	标准中元素	标准中元素	标准中元素	标准中元素	标准中元素	标准中元素	标准中元素
力学性能	抗拉强度、伸长率	抗拉强度、屈服强度、伸长率	抗拉强度、伸长率	硬度	抗拉强度、屈服强度、伸长率	抗拉强度、屈服强度、伸长率、硬度	抗拉强度、屈服强度、伸长率、硬度
工艺性能	扩口、压扁、液压试验	扩口、压扁	扩口、压扁	扩口、压扁	扩口	扩口、压扁	扩口
残余应力	氨熏	硝酸亚汞	氨熏	硝酸亚汞、氨熏二选一	硝酸亚汞、氨熏二选一	硝酸亚汞、氨熏二选一	硝酸亚汞、氨熏二选一
无损检验	涡流探伤	涡流探伤、液压、气压试验三选一	涡流探伤、液压、气压试验三选一	涡流探伤、液压、气压试验三选一	涡流探伤、内压试验，涡流优先	涡流探伤、液压、气压试验三选一	涡流探伤、液压、气压试验三选一
金相检验	晶粒度	晶粒度	晶粒度	晶粒度	晶粒度	晶粒度	晶粒度
表面状况	内外表面	内外表面、端口毛刺	形状、表面	形状、表面、内壁有害膜	表面、直度、切割垂直度端口毛刺	内外表面、端口毛刺	表面质量、内壁有害膜

国家标准与常用国外标准冷凝管主要化学成分对照列于表 2-5。冷凝管力学性能对照列于表 2-6。其他检验项目指标对照列于表 2-7。

表 2-5 国家标准与常用国外标准冷凝管主要化学成分对照表(质量分数,%)

化学元素	中国标准 GB/T8890		美国标准 ASTMB111		日本标准 JISH3300		英国标准 BS2871		德国标准 DIN1785		欧盟标准 EN12451		国际标准 ISO1635	
Cu		67.0~70.0						69.0~71.0				69.0~71.0		68.5~71.5
Fe		≤0.10						≤0.06				≤0.05		≤0.07
Sb	H68A	≤0.03					CZ123	≤0.07			CuZn30As	≤0.07	CuZn30As	≤0.05
As		0.03~0.06						0.02~0.06				0.02~0.06		0.02~0.06
Zn		余量						余量				余量		余量
Cu		84.0~86.0		84.0~86.0										
Fe		≤0.10		≤0.05										
Sb	H85A	≤0.03	C23000	≤0.05										
As		0.02~0.08												
Zn		余量		余量										
Cu		69.0~71.0		70.0~73.0		70.0~73.0		70.0~73.0		70.0~72.5		70.0~72.5		70.0~73.0
Fe		≤0.10		≤0.06		≤0.05		≤0.06		≤0.07		≤0.07		≤0.07
Sb	HSn70-1	≤0.05	C44300	≤0.07	C4430	≤0.05	CZ111	≤0.07	CuZn28Sn	≤0.07	CuZn28Sn1As	≤0.05	CuZn28Sn1	≤0.05
Sn		0.8~1.3		0.9~1.2		0.9~1.2		1.0~1.5		0.9~1.3		0.9~1.3		0.9~1.3
As		0.03~0.06		0.02~0.06		0.02~0.06		0.02~0.06		0.02~0.035		0.02~0.06		0.02~0.06
Zn		余量		余量		余量		余量		余量		余量		余量

续表 2-5

化学元素	中国标准 GB/T8890		美国标准 ASTMB111		日本标准 JISH3300		英国标准 BS2871		德国标准 DIN1785		欧盟标准 EN12451		国际标准 ISO1635	
Cu	HAl77-2	76.0~79.0	C68700	76.0~79.0	C6870	76.0~79.0	CZ110	76.0~78.0	CuZn20Al	76.0~79.0	CuZn20Al2As	76.0~79.0	CuZn20Al2	76.0~79.0
Fe		≤0.06		≤0.06		≤0.05		≤0.06		≤0.07		≤0.07		≤0.07
Sb		≤0.07		≤0.07		≤0.05		≤0.07		≤0.07		≤0.05		≤0.05
Al		1.8~2.5		1.8~2.5		1.8~2.5		1.8~2.3		1.8~2.3		1.8~2.3		1.8~2.3
As		0.02~0.06		0.02~0.10		0.02~0.06		0.02~0.06		0.02~0.035		0.02~0.06		0.02~0.06
Zn		余量		余量		余量		余量		余量		余量		余量
Ni	BFe10-1-1	9.0~11.0	C70600	9.0~11.0	C7060	9.0~11.0	CN102	10.0~11.0	CuNi10Fe	9.0~11.0	CuNi10Fe1Mn	9.0~11.0	CuNi10Fe1Mn	9.0~11.0
Fe		1.0~1.5		1.0~1.8		1.0~1.8		1.0~2.0		1.0~1.8		1.0~2.0		1.0~2.0
Mn		0.5~1.0		≤1.0		0.20~1.0		0.50~1.00		0.5~1.0		0.5~1.0		0.5~1.0
Zn		≤0.3		≤1.0		≤0.50				≤0.5		≤0.5		≤0.5
Pb		≤0.02		≤0.05		≤0.05		≤0.01		≤0.03		≤0.02		≤0.02
Si		≤0.15												
P		≤0.006										≤0.02		
S		≤0.01						≤0.05		≤0.05		≤0.05		≤0.05
C		≤0.05						≤0.05		≤0.05		≤0.05		≤0.05
Sn		≤0.03										≤0.03		≤0.03
Cu		余量		余量		余量		余量		余量		余量		余量

续表 2-5

化学元素	中国标准 GB/T8890		美国标准 ASTMB111		日本标准 JISH3300		英国标准 BS2871		德国标准 DIN1785		欧盟标准 EN12451		国际标准 ISO1635	
Ni		29.0~32.0		29.0~33.0		29.0~33.0		30.0~32.0		30.0~32.0		30.0~32.0		29.0~32.0
Fe		0.5~1.0		0.40~1.0		0.40~1.0		0.40~1.0		0.40~1.0		0.40~1.0		0.40~1.0
Mn		0.5~1.2		≤1.0		0.20~1.0		0.50~1.50		0.50~1.50		0.50~1.50		0.50~1.50
Zn		≤0.3		≤1.0		≤0.50				≤0.5		≤0.5		≤0.5
Pb		≤0.02		≤0.05		≤0.05		≤0.01		≤0.03		≤0.02		≤0.02
Si	BFe30-1-1	≤0.15	C71500		C7150		CN107		CuNi30Fe		CuNi30Mn1Fe		CuNi30Mn1Fe	
P		≤0.006										≤0.02		
S		≤0.01						≤0.05		≤0.05		≤0.05		≤0.06
C		≤0.05						≤0.06		≤0.06		≤0.05		≤0.06
Sn		≤0.03										≤0.05		≤0.03
Cu		余量		余量		余量						余量		余量

表 2-6　国家标准与常用国外标准冷凝管力学性能对照表

力学性能	中国标准 GB/T8890			美国标准 ASTMB111			日本标准 JISH3300			英国标准 BS2871			德国标准 DIN1785			欧盟标准 EN12451			国际标准 ISO1635		
抗拉强度/MPa			≥320															≥340			≥320
屈服强度/MPa		Y_2									M						R340	≥130			150～240
伸长率/%			≥35															≥45			≥40
硬度 HV												≥150									80～105
抗拉强度/MPa	H68A		≥295							CZ123						CuZn30As			CuZn30As、	OS－25	
屈服强度/MPa		M									TA						H075				
伸长率/%			≥38																		
硬度 HV												80～105						75～105			
硬度 HV											O	≤75									
抗拉强度/MPa			≥295																		
屈服强度/MPa		Y_2																			
伸长率/%			≥20																		
硬度 HV																					
抗拉强度/MPa	H85A		≥245	C23000		≥275															
屈服强度/MPa						≥85															
伸长率/%		M	≥25		O61																
硬度 HV																					

续表 2-6

力学性能	中国标准 GB/T8890			美国标准 ASTMB111			日本标准 JISH3300			英国标准 BS2871			德国标准 DIN1785			欧盟标准 EN12451			国际标准 ISO1635		
抗拉强度/MPa	HSn70-1	Y_2	≥320	C44300			C4430			CZ111	M		CuZn28Sn	F38	≥360	CuZn28Sn1As	R360	≥360	CuZn28Sn1	OS-25	≥320
屈服强度/MPa															140～220			≥140			150～240
伸长率/%			≥35												≥40			≥45			≥40
硬度 HV												≥150									80～105
抗拉强度/MPa		M	≥295		O61	≥310		O	≥315		TA			F33	≥320		R320	≥320		OS-35	≥310
屈服强度/MPa						≥105									100～160			≥100			120～180
伸长率/%			≥38						≥30						≥50			≥55			≥50
硬度 HV												80～105									65～90
硬度 HV											O	≤75					H080	80～110			
硬度 HV																	H060	60～90			
抗拉强度/MPa	HAl77-2	Y_2	≥370	C68700			C6870			CZ110	M		CuZn20Al	F40	≥390	CuZn20Al2As	R390	≥390	CuZn20Al2	OS-25	≥370
屈服强度/MPa															150～230			≥150			160～250
伸长率/%			≥40												≥40			≥45			≥40
硬度 HV												≥150									85～110
抗拉强度/MPa		M	≥345		O61	≥345		O	≥375		TA			F34	≥340		R340	≥340			
屈服强度/MPa						≥125									120～170			≥120			
伸长率/%			≥45						≥40						≥50			≥55			
硬度 HV												80～105									
硬度 HV											O	≤75					H085	85～110			
硬度 HV																	H070	70～100			

续表 2-6

力学性能	中国标准 GB/T8890			美国标准 ASTMB111			日本标准 JISH3300			英国标准 BS2871			德国标准 DIN1785			欧盟标准 EN12451			国际标准 ISO1635		
抗拉强度/MPa	BFe10−1−1	Y_2	≥345	C70600	H55	≥310	C7060			CN102	M		CuNi10Fe			CuNi10Fe1Mn	R480	≥480	CuNi10Fe1Mn	HA	≥320
屈服强度/MPa						≥240												≥400			240～310
伸长率/%			≥8															≥8			≥20
硬度 HV												≥150									100～130
抗拉强度/MPa		M	≥300		O61	≥275		O	≥275		O			F30	≥290		R290	≥290		OS−35	≥300
屈服强度/MPa						≥105									≥90			≥90			100～230
伸长率/%			≥25						≥30						≥30			≥30			≥30
硬度 HV												80～110									75～110
硬度 HV																	H150	≥150			
硬度 HV																	H075	75～105			
抗拉强度/MPa	BFe30−1−1	Y_2	≥490	C71500	O61	≥360	C7150			CN107	M		CuNi30Fe	F50	≥490	CuNi30Mn1Fe	R480	≥480	CuNi30Mn1Fe		
屈服强度/MPa						≥125									≥340			≥300			
伸长率/%			≥6												≥9			≥12			
硬度 HV												≥150									
抗拉强度/MPa		M	≥370		O61	≥310		O	≥365		O			F37	≥370		R370	≥370		OS−35	≥370
屈服强度/MPa						≥110									≥120			≥120			120～250
伸长率/%			≥25						≥30						≥30			≥35			≥30
硬度 HV												90～120									90～120
硬度 HV																	H120	≥120			
硬度 HV																	H090	90～120			

注:伸长率为 A;未标注为 A11.3。

表 2-7 国家标准与常用国外标准冷凝管其他检验项目指标对照表

项目	中国标准 GB/T8890	美国标准 ASTMB111	日本标准 JISH3300	英国标准 BS2871	德国标准 DIN1785	欧盟标准 EN12451	国际标准 ISO1635
工艺性能	扩口:黄铜、白铜软态25%,白铜半硬态15%; 压扁:软态两内壁间1倍壁厚,半硬态两内壁间5倍壁厚	扩口:黄铜20%,白铜30%;无裂纹; 压扁:压至1倍壁厚无裂纹	扩口:扩口率1.25%,60°锥角,无裂纹; 压扁:压至两内壁间1倍壁厚	扩口:扩口率25%,45°锥角,无裂纹; 压扁:压至两内壁接触无裂纹	内径扩口30%,无裂纹	扩口:扩口率黄铜30%;白铜软态30%,半硬20%;45°锥角; 压扁:压至两内壁接触无裂纹	扩口:黄铜软态30%,半硬态25%;白铜软态25%
残余应力	氨熏4 h无裂纹	黄铜要求进行硝酸亚汞试验,无裂纹	氨熏2 h无裂纹	硝酸亚汞试验无裂纹或氨熏试验无裂纹	硝酸亚汞试验无裂纹或氨熏试验48 h无裂纹	硝酸亚汞试验无裂纹或氨熏试验无裂纹	硝酸亚汞试验无裂纹或氨熏24 h无裂纹
金相检验	晶粒度0.010～0.050 mm	退火态有均匀的完全再结晶组织,晶粒度0.010～0.045 mm	晶粒度0.010～0.045 mm	晶粒度≤0.05 mm	纵横向晶粒均匀,晶粒度0.010～0.05 mm	晶粒度0.010～0.05 mm	晶粒度0.010～0.05 mm
表面状况	内外表面应光滑、清洁,允许有不超出公差的轻微缺陷和轻微氧化色	内外表面清洁、光滑,允许有润滑油膜及暗红色膜;端口毛刺应打掉	表面加工良好、均匀,不得有影响使用的缺陷	管材平直、光滑,无有害缺陷,内壁不应有有害膜	表面无裂纹、裂口、起皮、渗漏和局部堆集燃烧过的润滑剂,无机械损伤。 端口去毛刺处理	管材平直、光滑,内外表面允许有不超出公差的润滑油膜及暗红色氧化膜。端口去毛刺处理	表面应清洁、光滑,无有害缺陷;许可有暗红色氧化膜。内壁无有害膜

2.1.3　铜合金焊接管技术要求

2.1.3.1　焊接管类型

焊接管分以下几类：

(1) 焊接管：清除内外焊瘤、不再进一步改变晶粒结构的焊接状态管材。

(2) 焊接和退火管：清除内外焊瘤后，进行退火，以得到符合规定退火状态的均匀晶粒尺寸的焊接管。

(3) 焊接和冷轧管：清除内外焊瘤后，接着进行冷轧，以得到规定尺寸和状态的焊接管。

(4) 焊接和冷拉管：清除内外焊瘤后，接着在芯轴上冷拉，以得到规定的尺寸和状态的焊接管。

(5) 完全精制管：清除内外焊瘤后(如果存在的话)，接着在芯轴上冷拉，然后退火，必要时再次冷拉，以达到规定的状态。

2.1.3.2　合金牌号及化学成分

铜合金焊接管材料的合金牌号及化学成分与无缝管相同。

2.1.3.3　制造方法及供货状态

焊接管应由冷轧状态或退火状态的清洁铜合金带材制成。带材应在合适的成形工具上加工成管材。类型(1)～(4)的管材，将带条的边缘加热到要求的焊接温度，然后牢固地压在一起，形成一种锻造的连接方式，管子内外有凸起来的焊珠或焊瘤，这些焊瘤一定要清除。焊缝应无裂纹。完全精制管焊接后，可采用任何再加工方法，只要这些方法能得到适合于随后冷拉和退火工艺的管子即可。

供货状态一般为退火状态，包括焊接－退火、焊接－冷轧或冷拉－退火和全精制－退火状态。

2.1.3.4　力学性能

铜合金焊接管的力学性能列于表 2-8。

表 2-8 铜合金焊接管力学性能

合金牌号	状态	屈服强度/MPa	抗拉强度/MPa
C23000	焊接-退火或全精制-退火	≥275	≥85
C44300		≥310	≥105
C68700		≥345	≥125
C70600		≥275	≥105
C71500		≥360	≥125

2.1.3.5 工艺性能

扩口试验:扩口率黄铜 20%,白铜 30%。

压扁试验:压扁后两内壁距离为 3 倍壁厚。

2.1.3.6 其他

晶粒度:材料应具有完全再结晶组织,平均晶粒尺寸 0.010~0.045 mm。

无损检测:管材应全数进行涡流探伤试验,也可根据客户要求,采用水压试验或气压试验的方法对管子进行附加试验。

内应力试验:黄铜管需进行内应力试验。152 mm 试样在标准硝酸汞溶液中浸泡 30 min。

2.1.3.7 尺寸偏差

管材直径、壁厚、长度及切割垂直度的允许偏差分别列于表 2-9、表 2-10、表 2-11 和表 2-12。

表 2-9 直径允许偏差(mm)

外径/mm	壁厚/mm				
	0.7	0.8	0.9	1.07	≥1.24
≤12.7	±0.076	±0.064	±0.064	±0.064	±0.064
12.7~18.8	±0.10	±0.10	±0.10	±0.09	±0.076

续表 2-9

外径/mm	壁厚/mm				
	0.7	0.8	0.9	1.07	≥1.24
18.8～25.4	±0.15	±0.15	±0.13	±0.11	±0.10
25.4～31.8		±0.23	±0.20	±0.15	±0.11
31.8～34.9				±0.20	±0.13
34.9～50.8					±0.15
50.8～69.4					±0.17

表 2-10　壁厚允许偏差(mm)

壁厚/mm	外径/mm			
	<15.9	15.9～25.4	25.4～50.8	50.8～79.4
0.7～0.8	±0.076	±0.076		
0.8～0.9	±0.076	±0.076	±0.10	
0.9～1.47	±0.10	±0.11	±0.11	±0.13
1.47～2.11	±0.11	±0.13	±0.13	±0.14
2.11～3.05	±0.13	±0.17	±0.17	±0.17
3.05～3.40	±0.18	±0.18	±0.19	±0.20

表 2-11　长度允许偏差

长度/m	允许偏差/mm	长度/m	允许偏差/mm
≤4.57	+2.4	9.14～18.3	+9.5
4.57～6.10	+3.2	18.3～30.5	+12.7
6.10～9.14	+4.0		

表 2-12　切割垂直度

管材外径/mm	允 许 偏 差
≤15.9	0.25 mm
>15.9	0.016 mm/毫米直径

2.1.3.8 表面质量

管材的圆度、直度、壁厚均匀性及内外表面，均应符合预期应用目的要求，管子的切割端应去除毛刺。管材表面应是清洁、光滑的。

2.2 热交换器用不锈钢管

热交换器用不锈钢管使用最广泛的是奥氏体不锈钢，其合金牌号为0Cr18Ni9(304)和00Cr18Ni10(304L)两种，占奥氏体钢产量的80%以上。由于我国热交换器用不锈钢管大规模使用的历史不长，专用的、系列的、规范性的标准还不健全，所以，目前市场上销售的应用于电力行业的不锈钢焊管多数是按照国外的牌号以及技术要求生产的。

2.2.1 合金牌号与供货范围

奥氏体类不锈钢的物理性能列于表2-13。用于热交换器的不锈钢管通常采用自动电弧焊或其他自动焊接的方法制造，按焊接状态或热处理状态交付。常用供货范围：$\phi(12\sim30)\text{mm}\times(0.5\sim1.0)\text{mm}$。各国热交换器用不锈钢常用合金牌号对照列于表2-14。

表2-13 奥氏体类不锈钢的物理性能

类别	密度 /g·cm^{-3}	弹性模量 /MPa	线膨胀系数 (20～200℃) /℃$^{-1}$	热导率 /W·cm^{-1}·℃$^{-1}$	比热容 /J·g^{-1}·℃$^{-1}$	电阻率 /Ω·mm^2·m^{-1}
奥氏体类	7.9	200000	16×10^{-6}	62.7	2090	0.73

表2-14 热交换器用不锈钢常用合金牌号对照

标准/国家	不锈钢牌号对照			
GB/中国	0Cr18Ni9	00Cr18Ni10	0Cr17Ni12Mo2	00Cr17Ni14Mo2
AISI/美国	304	304L	316	316L
JIS/日本	SUS304	SUS304L	SUS316	SUS316L
DIN/德国	X5CrNi189	X2CrNi189	X5CrNiMo1812	X2CrNiMo1812
BS/英国	304S15	304S12	316S16	

2.2.2 技术要求

常用不锈钢焊管的主要化学成分及力学性能分别列于表2-15和表2-16。

表2-15 常用不锈钢焊管的化学成分(质量分数,%)

牌号	C	Si	Mn	Cr	Ni	Mo	S	P
304	≤0.07	≤1.0	≤2.0	17.00~19.00	8.00~11.00		≤0.030	≤0.035
304L	≤0.03	≤1.0	≤2.0	18.00~20.00	8.00~12.00		≤0.030	≤0.035
316	≤0.08	≤1.0	≤2.0	16.00~18.00	10.00~14.00	2.00~3.00	≤0.030	≤0.035
316L	≤0.030	≤1.0	≤2.0	16.00~18.00	12.00~15.00	2.00~3.00	≤0.030	≤0.035
317	≤0.08	≤1.0	≤2.0	17.00~19.00	9.00~12.00	3.00~4.00	≤0.03	≤0.040
317L	≤0.035	≤0.75	≤2.0	18.00~20.00	11.00~14.00	3.00~4.00	≤0.03	≤0.040

表2-16 常用不锈钢焊管的室温纵向力学性能

<table>
<tr><th rowspan="3">牌　　号</th><th rowspan="2">屈服强度 $\sigma_{0.2}$ /MPa</th><th rowspan="2">抗拉强度 σ_b /MPa</th><th colspan="2">伸长率 δ/%</th></tr>
<tr><th>热处理状态</th><th>非热处理状态</th></tr>
<tr><th colspan="4">不小于</th></tr>
<tr><td>304</td><td>210</td><td>520</td><td rowspan="4">35</td><td rowspan="4">25</td></tr>
<tr><td>304L</td><td>180</td><td>480</td></tr>
<tr><td>316</td><td>210</td><td>520</td></tr>
<tr><td>316L</td><td>180</td><td>480</td></tr>
<tr><td>317</td><td>205</td><td>515</td><td colspan="2" rowspan="2">40</td></tr>
<tr><td>317L</td><td>210</td><td>520</td></tr>
</table>

钢管应进行压扁试验。试验时,焊缝应处于与受力方向垂直的位置,未经热处理的钢管压至外径的2/3,热处理后的钢管压至外径的1/3。压扁后弯曲处外侧不得出现裂缝或裂口。

钢管的内外表面应光滑,不得有裂纹、裂缝、折叠、重皮及其他妨碍使用的缺陷。错边、咬边、凸起等缺陷不得大于壁厚允许偏差。焊缝缺陷允许修补,但以热处理交货的钢管修补后还应重新进行热处理。

2.3 热交换器用钛及钛合金管

2.3.1 合金牌号与供货范围

国内外钛及钛合金冷凝管牌号及标准对照列于表 2-17。

表 2-17 国内外钛及钛合金冷凝管牌号及标准对照

国　家	合金牌号	执行标准
中　国	TA0、TA1、TA2、TA9、TA10	GB/T3625
英　国	BS2TA1、BS2TA	BS
德　国	Nr.37025、Nr.37035、Nr.37055	DIN17850
美　国	Grade1、Grade2、Grade3	ASTM B338
日　本	TTH28D、TTH28W、TTH35D、TTH35W TTH49D、TTH49W	JIS H4631
法　国	TTV35、TTV40、TTV50	NF L15-610

我国用于换热器及冷凝器的钛及钛合金管的供货品种有无缝管、焊接管和焊接－轧制管 3 种形式，主要供货状态及规格范围列于表 2-18。

表 2-18 钛及钛合金冷凝管供货状态及规格范围

合金牌号	供货状态	制造方法	外径/mm	壁厚/mm
TA0、TA1 TA2、YA9 TA10	退火状态(M)	冷轧	ϕ10～80	0.5～4.5
		焊接	ϕ16～63	0.5～2.5
		焊接－冷轧	ϕ6～30	0.5～2.0

2.3.2 技术要求

换热器及冷凝器用钛及钛合金管化学成分列于表 2-19，产品力学性能列于表 2-20，产品检验项目列于表 2-21。

表 2-19　换热器及冷凝器用钛及钛合金管化学成分

牌号	主要成分(质量分数)/%				杂质含量(不大于)(质量分数)/%					
	Ti	Mo	Pd	Ni	O	C	N	H	Fe	Si
TA0	余量				0.20	0.10	0.02	0.015	0.25	0.1
TA1	余量				0.20	0.10	0.03	0.015	0.25	0.1
TA2	余量				0.25	0.10	0.05	0.015	0.30	0.10
TA9	余量		0.12～0.25		0.20	0.10	0.03	0.015	0.25	
TA10	余量	0.2～0.4		0.6～0.9	0.25	0.08	0.03	0.015	0.30	

表 2-20　产品力学性能

牌　号	状　态	抗拉强度/MPa	规定残余伸长应力/MPa	伸长率/%
TA0	退火状态(M)	280～420	≥170	≥24
TA1		370～530	≥250	≥20
TA2		440～620	≥320	≥18
TA9		70～530	≥25	≥20
A10		≥440		≥8

表 2-21　产品检验项目

分　类	检 验 项 目	备　注
化 学 成 分	化 学 成 分	
尺寸及尺寸允许偏差	外径、壁厚、长度、端部切斜、弯曲度、不圆度	
力学性能	抗拉强度、伸长率、规定残余伸长应力	规定残余伸长应力为需方要求时做
工艺性能	压扁试验、展平试验、扩口试验、水(气)压试验	
无损检验	超声波探伤或涡流探伤	检验范围外径 ϕ10～60 mm
表面质量	表面清洁程度、表面缺陷	

管材的内外表面应清洁,不应有裂纹、折叠、起皮、针孔等肉眼可见的缺陷。表面局部缺陷允许清除,但清除后不得使外径和壁厚超出允许偏差。

3 铜合金冷凝管

3.1 铜合金冷凝管材料

铜合金冷凝管常用材料的物理性能、室温力学性能、工艺性能分别列于表 3-1、表 3-2 和表 3-3。

表 3-1 冷凝管用铜合金的物理性能

合金牌号	密度(20℃)/$g \cdot cm^{-3}$	液相线/℃	固相线/℃	比热容(20℃)/$J \cdot (kg \cdot K)^{-1}$	热导率(20℃)/$W \cdot (m \cdot K)^{-1}$	电导率(20℃退火)/% IACS	线膨胀系数(20~300℃)/$\mu m \cdot (m \cdot K)^{-1}$
H68A	8.50	939	910	376	121	27	19.9
H85A	8.75	1026.3	991		1.50 W/cm·℃	37	18.7
锡黄铜系	8.54	935	900	376	109	24	21.2
HAl77-2	8.6	971	931	376	100	22.4	18.5
BFe10-1-1	8.94	1150	1100	376	46	9.1	17.1
BFe30-1-1	8.94	1240	1170	376	46	4.6	16.2

表 3-2 冷凝管用铜合金室温力学性能

合金牌号	弹性模量/MPa	抗拉强度/MPa		屈服强度/MPa		伸长率/%		断面收缩率/%	布氏硬度	
		软态	硬态	软态	硬态	软态	硬态	软态	软态	硬态
H68A	106000	32	66	9.0	52	55	3	70	62①	107①
H85A	106000	28	55	10	45	45	4	85	54	126
锡黄铜系	105000	35	70	11	50	60	3	70	16①	95①
HAl77-2	102000	40	60			50	18	58	65	170
BFe10-1-1	125000	32				23				88.7
BFe30-1-1	154000	38	60	14	54	35	9	80	70	175

① 为洛氏硬度,度标为 B。

表 3-3 冷凝管用铜合金工艺性能

合金牌号	铸造温度/℃	热加工温度/℃	退火温度/℃	消除应力退火温度/℃	切削加工性/%	液态流动性/cm	线收缩/%
H68A	1100～1160	750～830	520～650	260～270	30	63	1.92
H85A	1160～1180	830～900	650～720	160～200	30		
锡黄铜系	1150～1180	650～750	560～580	300～350	30	49	1.71
HAl77-2	1100～1150	720～770	600～650	300～350	30		
BFe10-1-1	1230～1280	900～980	650～700	250～350			
BFe30-1-1	1330～1350	950～1020	780～810	250～400	20		

3.2 铜合金冷凝管生产方式

铜合金冷凝管在国内的大多数生产厂一直采用挤-轧-拉的工艺方法，这种生产方式可以生产全部不同合金牌号的产品，目前，这种传统的生产方式在大吨位挤压机上已能够实现BFe10-1-1白铜的较大卷重的盘拉生产，而其他合金品种的管材仍多以直条管的形态供货，这种传统的工艺方法适应范围广泛、能够生产的合金品种齐全、工艺成熟、质量稳定，但生产效率和成材率较低且成本较高，使产品的竞争力和企业的利润水平受到一定影响。近几年来，随着铸轧法在制冷空调用紫铜管生产过程中得到广泛应用并取得了良好的效果，在设备、工艺不断成熟与完善的基础上，一些产品生产商也在探索采用其他的加工方法来生产铜合金管材，以提高铜合金管材的生产效率，降低生产成本。但到目前为止，这些探索中的生产方法在产品批量生产过程中，都不同程度地存在一些有待进一步解决的问题，所生产出的产品也还存在这样或那样的缺陷或不足，需要进一步地改进或提高。这些生产方法有：

水平连铸空心锭坯——行星轧制——盘拉或直拉的生产方式，以下简称铸轧法。

水平连铸空心锭坯——冷轧管——退火——盘拉或直拉的生产方式，以下简称冷轧法。

铸轧法具有生产流程短、能耗低、占地面积少、工程投资费用低;成品率高、生产效率高等优势,可大大降低生产成本。通过对设备、工艺、工模具的创新与改造,能够生产出部分合金牌号的合格冷凝管。目前,这种工艺方法还不成熟,没有进行大规模批量生产。

冷轧法所生产的产品已部分投放市场,但产品总质量状况仍有待改善和提高。存在的主要问题:一是铸造管坯的技术及质量;二是总加工率以及工序安排。产品的工艺设计应保证成品能够达到符合相应技术要求所应具有的加工余量,并在工序中设定两次或两次以上的退火工序,从而使成品的各项性能与金相组织满足要求。相信随着工艺的完善和技术水平的提高,该生产方式能够提供出部分品质优良的冷凝管产品。根据试验的结果,在工艺成熟、操作熟练的情况下,这种方式的成品率可达60%,比半连续铸造-挤压方法要高出约20%,比水平连铸空心铸锭-挤压方法也要高出约10%,其他制造成本也比挤压法有所降低。

上述这两种生产方式一旦技术成熟,将会使提供大卷重的合金盘管成为可能。但这两种新的工艺方式又都具有一定的局限性,就是所能生产的产品品种较为单一,大都局限于铁白铜BFe10-1-1这种单一的合金牌号。而对于铁白铜 BFe30-1-1,由于其变形温度高、变形抗力大;其他复杂黄铜合金也因硬化曲线上升过快、塑性加工难度较大,不易采用这两种方式生产,大多数生产商仍采用传统的半连续铸造实心锭或水平连铸空心铸锭-挤压-冷轧-拉伸的生产方法。

企业选择何种生产方式应根据企业资源、产品定位、生产规模、项目投资、成本与质量水平以及当时生产技术的发展情况予以确定,没有固定模式可循。

3.3 挤轧法生产工艺

3.3.1 工艺流程

挤轧法主要生产工艺流程见图3-1。

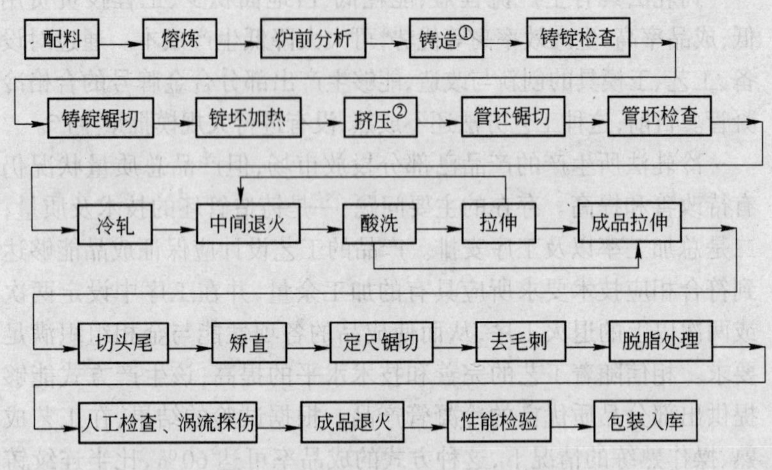

图 3-1　挤轧法主要工艺流程图

① 铸造包括半连续铸造实心锭和水平连铸实心锭、空心锭；② 挤压包括在卧式或立式挤压机上进行穿孔挤压或空心铸锭直接挤压；挤压方法可以是正向挤压或反向挤压

3.3.2　熔炼与铸造

3.3.2.1　熔铸设备的选择

A　熔炼设备

冷凝管用黄铜合金的熔炼多采用工频有芯感应电炉，电炉容量以 0.6~3 t 居多。工频有芯感应电炉有热效率、电效率高，金属烧损少，炉温比较均一、容易控制，搅拌均匀、化学成分易掌握，劳动条件相对较好、投资也较省等一系列优点。但有芯感应电炉的电热转换仅在熔沟中进行，在沟孔处和熔池中的熔体对流产生涡流，使沟底和熔池中金属熔体产生温度梯度，沟底金属易过热，导致该处耐火材料浸蚀、冲刷严重，从而降低了炉子的使用寿命。此外，该设备筑炉工艺较为复杂、生产过程中更换品种时需要洗炉，导致生产中的一些无谓浪费并使生产管理上的灵活性受到

制约。

白铜合金的熔炼设备一般使用工频或中频无铁芯感应电炉，但也有部分厂家使用工频有芯感应电炉。无铁芯感应电炉是自热式电炉，靠炉料本身发热熔化没有外来污染源，所以，熔炼的合金纯净、非金属夹杂物少、金属熔池的氧化损失小。在熔炼过程中，熔融金属依靠电磁力的搅拌能够获得化学成分均一的合金。同时，炉子占地面积小、熔化效率高，可以迅速准确地在较大功率范围内进行调节并可在真空或特殊气氛下保护熔炼，劳动条件好。但设备复杂、投资较大、总效率低。由于炉渣温度较低，金属与熔渣间的精炼过程减弱，因而，对操作人员技术水平和熟练程度要求较高。

B 铸造方式

使用较多的冷凝管的铸造方式有立式半连续浇铸和水平连续浇铸，其中水平连续浇铸有实心铸锭和空心铸锭之分。

立式半连续浇铸属连续性浇铸方式，之所以称为半连续是因其浇铸过程以每炉的熔炼数量为一个浇铸单元，每个单元之间存在一定的时间间隔。半连续浇铸金属液体的落差小且连续稳定，减少了液流的冲击、飞溅及旋涡，有利于保证铸锭的质量。稳定的连续性浇铸可采用较低的浇铸温度，以减少吸气，获得致密的结晶组织。浇铸时由于二次冷却水的强烈冷却作用，提高了结晶速度，增加了铸锭组织致密性。铸锭凝固时，具有显著的自下而上的方向性，极大地减少了铸锭的疏松、缩孔、气孔、偏析等缺陷。此外，半连续浇铸设备生产率高、劳动条件好、便于实现机械和自动化，铸造模具轻、寿命长、占地面积小；不足之处是需要熔炼、铸造平台及铸造深井，设备基础复杂、施工难度大。

为了消除上述不足，可采用立式连铸机，它与半连铸的不同之处在于增加了一套飞锯装置，该装置的滑块支撑在导柱上可随铸锭同步向下移动，在移动过程中进行锯切，之后再上移至铸锭锯切长度处，卡住铸锭。重复上述动作，使得铸锭的铸造过程可以连续进行。

水平连续铸造生产效率高、成材率高、便于操作和维护;设备简单,不需要像半连续设备那样需用高大的厂房及铸造深井且投资不多,因而,自20世纪70年代之后得到了迅速的发展。但由于铸锭分上、下两面,冷却条件存在一定的差异使制品的结晶组织产生不对称现象,铸造的尺寸也受到了限制。到目前为止,铸造圆棒的最大直径可达到ϕ200 mm,工艺与操作成熟的铸造圆棒一般在ϕ160 mm以下。

3.3.2.2 原料、配料及化学成分调整

A 原料

冷凝管生产使用的原料主要是各种新金属、外购合格废料、厂内回料、中间合金和二次重熔料等。熔铸投料时,无论新料还是旧料,均不得沾有油污、水分、乳液,不得含其他金属及非金属夹杂物,否则应采用脱脂、脱水及清除夹杂物等措施对原料进行净化、干燥处理。采购的各种原料以及合格的回料均应有明显标志,并具备不使其产生二次污染、化学变化、混料等现象的贮存条件,确保原料符合产品要求。

a 新金属

新金属也常称为新料,一般指阴极铜、锌锭、电解镍、锡锭、重熔用铝锭等。对于多产品、多品种同时进行生产的企业,紫铜类回料可以直接作为黄铜类冷凝管合金的新料使用。

冷凝管合金新金属原料标准和最低品位要求列于表3-4。

表3-4 冷凝管合金新金属原料标准和最低品位要求

牌 号	新金属原料标准和最低品位要求						
	阴极铜 GB/T467	锌锭 GB/T470	锡锭 GB/T728	重熔用铝锭 GB/T1196	电解镍 GB/T6515	电解金属锰 GB/T3418	低碳钢
H68A	Cu-CATH-2	Zn99.95					
H85A	Cu-CATH-2	Zn99.95					

续表 3-4

牌　号	新金属原料标准和最低品位要求						
	阴极铜 GB/T467	锌锭 GB/T470	锡锭 GB/T728	重熔用铝锭 GB/T1196	电解镍 GB/T6515	电解金属锰 GB/T3418	低碳钢
HSn70－1 HSn70－1B HSn70－1AB	Cu－CATH－2	Zn99.95	Sn99.90				
HAl77－2	Cu－CATH－2	Zn99.95		Al99.90			
BFe30－1－1 BFe10－1－1	Cu－CATH－2				Ni99.50	JMn2	20号

b　外购废料或回料

外购废料和回料统称为旧料。

外购废料一般系指企业为了降低原料成本,从国外进口或从国内采购的相应品种或合金牌号的铜及铜合金废料。目前,国内有色金属废料市场及管理的相关法律法规还很不完善,废料的收集、分类、检验、流通等环节也不够规范。因此,国内废料的采购应细致认真,充分了解废料的来源、化学成分、废料自身的状况等详情,以免给企业造成损失。国际上一些发达国家,有色金属废料市场已十分成熟,废料的划分也非常精细。中国海关总署对国外进口有色金属废料有着非常明细的划分与说明,其种类多达几十种,其中符合冷凝管合金使用要求的也有十几种之多,采购时可详细查询有关规定,以保证最终产品的质量。

回料系指各牌号由生产过程中产生的返回料,主要是几何残料(如铸锭的切头、切尾、车锯屑,加工边角余料、挤压残料、压余、铜皮、锯屑等)以及工艺废品、分析检验试样等,也包括化学成分不合格废铸锭、变更合金牌号过程中产生的洗炉料、牌号混杂的碎屑或残料等。一般情况下,回料的使用比例以黄铜最高不超过70%、白铜最高不超过80%为宜,其中,化学成分不合格的回料或洗炉料应根据其真实的化学成分,经严格计算后按合格成分所需的数量配料。车锯屑的使用,黄铜不超过20%、白铜不超过25%,且白铜的车锯屑最好是经过二次熔化后配料使用。

冷凝管合金旧料使用制度列于表3-5。

表3-5 冷凝管合金旧料使用制度

合金牌号	最大旧料使用比例/%					
	H68A	H85A	HSn70-1 HSn70-1B HSn70-1AB	HAl77-2	BFe10-1-1	BFe30-1-1
H68A	70	30	60	35		
H85A	55	70	65	35		
HSn70-1 HSn70-1B HSn70-1AB			70			
HAl77-2				70		
BFe10-1-1					80	45
BFe30-1-1					25	80

除表中所列的冷凝管合金牌号外,在生产部分黄铜时外购废料还可以是H90、H80、H70、H65、H63、H62、H59等普通黄铜或部分牌号的低铅黄铜、锡黄铜和铝黄铜等,白铜的废料也可以是锌白铜,其最大旧料使用比例可根据实际采购废料的化学成分另行计算。

c 中间合金

中间合金系指预先制好的、以便在熔炼合金时带入某些成分而加入炉内的合金半成品。使用中间合金便于加入某些熔点较高、易氧化燃烧或挥发的元素到合金中去,有利于准确控制化学成分,避免金属液过热,减少熔炼损耗,缩短熔化时间。冷凝管合金常用的中间合金列于表3-6。

表3-6 冷凝管合金常用中间合金

名 称	符 号	化 学 成 分	熔点/℃	物理特性	使用场合	作 用
磷-铜	P-Cu	8%~15%P,余量铜	780~840	脆	普通黄铜、锡黄铜	脱氧剂

续表 3-6

名 称	符 号	化 学 成 分	熔点/℃	物理特性	使用场合	作 用
铜-砷	Cu-As	30%As,余量铜	770	脆	黄铜类	加 砷
铜-镁	Cu-Mg	9.7%~15%Mg,余量铜	722~819	脆	白铜类	脱氧剂
铜-硼	Cu-B	3%~4%B,余量铜		韧	加硼系列锡黄铜	加 硼
镍-硼	Ni-B	15%~20%B,余量铜		脆	加硼系列锡黄铜	加硼、镍

B 配料

科学合理地进行配料,不仅可以得到化学成分最好的合金,即合金具有最好的工艺性能和使用性能,还能够节约贵重金属,提高金属收得率,降低生产成本。

配料计算应遵循以下原则:

(1) 充分了解原料的化学成分和金属在合金熔炼过程中烧损的相关数据,确定配料比及易耗组元的补偿量;

(2) 在保证合金化学成分符合相关标准和保证内在质量的前提下,尽可能少选用新料或选用低品位新料,扩大旧料的使用量;

(3) 在保证合金加工性能和使用性能的前提下,对合金中的贵重金属采取按标准下限配料的原则。

合金熔炼时金属的烧损主要来自于熔炼过程金属的挥发、氧化、熔融金属或金属氧化物与炉衬材料之间的化学作用、熔体结构以及熔炼过程中的扒渣、金属飞溅等。冷凝管合金熔炼时金属的烧损量列于表 3-7。

表 3-7 冷凝管合金熔炼时金属的烧损量

合 金 元 素	Cu	Zn	Al	Sn	Ni	Mn
金属烧损量(质量分数)/%	1~1.5	2~5	2~3	1.5	1.2	2~3

一般情况下,黄铜冷凝管合金的配料比列于表 3-8,其中 HSn70-1AB 中镍可由 Ni-B 中间合金带入,两个数据中斜线后数据为旧料补偿时的配料数。白铜合金的配料比列于表 3-9。

表 3-8　黄铜冷凝管合金配料比

牌　号	主要成分(质量分数)/%								脱氧剂(质量分数)/%
	Cu	Sn	Al	As	Mn	Ni	B	Zn	P
H68A	67.5			0.04				余量/1.5	0.006/0.003
H85A	84.7			0.04				余量/0.5	0.006/0.003
HAl77－2	76.5		2.3/0.1	0.04				余量/0.7	
HSn70－1	69.5	1.0		0.04				余量/1.5	0.006/0.003
HSn70－1B	69.5	1.0		0.04			0.02/0.01	余量/1.5	0.006/0.003
HSn70－1AB	69.5	1.0		0.04	0.2	0.2	0.02/0.01	余量/1.5	0.006/0.003

表 3-9　白铜冷凝管合金的配料比

牌　号	主要成分(质量分数)/%				脱氧剂(质量分数)/%
	Ni	Mn	Fe	Cu	Mg
BFe30－1－1	30.5	0.9/0.2	0.7	余量	0.04/0.03
BFe10－1－1	10	0.8/0.2	1.2	余量	0.04/0.03

冷凝管合金铸锭生产时,可有下列 3 种方式进行配料:

(1) 全部由新金属与中间合金进行配料;

(2) 由新金属、同牌号旧料与中间合金进行配料;

(3) 由新金属、旧料与中间合金进行配料。

在实际生产过程中计算合金配料时,可不必按每种金属元素的熔损率进行繁杂的计算,生产中采用的较简单的方法是在对配料原则进行充分考虑后,对易熔元素取上限值。配料计算过程中一般不考虑杂质成分,可在确定配料单后对其中杂质含量要求较高的元素进行复核或对原料中杂质成分的含量加以控制。

例 1: 计算每炉投料量为 1200 kg,全部使用新金属时的 HAl77－2 合金的配料。

解: HAl77－2 合金的配料比为:铜 76.5%、铝 2.3%、砷 0.04%、锌为余量;

其中砷－铜中间合金中的砷含量为30%，则1200 kg投料中砷－铜中间合金的数量为：

$$1200\times0.04\%\div30\%=1.6\ (kg)$$

1.6 kg砷－铜中间合金中含砷0.48 kg≈0.5 kg，含铜1.12 kg≈1.1 kg；

其他应配新金属数量为：

铜＝1200×76.5%－1.1＝916.9(kg)

铝＝1200×2.3%＝27.6(kg)

锌＝1200－916.9－27.6－1.6＝253.9(kg)

合计：916.9＋27.6＋1.6＋253.9＝1200(kg)

配料单：铜 917 kg，铝 28 kg，锌 254 kg，砷－铜中间合金 1.6 kg。

例2：按新金属30%，本牌号旧料70%，每炉投料量为900 kg时的HSn70－1B合金的配料。

解：HSn70－1B合金的配料比为：铜 69.5%、锡 1.0%、砷 0.04%、硼 0.02%（旧料补偿 0.01%）、锌为余量（旧料补偿 1.5%）。

900 kg投料中70%的旧料为630 kg；

旧料中需补偿锌为：630×29.5%×1.5%≈2.8(kg)；

需补偿镍－硼中间合金为：630×0.01%÷16%＝0.4(kg)；

应配新料数量为：900－630－2.8－0.4＝266.8(kg)；

其中：所需砷含量为30%的砷－铜中间合金的数量为：

$$266.8\times0.04\%\div30\%=0.35(kg)$$

所需硼含量为16%的镍－硼中间合金中数量为：

$$266.8\times0.02\%\div16\%=0.3(kg)$$

铜＝266.8×69.5%＝185(kg)

锡＝266.8×1%＝2.7(kg)

锌＝266.8－0.35－0.3－185－2.7＝78.5(kg)

合计：630＋2.8＋0.4＋0.35＋0.3＋185＋2.7＋78.45＝900

配料单：HSn70－1B 旧料 630 kg，铜 185 kg，锡 2.7 kg，锌 81.5 kg，砷－铜中间合金 0.35 kg，镍－硼中间合金 0.7 kg。

例 3：使用 20%BFe30－1－1 旧料和 30%同牌号回料，另加 50%新料，生产 1500 kg BFe10－1－1 合金的配料计算。

解：不同牌号合金旧料的成分按标准中的中限近似计算。

BFe10－1－1 合金的配料比为：镍 10%，锰 0.8%/0.2%，铁 1.2%，铜余量；

BFe30－1－1 合金数量为 1500×20%＝300 kg，其成分为：镍 30%，铁 0.75%，锰 0.85%；

其各成分数量：镍 90 kg，铁 2.25 kg，锰 2.55 kg，铜 205.2 kg，锰需补偿 0.005 kg；

30%同牌号回料数量：1500×30%＝450 kg；

其中镍 45 kg，铁 5.63 kg，锰 3.38 kg，铜 396 kg，锰需补偿 0.007 kg；

1500 kg BFe10－1－1 合金的配料比：镍 150 kg，铁 18 kg，锰 12 kg，铜 1320 kg；

应配新金属的数量为：1500－300－450＝750(kg)；

其中：镍＝150－90－45＝15(kg)

铁＝18－2.25－5.63＝10.12(kg)

锰＝12－2.55－3.38＋0.005＋0.007＝6.08(kg)

铜＝1320－205.2－396＝718.8(kg)

合计：15＋10.12＋6.08＋718.8＝750

配料单：BFe30－1－1 旧料 300 kg，BFe10－1－1 回料450 kg，镍 15 kg，锰 6.08 kg，铁 10.12 kg，铜 718.8 kg。

C　化学成分调整

由于配料计算、称重的误差或旧料中的成分不一致，以及金属在熔炼过程中的烧损等原因，有时可能出现熔体合金元素的成分与预期的化学成分不相符的现象，所以，在炉前分析后，必须对熔体化学成分中不符合要求的金属元素进行调整，填补不足，冲淡过剩。

a 补偿计算

当某元素的含量低于标准要求化学成分范围的下限时,则应对该元素进行补偿。

补料公式为:

$$x=\frac{a-b}{100-a}m \tag{3-1}$$

式中 x——应补加料量,kg;

a——补偿后元素具有的百分含量,%;

b——补偿前炉前分析时元素的百分含量,%;

m——炉内原有熔体质量,kg。

例1: 炉内H68A合金熔体3000 kg,炉前分析结果铜含量为66.5%,余量为锌,计算补加铜数量。

解: 需将熔体中铜含量由66.5%上调至67.5%,将已有的相关数据代入补偿计算公式中:

$$x=\frac{a-b}{100-a}m=\frac{67.5-66.5}{100-67.5}\times 3000=92.3(\text{kg})$$

经计算应向炉内补加铜92.3 kg。

b 冲淡计算

当某元素的含量超出标准要求化学成分范围的上限时,则应对该元素进行冲淡。

冲淡公式为:

$$x=\frac{b-a}{a}m \tag{3-2}$$

式中 x——冲淡某元素需补加其他元素的重量,kg;

a——被冲淡元素在冲淡后所具有的百分含量,%;

b——被冲淡元素在炉前分析时所具有的百分含量,%;

m——炉内原有炉体重量,kg。

例2: 炉内BFe30-1-1熔体1500 kg,炉前分析结果镍33.5%,锰0.9%,铁0.7%,余量为铜。计算将炉内熔体的化学成分调至配料比范围,应补加的金属料量。

解: BFe30-1-1的配料比:镍30.5%,锰0.9%,铁0.7%,余

量铜;将熔体中的镍含量由 33.5% 冲淡至 30.5%,将已有的相关数据代入冲淡计算公式中:

$$x=\frac{b-a}{a}m=\frac{33.5-30.5}{30.5}\times1500=147.5(\mathrm{kg})$$

应补加 147.5 kg 的其他金属,补加的金属应由铜、锰、铁构成。

锰 = 147.5×0.9% = 1.33(kg)

铁 = 147.5×0.7% = 1.03(kg)

铜 = 147.5 − 1.33 − 1.03 = 145.14(kg)

3.3.2.3 合金的熔炼

冷凝管合金的熔炼不仅可以获得化学成分均匀并符合相关标准规定的优质金属,还可将采购的旧料或生产过程中产生的回料制成适于进一步加工所需形状、尺寸的铸锭。

在熔炼冷凝管合金时,采用合理的装料及熔化顺序可以保证熔化质量,加快熔化速度,减少金属的熔炼损失及提高生产效率。对于两种熔点相差较大的金属,应先装入易熔金属,然后再加入难熔金属,利用难熔金属的熔解作用,使其逐渐熔解于低熔点金属中,如熔炼白铜(含 80% 铜,20% 镍)时,铜的熔点是 1083℃,镍的熔点是 1451℃。先熔铜,铜熔化后加入镍,只需在 1250～1270℃镍已全部熔化。这样的装料顺序,既可降低熔炼温度、减少熔体吸气,又能提高熔化速度、延长炉衬寿命。对于合金熔化时放出大量热量的金属,不应单独加入到熔体中,而应与其他冷却料同时加入,避免使局部熔体温度升高,导致熔体大量吸气和烧损,如将铝单独加入到铜液中,所放出的热量,可使局部熔体温度升高 200℃以上,引起熔体的大量吸气和烧损。当与冷料同时加入时,就可将放出的大部分热量消耗在这些固体冷料的熔化中,避免熔体过热。

黄铜冷凝管合金熔炼时,一般采用干馏木炭作覆盖剂,以阻碍其中的锌向外扩散及蒸发,防止熔体吸氧,也可用硼砂或复合熔剂覆盖熔体,同样具有良好的效果。提醒注意的是木炭覆盖层应该具有一定的厚度,所用木炭经筛除灰分后按一定块度比例加入,而且需要定期更新。不允许将未经干馏的潮湿木炭用作覆盖剂,因为木炭中含有氮、氧、碳氢化合物和水汽等主要成分,高温下其中的大部分气体都可以析出,这对于铜合金的熔炼非常有害。炭黑和石墨粉亦可作为铜合金熔炼覆盖剂。炭黑和石墨粉都呈粉状,可严密覆盖熔体表面,同样具有保温、防止氧化及避免吸气等作用,只是其活性与木炭相比略有逊色。当其与木炭一起使用时,可填充木炭之间的缝隙,进一步严密覆盖熔体,有效地减少了金属的熔损并提高熔铸质量。

木炭干馏的方法是将挑选好的木炭装入干馏筒中,在封闭条件下将干馏筒放到火焰加热炉或电炉中。随着温度不断升高,木炭中的水分及气体不断地逸出。木炭干馏温度应保持在 800～900℃之间为宜,干馏时间不少于 4 h。干馏过的木炭仍然需要密封,以防高温木炭在与空气接触时燃烧和重新吸气,另外干馏过的木炭在现场存放时间不宜过长。

水平连铸生产黄铜时,可以直接用硅酸棉覆盖炉顶,无需木炭覆盖。在铝黄铜熔炼时,除用干馏木炭作覆盖剂外,通常还加入0.1%的冰晶石作熔剂,以提高铸锭的质量。此外,铝黄铜熔炼过程中不允许熔体过热,以防熔体大量氧化和吸气。

白铜因其中所含镍的熔点较高、易吸气,所以应在密闭及覆盖条件较好的感应电炉内熔炼。一般情况下,冷凝管用白铜合金熔炼时,也使用木炭作覆盖剂,使用铜－镁中间合金作脱氧剂,脱氧剂可直接加入炉中,也可加在中间包内。

熔炼温度对铸锭质量的影响较大,如温度过高不仅易产生粗大晶粒、裂纹、偏析等缺陷,而且会促使金属与炉气、炉渣、溶剂、炉衬间的相互作用加强,增强金属的氧化及挥发损失,并促使金属吸气;而温度过低又会使熔体去渣效果降低、铸造操作困难。因此,合理控制熔炼温度与正确选择出炉温度尤为重要。

冷凝管合金熔炼工艺参数列于表 3-10。

表 3-10　冷凝管用合金的熔炼工艺参数

牌　号	熔炉	炉衬材料	出炉温度/℃	脱氧剂	覆盖剂	操作顺序
H68A	低频电炉	硅砂	喷火 1100～1160	磷－铜 新料:0.006%磷 旧料:0.003%磷	木炭	铜＋(旧料)＋木炭→熔化→加锌→搅拌捞渣→升温、喷火→加Cu－As＋P－Cu→搅拌→取样→浇铸
H85A	低频电炉	硅砂	1180～1220	磷－铜 新料:0.006%磷 旧料:0.003%磷	木炭	铜＋(旧料)＋木炭→熔化→加锌→搅拌捞渣→升温、喷火→加Cu－As＋P－Cu→搅拌→取样→浇铸
HSn70－1	低频电炉	硅砂	喷火 1100～1160	磷－铜 新料:0.006%磷 旧料:0.003%磷	木炭	铜—(旧料)＋木炭→熔化→加锡＋锌→搅拌捞渣→升温、喷火→加Cu－As＋P－Cu→搅拌→取样→浇铸
HSn70－1B	低频电炉	硅砂	喷火 1100～1160	磷－铜 新料:0.006%磷 旧料:0.003%磷	木炭	铜＋(旧料)＋木炭→熔化→加锡＋锌→搅拌捞渣→加Cu－As＋P－Cu→升温、喷火→加Ni－B(Cu－B)→搅拌→取样→浇铸→取样
HSn70－1AB	低频电炉	硅砂	喷火 1100～1160	磷－铜 新料:0.006%磷 旧料:0.003%磷	木炭	铜＋(旧料)＋木炭→熔化→加锡＋锌→搅拌捞渣→加Cu－As＋Mn→升温、喷火→加P－Cu＋Ni－B→取样→浇铸→取样

续表 3-10

牌　号	熔炉	炉衬材料	出炉温度/℃	脱氧剂	覆盖剂	操作顺序
HAl77-2	低频电炉	硅砂	喷火 1100～1150		冰晶石	铜+(旧料)+木炭→熔化→加铝+锌→加冰晶石→搅拌捞渣→加冰晶石→升温、喷火→加 Cu-As→搅拌→取样→浇铸
BFe30-1-1	低频 中频	硅砂 镁砂	低 1300～1350 中 1330～1370	铜-镁 新料:0.03% 旧料:0.02%	木炭	镍+铁+铜+(旧料)+木炭→熔化→加锰→搅拌捞渣→加 Cu-Mg→搅拌→取样→测温→浇铸
BFe10-1-1	低频 中频	硅砂 镁砂	低 1260～1310 中 1280～1330	铜-镁 新料:0.03% 旧料:0.02%	木炭	镍+铁+铜+(旧料)+木炭→熔化→加锰→搅拌捞渣→加 Cu-Mg→搅拌→取样→测温→浇铸

熔炼操作要点及注意事项。

A　黄铜

黄铜熔炼操作要点及注意事项如下：

(1) 在确定合金的配料比时，应充分考虑合金元素的损耗情况。冷凝管用黄铜中易损耗元素有锌、铝、砷等，这些元素的配料比应取标准成分的上限。不易损耗元素有铜、锡等，这些元素的配料比可取标准成分的中限或下限。

(2) 锌的除气和脱氧性能较好，工艺中加入脱氧剂 P-Cu 的目的，主要是改善合金的流动性。对于多品种、多牌号的生产企业，当使用 TP2 磷脱氧铜作为黄铜合金的铜原料时，若熔炼过程中情况良好，可不再另行加入 P-Cu 中间合金进行脱氧。

(3) 黄铜的出炉温度多以喷火作为依据,喷火是指烫过炉头后,炉体放平时有火焰喷出的现象。

(4) 尽量采用低温加锌,高温捞渣,以减少熔炼过程的损耗。

(5) 熔炼 HSn70－1B、HSn70－1AB 合金时,为减少硼的烧损和使硼在合金中成分均匀,在有条件的情况下,Cu－B 或 Ni－B 中间合金可分 3~4 次加入,并迅速用工具将其压入到熔体内部。加中间合金之前必须把炉内浮渣捞净,防止中间合金浮在液体表面。

(6) 用水平连铸方式生产 HSn70－1B、HSn70－1AB 合金时,硼的中间合金可以直接加入到保温炉中,但必须注意应在倒包前加入,利用倒包时间对硼的中间合金进行充分的熔化和扩散。

(7) 硼在熔化过程中极易氧化烧损,为减少硼和氧的接触,除严格做好熔体覆盖、熔池保护外,半连铸生产时,应注意熔炼、浇铸的过程应尽可能缩短。

B　白铜

白铜熔炼操作要点及注意事项如下:

(1) 冷凝管用白铜合金中易损耗元素主要是锰,在配料时应取标准成分的上限。白铜中不易损耗的元素有铜、镍、铁等,这些元素的配料比应取标准成分的中限或下限。

(2) 白铜熔炼时装料顺序应先装入残料,继而装入难熔的镍,尔后再装入铜。为除去铜镍合金中的硫,于出炉前加入 Cu－Mg 中间合金进行脱硫。

(3) 装料时如炉内残留铜水过少,镍、铁等金属不易熔化时,可先加入一部分紫铜加速熔化。

(4) 半连续浇铸时间过长,可在浇铸过程中根据具体情况进行再脱氧,每次补加中间合金的重量不超过 100 g。如果熔铸时出现故障,影响出炉时间超过 90 min,则应按旧料重熔补加脱氧剂。

(5) BFe30－1－1,BFe10－1－1 熔炼时可用工频(有芯或无芯)感应电炉,也可使用中频感应电炉,工频炉衬材料使用硅砂或高铝砂,中频炉衬材料可以使用镁砂。

3.3.2.4　合金的铸造

目前,冷凝管用合金铸锭广泛采用的铸造方式有半连续铸锭和水平连续铸锭两种,其中,水平连续铸造主要生产直径ϕ200 mm以下的实心铸锭和空心铸锭,而半连续铸造可生产直径 ϕ80～360 mm或更大的实心铸锭。

A　立式半连续铸造

半连续铸造是把金属液体直接导入通水冷却的结晶器中,上部连续地向结晶器中供给金属液体,同时被结晶冷却形成的铸锭又连续地被拉出结晶器。之所以称为半连续,是因为它是以每炉为一个铸造单元,炉与炉之间存在间歇时间。

半连续铸造过程中,铸锭先后受到二次冷却的作用。一次冷却来自结晶器中冷却水通过内套对金属的间接冷却,主要作用是使液体金属形成一层凝固的外壳,一般情况下,可带走冷凝过程全部热量的 20%～30%。二次冷却源自结晶器下缘喷出的冷却水对铸锭的直接作用,它将带走铸锭的大部分热量,它与一次冷却及空气失散的总热量同金属熔体所带入的总热量之间保持平衡,以形成稳定的铸造生产条件。

半连续铸造的工艺参数包括铸造温度、铸造速度、冷却强度、结晶器高度以及结晶器内熔体的保护和润滑方法等内容。

常见规格冷凝管合金半连续铸造工艺参数列于表 3-11。

表 3-11　常见规格冷凝管合金半连续铸造工艺参数

合金牌号	铸锭规格/mm	结晶器高度/mm	铸造温度/℃	铸造速度/mm·min⁻¹	浇铸水压/MPa	润滑剂	保护气	浇铸方式
H68A	ϕ145	165	喷火 1100～1160	200～300	0.06～0.12	变压器油	氮气	炉头(封闭)
	ϕ200	200	喷火 1100～1150	100～120				
H85A	ϕ145	165	1180～1220	200～300	0.06～0.12	变压器油	氮气	炉头(封闭)
	ϕ200	200		150～200				

续表 3-11

合金牌号	铸锭规格/mm	结晶器高度/mm	铸造温度/℃	铸造速度/mm·min^{-1}	浇铸水压/MPa	润滑剂	保护气	浇铸方式
HSn70-1	ϕ145	155	喷火 1100~1160	120~150	0.04~0.10	变压器油+30%机油	氮气	炉头(封闭)
	ϕ200	200		85~100	0.06~0.10			
HSn70-1B	ϕ145	155	喷火 1100~1160	120~150	0.04~0.10	变压器油+30%机油	氮气	炉头(封闭)
	ϕ200	200		85~100	0.06~0.10			
HSn70-1AB	ϕ145	155	喷火 1100~1160	120~150	0.04~0.10	变压器油+30%机油	氮气	炉头(封闭)
	ϕ200	200		85~100	0.06~0.10			
HSn77-2	ϕ145	155	喷火 1100~1150	120~150	0.04~0.10	熔盐		炉头(封闭)
	ϕ200	200		85~100				
BFe10-1-1	ϕ145	155	低 1260~1310 中 1280~1330	低 60~75 中 75~100	0.02~0.05	烤红烟灰或石墨粉		敞流或炉头
BFe30-1-1	ϕ145	155	低 1300~1335 中 1330~1370	低 50~60 中 60~70	0.01~0.03	烤红烟灰或石墨粉		敞流或改进式炉头

立式半连续铸造时的液流控制，包括熔体转注过程和铸锭浇铸过程的控制。转注过程要求熔体在封闭式流槽、保护气体或覆盖层的保护下平稳流动，严禁有敞露的落差飞溅和液流冲击，防止熔体重新被污染。在浇铸过程中，为了保证铸锭质量，结晶器中的液面水平(也称金属水平)应保持稳定。

熔体流及熔体表面所用的固体保护剂主要有干馏木炭、炭黑、鳞片石墨；气体保护剂主要是煤气和氮气；液体保护剂主要有部分融盐类，如 84% NaCl + 8% KCl + 8% Na_3AlF_6(冰晶石)组成的混合熔剂。

B 水平连续铸造

在冷凝管合金的铸锭生产中，也有一些厂家采用水平连铸的生产方式。水平连铸熔炼和浇铸过程同时进行，无间歇时间，无头尾料损失；采用浸入式浇铸，铸锭内无夹渣、气孔、铸锭表面质量好，无氧化现象。但由于重力作用，铸锭易产生偏心并且容易形成重力偏析；同时，因模具要与高温炉体连接，对模具质量要求高，不适合浇铸高熔点合金。

水平连续铸造使用的结晶器与立式半连续铸造的结构本身基本相似。不同的是，水平连续铸造用结晶器的前端需要与炉体或中间浇注包密封连接。结晶器及其结晶器与炉体的连接，是水平连续铸造的关键技术。

目前，多采用结晶器前端面直接与尺寸相当的炉前室窗口对接的连接方式。不过，直接连接时，做好结合面的密封是非常重要的。此种方式适合大断面铸锭的铸造，不宜频繁变换铸锭规格。需要更换结晶器时，需在炉内铜液的液面降到出铜口下沿以下位置时进行。

铸造开始前，必须将结晶器、引锭杆和引拉机牵引辊三者调整在同一水平中心线上。塞棒打开即行铸造。铸造期间，炉膛内始终应该保持一定高度的金属液位，同时需要对炉内铜液温度进行连续监控。与结晶器前端面相对的炉壁是安装热电偶的合适位置。

结晶器振动或者采用停、拉引锭工艺，或者采用带反推的微程引拉程序，可以有效地改善铸锭表面质量和内部结晶组织。铸造黄铜时需要使用油润滑。

铸造空心铸锭时，需要在结晶器中嵌入与铸锭内径尺寸相当的芯子。芯子通常亦用石墨材料制造，和石墨内套表面一样应具有一定的锥度。铸造空心铸锭用结晶器示意图见图 3-2。

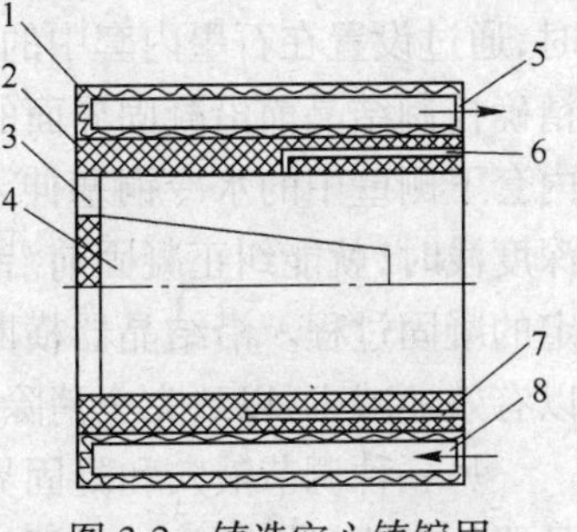

图 3-2 铸造空心铸锭用结晶器示意图

1—水套；2—石墨内套；3—液体进入孔；4—芯杆；5—出水孔；6—氮气输入孔；7—热电偶插入孔；8—进水孔

由于保温炉与结晶器连通，在炉内液体金属静压力作用下，凝固过程中铸锭不产生较大的径向热应力。可是,铸锭的下表面却容易产生裂纹,这是因为开始引拉时,与石墨内套和引锭器接触的铜液受到激冷很快形成凝壳,铸锭凝壳收缩产生的间隙有利于铸锭的引出。随后,当管坯凝固收缩,并且管坯和石墨内套之间产生了间隙时,由于重力效应,管坯下沉并使其下侧外表面贴紧石墨套工作表面。显然,引拉时下侧阻力大于上侧阻力,结果铸锭的下表面可能产生裂口,俗称"拉裂"。

如果采用带停歇的铸造程序,裂口可能为下次停歇时跟进的金属液所充填,并与留在模壁上的凝壳残余或凝结渣连接起来,而且凝固成新的较厚的凝壳,并在下一次引拉时被一道拉出。上述过程中,如果每次裂口只能部分地被结晶前沿熔体所充填,铸锭表面将在那里留下结疤。同时由于高温下裂口附近受到氧化而变色,结果每拉停一次出现一道表征节距的环状斑纹。

通过适当工艺调整,如适当提高铸造温度,以保证熔体能够有效地将微小的裂口"焊合";适当的调整引拉程序,以保证得到有足够强度的铸锭凝壳而不被拉裂;铸造过程中,向石墨模内充以保护性气体如氮气,可防止裂口氧化而有利于重新焊合。

试验表明,通过改进结晶器设计可以在很大程度上克服重力效应对管坯凝固过程的不良影响,如在石墨内套中设置水冷铜塞装置,以及在结晶器出口端附加支撑辊等。熔融金属通过结晶器时,通过设置在石墨内套中的水冷铜塞伸入深度的调整,可以达到精确控制结晶前沿凝固界面的位置和形状的目的。当位于石墨模内套下侧壁中的水冷铜塞伸入深度,比上侧壁中的水冷铜塞伸入深度浅时,就能纠正凝固前沿界面的不对称行为,从而可以建立稳定的凝固过程。沿结晶器横断面基本对称的凝固界面的建立,可以有效地减少,以致完全消除铸锭下部表面的裂纹。

另一种调节液穴和凝固界面形状的方法是:改进铜液进入结晶器的方式和铜液在结晶器中的分配方式。例如,将上下均匀或者对称的分配方式,改为上下非均匀或者非对称的分配方式。调整得当时,不仅可以减少或者避免铸锭的表面拉裂缺陷,同时也可以获得上下均匀的结晶组织。

水平连铸铸造程序见图 3-3。铜合金水平连铸规格及工艺参数实例列于表 3-12。

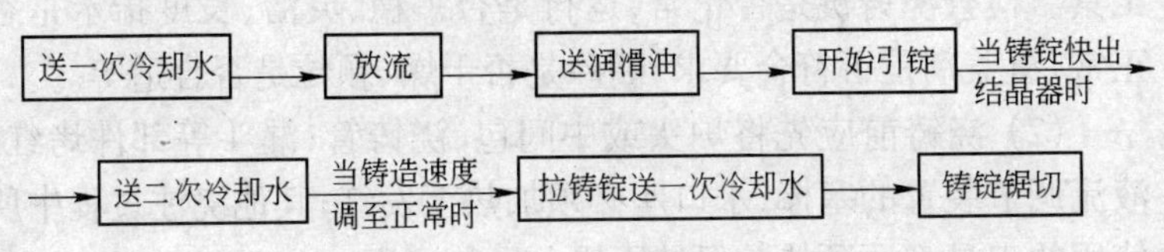

图 3-3　水平连铸铸造程序图

表 3-12　铜合金水平连铸规格及工艺参数实例

合金名称	铸锭规格 /mm×mm	铸造参数			结晶器长度 /mm	润滑剂	铸造速度 /m·h^{-1}	铸造温度 /℃	冷却水		
		节距 /mm	间断/s 拉	停					一次水压 /kPa	二次水压 /kPa	水温 /℃
H68A 空心锭	116×42	5	1	5	160	10 号锭子油	50	1180	200	60	<40
HSn70-1 空心锭	116×42	5.5	1	5	160	10 号锭子油	50	1180	180	60	<40
HSn70-1B 空心锭	116×42	5	1	5	160	10 号锭子油	50	1180	50	20	<40
HAl77-2	71	3	2	5	145	10 号锭子油	30	1180			
HAl77-2	φ80~100	3	1.5~3	6~10			10	1180	80~100 L/min	35~55 L/min	

C　铸造操作要点及注意事项

a　立式半连续铸造

立式半连续铸造操作要点及注意事项如下：

(1) 浇铸前应检查冷却系统是否正常，水孔是否通畅，出水是否均匀；结晶器和引锭托座应保持干燥且放置水平，其连接处的缝隙应用石棉绳塞严，结晶器表面应保持光洁；检查浇铸漏斗的孔径大、小是否符合要求，塞棒是否灵活好用，炉头有无冷铜，流槽是否干燥，底碗内有无灰屑、冷铜等异物，浇管、底碗和结晶器中心是否相对。准备好夹钳、捞渣、搅拌用的铁勺、油壶、破布等可能使用的工具。检查浇铸机是否正常，运行是否平稳、灵活、长度指示是否正常，覆盖剂是否符合要求，硼砂是否干燥、颗粒是否合适等。

(2) 浇铸前应先将炉头或中间包、浇铸管、漏斗等部件烤红；液流调节装置的塞棒、水口座必须加热至发红；其他浇注过程中所使用的工具都要预热并保持干燥。

(3) 使用保护气对结晶器内的金属进行保护时，应在放流前5～10 min将气体放入保护罩，以排除罩内原有的空气。

(4) 放流程序：开冷却水——放流——加覆盖剂、润滑剂——开浇铸机。

(5) 开始放流应把液流放得稍大一些，以免初始液流在遇到冷流道时冷凝堵眼，之后慢慢调至正常流量。从开始放流到浇速调整至正常以前，冷却水压力一般不超过 0.05 MPa。

(6) 在金属液体将结晶器充满 1/2～2/3 时，向结晶器内金属液面撒炭黑或输送润滑油，炭黑厚度以 10～20 mm 为宜。

(7) 正常浇铸时应保持结晶器内液面平稳，金属液面的上下波动会改变液穴形状，影响铸锭内部质量，且容易造成铸锭表面冷隔、夹杂等缺陷。

(8) 在浇铸过程即将结束时，即向结晶器停止供流时，应同时减小冷却强度，减慢浇铸速度或停车，及时用高温铜水补缩。

b　水平连铸

水平连铸操作要点及注意事项如下：

(1) 开炉前检查保温炉石墨元件的装配及各部位连接情况是否合乎要求，试送电、检查三项电压是否平衡，电流是否正常，有无短路现象。

(2) 发热件正常后，进行模具安装，注意模具进料口与坩埚口杯对应；模具的轴向要与坩埚出料口端面垂直，模具与坩埚出料口两端应密封，防止铜水泄漏，将氮气气眼调整在左右两侧位置；用硅酸铝毡垫封紧水套与炉体的结合处；将挡水圈套在水套上；将二次压板螺丝要均匀拧紧,一次冷却进、出水管避免反接。

(3) 浇铸前先要将水平连铸机列的各单机中心线调整一致,结晶器对正中心,将引锭器端头伸入结晶器内,周边间隙用硅酸铝纤维板塞好。发热件连接时要注意平、直,结合紧密,间隙处要垫好石墨纸。

(4) 结晶器安装时要注意对中、位置合适,与坩埚接口处要充分贴合,模具的轴向需与坩埚出料口端面垂直,模具与坩埚出料口两端面应相对密封,防止铜液泄漏。

(5) 熔炼好的铜水倒入铸造炉,待铜水温度达到浇铸温度后开始拉铸。连铸开始时,首先是铜水在引锭头凝结,再通过引锭杆将逐渐凝结成锭的铸锭引出,黄铜连铸采用黄铜做引锭头,引锭头与引锭杆应连接好,两者必须同心,装入模具时应小心操作避免碰伤模具引锭头与石墨内套必须同心且水平。装好引锭头后,应将热电偶插入输氮管,然后一起装入模内。

(6) 拉铸前必须确保水、电、气正常,引锭牵引辊的压紧程度合适,热电偶的插入深度在150~200 mm之间,黄铜拉锭线速度设定在50~125 mm/min之间,开始拉动应先设定慢速,引锭成功后,再适当调整拉速。二次冷却水应在铸锭拉出模口后打开,在启动过程中需随时检查排渣口是否漏铜,在铸造过程中注意观察各个工艺及设备参数有无变化,发现异常及时进行调整。特别是出现因出锭阻力增加、压辊打滑、铸锭未能随同压辊转动拉出模具等情况时,如果铸锭自行缓慢停下,且芯子是红的情况下,可以进一步调紧压辊,对铸锭进行强行拉动。除此之外的其他情况,以进行二次启动为佳,二次启动时,操作应更精心,避免拉断或拉漏现象。

(7) 正常生产时,要按规定的工艺参数设定停拉比。当铸锭出现裂纹时,要适当调整节距和停拉时间。

(8) 在一定时期内不再进行熔铸生产时,应注意将炉内铜水拉空,将排渣口处的剩余铜液和铜渣清除干净,将模具退出并立即将模具口封好,避免空气氧化坩埚。

3.3.2.5　结晶器

结晶器是铸锭形成的主要工具,它的结构尺寸不仅决定了铸锭的尺寸和形状,而且对铸锭的内部组织、表面质量和裂纹倾向都有直接的影响。其结构设计与安装取决于所铸合金品种、铸锭的断面尺寸。

A　立式半连续铸造用结晶器

冷凝管合金立式半连续铸造常用的圆锭结晶器多为不固定在炉体上的立式装配式结构。由外壳、内套和压盖等部分组成,装配时用螺栓紧固。

结晶器的外壳由铸铁或钢制成,内壁带有双螺纹旋筋,以提高结晶器的刚度,同时作为冷却水的导向槽,使水按预定的方向流动,以保证结晶器内水冷均匀;也可把水室分成上、下两段,让温度较低的水和已经被加热了的水分别按照工艺的要求在不同区域流动。此外还要求内壁表面光滑,以减小水流的阻力。

结晶器内套材料要求具有良好的导热性能,以使金属液能够迅速凝固。目前应用最广泛的是紫铜和石墨材料,紫铜的导热性能最佳,其热导率为 3.93 W/cm·℃,为提高其耐磨性,一般镀 0.05~0.12 mm 的铬层;石墨的热导率在 1.045~1.254 W/cm·℃之间,缓冷性好,耐高温,线膨胀系数小并且有一定的润滑作用。紫铜内套的厚度一般为 10~12 mm,有的衬套上部有一段逐渐变厚的缓冷带,用于加强内套的刚度和减缓对结晶器内金属液体的冷却作用。石墨内套一般镶嵌在铜内壁上,厚度根据结晶器直径的大小在 3~12 mm 之间,如图 3-4 所示。

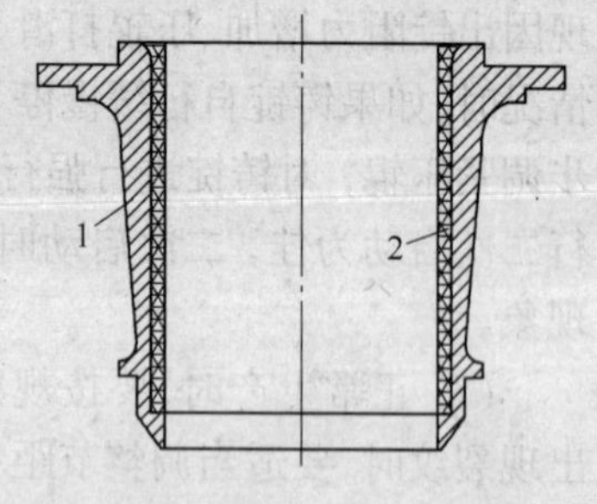

图 3-4　半连续铸造结晶器内套与石墨套

1—紫铜内套;2—石墨套

结晶器的喷水孔开在外壳底部内缘上,与结晶器垂直中心线成

20°～30°,以保证所有的喷水孔出水均匀。不论是冷却水直接从结晶器水室中喷射出来,还是独立的二次冷却水装置向铸锭表面上喷射水流,设计喷射水流的孔径和喷射角度时须注意到以下因素:喷射水流不能在与铸锭表面接触的瞬间全部反射出去,至少应该有一部分水流能够平稳地包围着铸锭表面流下,以对铸锭连续地进行冷却。

在外壳与内套的上部接触面上应加密封材料,以防止浇铸过程中渗水和漏水。

结晶器的主要尺寸有直径、锥度和高度。铜及其合金所使用的结晶器高度大多在 150～300 mm 之间。结晶器的直径主要取决于铸锭的线收缩率,因不同的合金而异。为提高一次冷却强度,可采用带有倒锥度的结晶器内腔,即结晶器内腔上口稍大于下口,一般锥度为 2°～3°。结晶器高度主要取决于合金性质及铸锭规格,它是保证熔体在结晶器里能够凝固成足够厚的外壳,对于冷凝管合金来说,结晶器高度与直径的比值一般在 0.8～1.5 之间取值。

B 水平连铸结晶器

水平连续铸造用结晶器和立式半连续用结晶器的结构本身基本相似。不同的是水平连续铸造用结晶器的前端需要与炉体或中间浇铸包密封连接,结晶器前端带锥度的石墨套前舌,要深入到炉前室中出铜口座砖的锥形孔内。铸造空心铸锭时,需要在结晶器中嵌入与铸锭内径尺寸相当的芯子。芯子通常亦用石墨材料制造,和石墨内套表面一样应具有一定的锥度。因而结晶器在材料和结构上与立式半连续有所区别。水平连铸结晶器一般选用高纯石墨,高纯石墨的机械强度、硬度和不渗透压力比普通石墨高得多。石墨内套结构如图 3-5 所示,伸入保温炉一端的壁厚一般在 8～30 mm 之间;与石墨内壁紧相配合的冷却壁的材料可选用紫铜、黄铜或青铜,壁厚为 4～8 mm;结晶器的有效长度与相同规格的立式半连续铸造结晶器的高度相近。

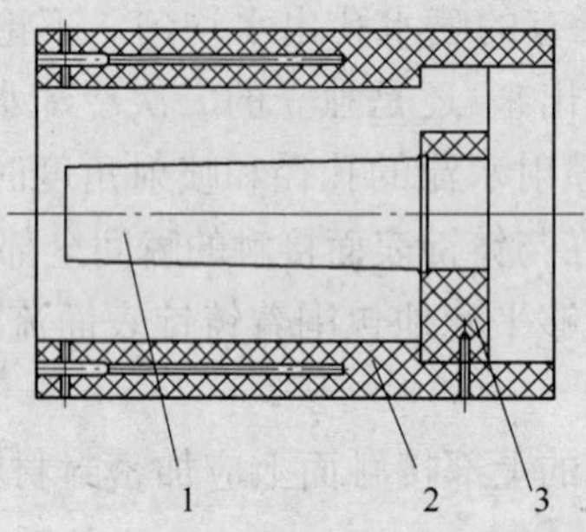

图 3-5　水平连铸结晶器石墨内套示意图

1—芯杆;2—模筒;3—底板

3.3.2.6　铸锭常见缺陷及改进措施

A　化学成分废品

合金的主要元素或杂质元素成分不符合既定标准,即称为化学成分废品。造成化学成分废品的主要原因及应采取的措施有:

(1) 配料错误,包括配料计算错误、混料及使用原料不当等;

(2) 原料本身杂质元素含量高,如出现了混料、低品位原料混入高品位原料中,或者原料多次重复使用造成的杂质元素含量逐步积累而增大等;

(3) 熔炼操作不当,包括加料与熔化顺序错误、熔体覆盖与保护不良导致熔铸过程中熔体的氧化和吸气、搅拌熔体操作不当、熔炼温度过高,熔体与炉衬耐火材料、覆盖材料等之间的化学反应,或者高温熔体与炉前工具接触不当等;

(4) 化学成分分析错误;

(5) 化学成分出炉范围控制不当。

B　表面质量缺陷

a　表面冷隔

铸锭表面的折叠现象,称为冷隔。产生冷隔的直接原因是结晶器内金属液面温度低。

铸造过程中,随着金属液表面温度的不断的降低,金属液表面张力越来越大,当金属液表面膜向结晶器壁的移动不能与铸造速度同步时,表面膜厚度开始增加甚至出现冷凝现象。在随后内部液体金属静压力的推动下,几乎呈半凝固状态的液面表面膜才被迫向结晶器壁方向滚动,可是此时表面膜已无法被平展开来。

完全暴露的表面冷隔可以在铸锭检查时很容易地被发现并得到处理,但是如果冷隔深入到了铸锭的表层中就不那么容易被发现,这样的锭坯会给后序的加工留下隐患。

避免冷隔产生的主要措施有:

(1) 适当提高浇铸温度或铸造速度;

(2) 保持结晶器内金属液面的稳定,避免液面波动;

(3) 适当降低导流管或漏斗埋入结晶器内金属液面下的深度;

(4) 适当提高结晶器内金属液面水平;

(5) 保持结晶器内金属液面一定的温度,例如采用炭黑保护结晶器中液体金属;

(6) 改进结晶器设计,例如适当增加结晶器高度,或加大结晶器上部缓冷带。

b 表面夹杂

铸锭表面夹带有熔渣、金属氧化物、保护介质残留物等异物的现象,称为表面夹杂。

合金组元中易氧化的元素含量高,铸造时熔体中容易大量氧化而生渣,并导致流动性降低和由此而引起液面波动,极易造成铸锭表面夹杂缺陷。铸造时采用熔融硼砂作覆盖剂时,若硼砂质量不好亦可导致硼砂夹杂。

避免表面夹杂的主要措施有:

(1) 浇铸系统应能保证熔渣不进入结晶器中;

(2) 对结晶中液体金属给予良好的保护,以防氧化和造渣;

(3) 结晶器内金属液面保持稳定;

(4) 及时、稳妥地清除结晶器内金属液面上的浮渣;

(5) 采用新型保护性铸造熔剂,例如熔融硼砂;

(6) 采用结晶器振动铸造技术。

c 表面流爪及凸瘤

铸锭过程中,由于漏铜而形成的铸锭表面凝溜,称为流爪。由于凝壳重熔致使局部凝壳厚度减薄而不足以支持内部铜液静压力时,铸锭局部表面出现的隆起、结疤,称为凸瘤。

避免铸锭表面流爪及凸瘤缺陷产生的根本办法,是尽量减小在铸造过程中因收缩而产生的铸锭与结晶器之间的间隙。适当降低结晶器内金属液面高度,或适当降低铸造速度,都有利于避免在铸造过程中产生此类缺陷。

d 表面裂纹

铸锭表面裂纹,有横向裂纹和纵向裂纹两种。

产生铸锭表面横裂的直接原因是:铸锭通过结晶器时,铸锭表面受到的摩擦阻力大于铸锭表面的强度。铸锭表面粗糙度和结晶器工作表面粗糙度,以及铸锭自身材料的高温抗拉强度,是导致铸锭表面横裂能否产生的主要原因。铸锭表面粗糙,甚至有夹渣缺陷,往往助长横向裂纹发展。铸造复杂黄铜时,结晶器工作表面上氧化锌等凝结物较多时,无疑将加大铸锭在结晶器内滑动的阻力。水平连铸过程中,铸锭自重效应的结果,铸锭下表面与结晶器之间的间隙小于铸锭上表面与结晶器之间的间隙,铸锭的表面裂纹多半发生在铸锭的下表面。

避免铸锭表面横裂的主要措施有:

(1) 始终保持引锭器与结晶器的同一中心性;

(2) 经常清理结晶器,始终保持其光滑的工作表面;

(3) 加强润滑,保证铸锭通过结晶器时顺畅;

(4) 采用结晶器振动铸造技术。

产生铸锭表面纵裂的直接原因是:铸锭表面局部温度过高,在结晶器内或者铸锭离开结晶器时,由于铸锭表面的某一局部温度高于其他部位,致使该局部表面抗拉强度将低于其他部位抗拉强度。铸锭表面温度不均匀分布的结果,在温度最高点形成了裂纹发生的条件。

避免铸锭表面纵裂的主要措施有：

(1) 适当降低浇铸温度，或适当降低结晶器内金属液体控制水平；

(2) 强化结晶器的一次冷却强度，减小铸锭表面与结晶器之间的间隙；

(3) 结晶器铜套外表面结水垢。结晶器外套表面的水垢层严重降低导热效率；

(4) 结晶器局部出水孔阻塞，二次冷却水分布不均匀，造成了铸锭断面上温度场的不均匀；

(5) 导流管或漏斗孔偏斜，造成了液穴形状异常；

(6) 改进结晶器设计。

C 内部质量缺陷

a 气孔

气孔的表现形式有内部气孔和皮下气孔。

内部气孔产生的主要原因在于熔体中含气量多。熔体中的气体除了可能来自熔炼方面的原因外，铸造过程中亦有可能造成气体的增加。

避免气孔产生的办法有：

(1) 改善熔体质量，强化熔体的脱氧及除气精炼；

(2) 铸造开始前，认真烘烤中间包、导流管或漏斗及结晶器、引锭器等铸造工具；

(3) 认真烘烤铸造用覆盖剂或熔剂；

(4) 适当降低浇铸温度；

(5) 适当减少导流管或漏斗埋入液面下的深度；

(6) 适当减少液面覆盖物层厚度，及时捞除结晶器内金属液面上的浮渣。

铸锭的皮下气孔，多是由于铸造过程中从铸锭与结晶器壁之间的缝隙中返水所致。有时，这种气孔直通铸锭表面。避免此类气孔的主要办法是适量降低冷却水的压力，必要时，改进结晶器设计，适当缩小结晶器二次水的喷射角度。

b　缩孔与疏松

缩孔,是由于熔体凝固收缩而在铸锭中留下的宏观孔洞。半连续铸造和连续铸造过程中,自下而上冷却并凝固,如果有缩孔出现则应该位于铸锭的浇口部位,通常称为集中缩孔;如果操作不当,在铸锭内部也有可能产生分散的缩孔。

避免铸锭缩孔的主要措施有:

(1) 适当降低浇铸温度和铸造速度;

(2) 合理分配结晶器内液体金属,例如减少导流管埋入液体中深度,或采用多孔分流熔体形式;

(3) 铸造结束前,应该适当降低铸造速度、冷却强度。停止引拉铸锭以后,应及时向铸锭浇口中补充高温熔体,直到浇口中熔体完全凝固为止;

(4) 改进结晶器设计,适当降低结晶器高度。

疏松,是由于熔体的凝固收缩而在铸锭中留下的微观孔洞。

疏松缺陷的产生除了与铸造工艺有关外,主要与合金的性质有关。合金的结晶温度范围大,树枝状结晶倾向明显时,有利于疏松缺陷的发生和发展。当然,不适当的铸造方法也会产生疏松缺陷。疏松缺陷将导致铸锭密度和机械强度的降低。

避免铸锭疏松的主要措施有:

(1) 强化铸锭的冷却,细化铸造结晶组织;

(2) 促进顺序化凝固和结晶条件,创造良好的补缩条件;

(3) 采用振动结晶器铸造技术,或电磁搅拌结晶器内液穴中液体金属,不断破坏大树枝状晶的形成条件。

c　裂纹

中心裂纹,指在铸锭中心部位附近发生的宏观裂纹。产生中心裂纹的主要原因在于铸锭的内外温差大,铸造应力集中到了最后凝固的部位。

避免中心裂纹的措施主要有:

(1) 适当降低浇铸温度,或铸造速度;

(2) 严格控制化学成分,防止某些有害杂质元素含量增高;

(3) 改进结晶器设计,适当提高结晶器高度,或适当减小对铸锭的冷却强度。

晶间裂纹,指存在于铸锭内部晶界的微小裂纹。晶间裂纹的产生主要是晶界附近集聚了某些低熔点物相。晶粒比较大时,往往晶界上集聚了较多的低熔点物质,发生晶间裂纹的可能性更大。实际上,中心裂纹的产生也多数起源于晶间裂纹。

晶间裂纹产生的原因及避免措施,基本上与中心裂纹相似。此外,细化结晶组织,更有利于对避免晶间裂纹。

劈裂,是指有热应力及热应力残余引起的铸锭碎裂现象。劈裂多在温度较低情况下发生。

产生劈裂的主要原因在于合金自身性质。化学成分复杂,导热性能差或者中温塑性比较低的合金在直接水冷半连续铸造时容易发生劈裂。

d 显微夹杂

铸锭内部以游离状态或与基体金属结合成化合物状态存在,也可能是多种杂质的结合体形式存在的内生夹杂物,称为夹杂。

产生夹杂缺陷的主要原因在于熔炼过程,包括原料不纯、原料选择不当、熔炼温度不够、精炼不够或使用了不当的辅助材料如炉衬材料、熔剂材料等。

D 偏析缺陷

化学成分的分布不均匀现象,称为偏析。铸锭中偏析的主要形式有密度偏析、表面及表层反偏析和带状偏析。

a 密度偏析

因合金元素各自的密度不同,尤其是合金元素不能固溶于基体金属中时,铸锭内的密度偏析总是存在的,只是严重程度不同。况且,合金中各种元素的含量都有一个范围,相比之下密度偏析范围较小。实际上,影响使用的是它在基体中分布的均匀性及弥散的程度。

避免密度偏析的主要措施是保证浇铸合金熔体成分的均匀性。

b　反偏析

铸锭表面及表层中某些低熔点合金元素含量高于平均含量，称为反偏析。

采取结晶器自然振动铸造、石墨结晶器铸造和管坯水平连续铸造可减轻反偏析的程度，但到目前为止以上办法并不能完全消除反偏析。因此，挤压时对铸锭进行脱皮仍然是必要的。

在 YS/T 465—2003《铜及铜合金铸造产品缺陷》行业标准中，列举了铜及铜合金铸造产品的常见缺陷，就缺陷的定义及特征、产生的主要原因进行了详细的说明，并部分附有典型图片。需要时可查看，根据其产生的原因采取相应的解决措施。

3.3.2.7　熔铸设备

冷凝管铸锭生产使用最多的熔炼设备主要有工频有铁芯感应电炉和工频或中频无芯感应电炉，其中无芯感应电炉多用于白铜合金的熔炼。水平连铸用保温炉有石墨坩埚炉，也有直接采用单熔沟的工频有铁芯感应电炉。

A　工频有铁芯感应电炉

a　设备原理

工频有铁芯感应电炉 又称熔沟式感应电炉或低频感应电炉。它相当于在短路状态下工作的变压器，其工作原理见图 3-6。炉体相当于一个带铁芯的变压器，炉子的感应线圈相当于变压器的一次线圈，熔沟中金属相当于变压器的二次线圈。将工频交流电引进一次线圈时，根据电磁感应原理，在二次线圈（熔沟）中即产生感应电势，因而出现感生电流。感生电流高达几千安培，因此发热量很大，足以将金属熔沟熔化。

在熔沟内，加热和熔化金属的电流 I_2 及功率 P_2 可用下式计算：

$$I_2=\frac{U_1\cos\varphi}{n_1R_2} \tag{3-3}$$

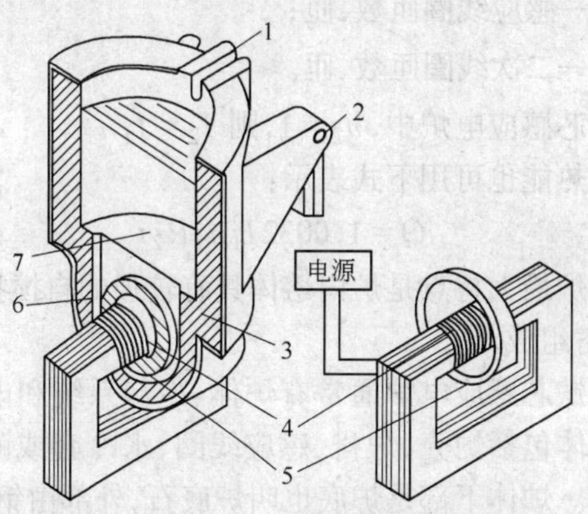

图 3-6 工频有铁芯感应电炉工作原理

1—出液口;2—转动轴;3—炉衬;4——次绕组;

5—二次绕组;6—冷却水套;7—炉缸

$$P_2=\frac{U_1^2\cos^2\varphi}{n_1^2R_2} \tag{3-4}$$

式中 n_1——一次线圈匝数,匝;

U_1——一次线圈电压,V;

R_2——熔沟中金属的电阻,Ω;

$\cos\varphi$——功率因数;

P_2——熔沟中转换为热能的功率,W;

I_2——熔沟中的感应电流,A。

熔沟中产生的热能按下式计算:

$$Q=1.0032I_2^2R_2t \tag{3-5}$$

式中 Q——熔沟中产生的热能,J;

t——时间,s。

另外,根据变压器工作原理:

$$\frac{I_1}{I_2}=\frac{n_2}{n_1}$$

式中 I_1——感应线圈中电流强度,A;

n_1——感应线圈匝数,匝;

n_2——二次线圈匝数,匝。

在有铁芯感应电炉中,$n_2=1$,则 $I_2=I_1 n_1$ (3-6)

熔沟中热能也可用下式表示:

$$Q=1.0032 I_1^2 n_1^2 R_2 t \tag{3-7}$$

感应电炉最大特点是炉内熔体具有较强的自搅拌作用。

b 设备组成

工频有铁芯感应电炉通常有炉体、冷却系统和电气设备 3 部分组成。炉体包括炉壳、炉衬、感应线圈、水冷套或耐火套、铁芯、倾动机构等。炉体下部是炉底也叫炉底石,外部由钢板焊接而成,内部是由耐火材料捣筑的炉衬。炉底石中安放熔沟样板,熔沟的几何形状如图 3-7 所示。

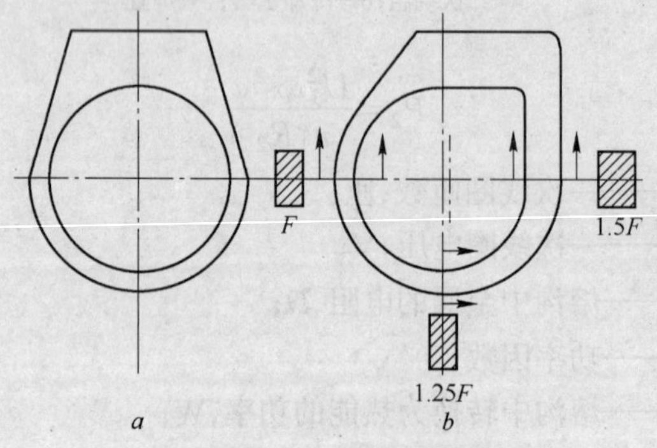

图 3-7 熔沟的几何形状

a—等截面环状熔沟;*b*—不等截面环状熔沟

传统的感应体多采用窄截面且等截面熔沟。实践证明,这种熔沟内金属流动性差,熔沟与炉膛的温差大,使熔铸工作条件恶化,炉衬使用寿命缩短;窄的熔沟截面在运行中容易发生“压缩效应”,甚至会造成断沟。为了克服上述缺点,现在所使用的炉子熔沟多采用大截面或不等截面环形熔沟,使液体流动增强,熔沟与炉膛温差缩小。

此外,由于炉膛部分的使用寿命是下炉体寿命的 4~5 倍,为延长炉体的寿命,减少筑炉次数, 提高经济效益,部分企业采用上、下炉体可分离式结构的炉子。

熔沟按配置方式分为立式、卧式、与水平成一定角度3种,按熔沟数量有单熔沟、双熔沟和三熔沟等。多熔沟的优点是炉子的电抗小,可提高炉子的功率因数及生产率。

铁芯柱上套绝缘筒,筒外是感应线圈。感应线圈用扁铜线或矩形铜管绕制,每匝之间用云母绝缘。工作时必须对感应线圈进行冷却,一般扁铜线感应线圈用风冷,矩形铜管感应线圈用水冷。

现代设备的控制系统多采用变频电源技术,它可以方便地调节功率,使得施加功率与炉料的投入能够在一个合理的范围内任意选择与搭配,非常方便。熔化期间投入较高的功率,保温期间投入较低的功率,可以减少电耗,提高能效比,如900 kW的感应器采用变频电源后,单位铜的熔化电耗只有260度电,熔化率可达3 t/h。

同时采用变频电源技术,主开关等器件不带负载动作,其通断靠电子开关元件实现,可降低运行故障率和备件消耗。

采用变频电源系统,为操作系统实现自动化创造了条件。当把PLC及熔化过程控制计算机引入系统后,某些安全运行参数和熔化过程参数,包括各水路温度、压力,炉内熔体温度和数量,感应体功率,线圈电流,甚至起熔化过程中熔沟变化状况等,都可以实现连续监测和控制。

部分工频有芯感应电炉技术参数列于表3-13。

表3-13 部分工频有芯感应电炉技术参数

主要技术参数	1 t	1.5 t	3 t
额定功率/kW	250	400	600
保温功率/kW	80	85	200
额定电压/V	380	380	380
工作电流/A	1000	1000	1000
感应器相数	3	3	3
感应器接法	Y	Y	Y
感应器频率/Hz	50	50	50

续表 3-13

主要技术参数	1 t	1.5 t	3 t
功率因数	补偿前 0.45～0.50 补偿后 0.95～1.00	补偿前 0.45～0.50 补偿后 0.95～1.00	补偿后≥0.95
熔化率/$t\cdot h^{-1}$	1	1.5	2
装载容量/t	最大 1.4	最大 2.0	额定 3
单位电耗/$kW\cdot h\cdot t^{-1}$	350	320	300
熔沟数/只	2	3	2
冷却方式	水冷	水冷	水冷
冷却水压/MPa	0.2～0.3	0.2～0.3	0.2～0.3
冷却水耗量/$t\cdot h^{-1}$	0.5	1.6	3
倾炉方式	液压倾炉	液压倾炉	液压倾炉
浇铸倾炉角度/(°)	30	30	30
最大倾炉角度/(°)	95	95	95
生产能力/$t\cdot d^{-1}$	12	18	25

c　炉衬材料与筑炉、烤炉、停炉

炉衬材料。感应熔炼炉炉衬材料要求有高的耐火度、体积稳定、耐急冷急热性好、能够抵抗炉渣的浸蚀、有足够的烧结强度以抵抗机械冲击。根据熔炼金属或合金的要求，炉衬材料分为酸性、中性和碱性 3 大类。工业生产使用广泛的有硅砂、高铝砂、镁砂、刚玉、莫来石和锆英石等。

冷凝管用黄铜合金熔炼使用的工频有铁芯感应电炉炉衬普遍采用硅砂材料，也就是我们常说的石英砂。硅砂属酸性耐火材料，原料来源广泛、价格低廉、烧结性能好，主要成分列于表 3-14。硅砂的耐火度为 1690～1710℃，当单位压力为 0.2 MPa 时，在 1620～1650℃时开始软化，常温下可承受 17.5～22.5 MPa 的压力。硅砂在受热时体积变化较大，特别是在 180～270℃范围时，体积增大可达 2.8%。因此，硅砂炉衬在烤炉时应注意缓慢升温，防止因升温过快炉衬迅速膨胀而开裂。硅砂炉衬材料的粒度配比根据炉子容量的大小而不尽相同,一般情况下,容量较大的炉子相对配入适量的粗砂粒。一般硅砂炉衬的粒度配比列于表 3-15。

表 3-14 硅砂炉衬成分

成　分	SiO_2	Fe_2O_3	Al_2O_3	MgO
含量(质量分数)/%	>97	<0.37	<0.32	无痕迹

表 3-15 硅砂炉衬的粒度配比

粒度/mm	>3	3~2	2~1	1~0.5	0.5~0.1	<0.1
配比(质量分数)/%	4~6	14~16	7~9	7~9	13~17	48~50

也有一些资料或材料供应商提供的粒度单位为英制网目,其目数与净孔径的对照列于表 3-16,可按该表进行换算。

表 3-16 英制网目与净孔径对照表

目数 目/in	净孔径 /mm	丝径 /mm	有效面积 /%	目数 目/in	净孔径 /mm	丝径 /mm	有效面积 /%
4	5.44	0.91	73.4	50	0.355	0.152	48.5
5	4.06	1.02	64	55	0.33	0.132	50.7
6	3.33	0.91	61.2	60	0.272	0.132	41.2
8	2.66	0.51	70	65	0.259	0.132	44
10	2.03	0.51	63.8	70	0.231	0.132	40.5
12	1.66	0.46	61	75	0.208	0.132	37
15	1.28	0.42	56.5	80	0.196	0.122	38
18	1.06	0.35	55.8	90	1.171	0.112	36.5
20	0.92	0.35	52.3	100	0.152	0.102	36
25	0.70	0.315	47.5	120	0.121	0.091	32.5
30	0.59	0.254	49	150	0.099	0.071	33.8
35	0.51	0.213	49.7	160	1.088	0.071	30.6
40	0.442	0.193	48.5	180	0.080	0.061	32
45	0.413	0.152	53.8	200	0.066	0.061	27

为保证耐火材料能够很好地烧结为一个整体，在炉衬材料中还应配入一定量的粘结剂，黄铜用硅砂炉衬所使用的粘结剂为硼砂（也可用硼酸替代），其适宜的配比为4%。

熔炼白铜用炉衬材料多采用高铝砂，高铝砂属中性耐火材料，可耐1750～1790℃的高温，烧结温度较低，其中主要成分列于表3-17，常用高铝砂炉衬材料的粒度配比列于表3-18。也有企业使用高铬刚玉砂、镁砖作为炉衬材料，使用硼酸作粘合剂，也取得了良好的使用效果。高铬刚玉砂的主要成分为：$w(Al_2O_3)\geqslant 88\%$，$w(CrO_2)\geqslant 10.2\%$，另含有少量SiO_2和CaO杂质成分；耐火度大于1740℃，烧结点1550℃，密度3.68 g/cm^3。

表 3-17 高铝砂炉衬成分

成　　分	Al_2O_3	SiO_2	TiO	Fe_2O_3	CaO	MgO	水分
含量（质量分数）/%	75～80	15～20	<0.2	<0.6	<0.5	<0.5	<0.5

表 3-18 常用高铝砂炉衬材料的粒度配比

粒度/mm	>3	3～2	2～1	1～0.5	0.5～0.1	<0.1
配比（质量分数）/%	4～9	12～14	10～11	10～11	10～14	45～46

高铝砂炉衬所使用的粘结剂与硅砂相同，也为硼砂（也可用硼酸替代），其配比仍以4%为宜。

也有一些工厂使用硅砂作为白铜合金熔炼炉的炉衬材料，这种情况下，需对材料粒度的配比作出调整，同时制定完善的筑炉、烤炉工艺，以提高炉子的使用寿命。做得不好，炉子的使用寿命会很低，特别是含镍30%的铁白铜。

硅砂炉衬熔炼BFe30－1－1时，炉衬损坏的主要表现形式有：熔沟变粗、炉底变薄、水冷套变红、效率降低，直至最后不得不拆炉，这其中的主要原因是炉衬材料中的SiO_2与被熔炼合金中的铁形成低熔点复合化合物$SiO_2\cdot Fe_2O_3$在1300℃以上的高温下对炉衬、耐火砖的侵蚀，熔沟处温度最高，所以侵蚀的速度也最快。在生产实践中，这种现象有着明显的表现，一旦熔渣明显增多，说明熔炼温度已达到上限。

除此之外，也有采用刚玉作为熔炼白铜合金的炉衬材料。配料比为：硅砂86%，刚玉11%，玻璃粉1%，硼砂或硼酸2%。

筑炉。冷凝管合金熔炼用工频有铁芯感应电炉的筑炉方式多采用硅砂干法捣筑。为简化筑炉工艺，便于拆卸，筑炉时也可采用上炉体和下炉体对接的方式。

筑炉操作顺序及注意事项如下：

(1) 将水冷线圈与水冷套经过打压试验，在0.3 MPa的压力下不渗水。

(2) 要求炉体的绝缘必须完好，注意不要使炉壳的局部涡流开成回路，减少炉子的电力损失。

(3) 炉壳内铺一层石棉板，既可绝热又使炉衬有膨胀余地。

(4) 将拌匀的硅砂+硼砂填料倒入炉壳底部，虚砂高度约为100 mm，用铁钎或铁钗人工捣实，后用平锤打平。之后再将表面耙松10 mm左右加入下批填料，注意应防止两次填料间出现分层。捣筑过程也可使用风动工具或用振动器紧固在炉壳上振动捣实，值得注意的是使用动力机械工具捣筑时，对于炉壳的边角尤其是小圆角部位，还应使用适宜的工具人工捣实。

(5) 加入第二批填料后，按上述方法捣实，如此循环直到安放熔沟和水冷套(或耐火套)。

(6) 熔沟安放时，位置应对正中心、垂直，不可偏斜，以免造成水冷套两边间距不等导致炉底厚薄不均，使铜液容易在炉底薄处渗漏。在捣打过程中，熔沟会由于自重下沉3～5 mm左右，所以熔沟的初始放置位置应比实际定位尺寸高出3～5 mm，以保证最终定位尺寸的准确。铜质熔沟在安装前，应用玻璃丝带包缠几层或缠上沥青纸，因铜在升温过程中有一定的线膨胀，一般情况下，每米紫铜沟在600℃时的线性变化大约为11 mm，加之硅质炉料也有一定的膨胀性，不同物质膨胀的叠加使得填料中存在较大应力，有开裂的危险，包扎熔沟可部分减少或消除炉料中存在的应力。

(7) 放置水冷套或耐火套，使之与熔沟同心。

(8) 继续加入填料,按照上述方法捣实,直到与熔沟上缘平齐为止。

(9) 根据炉膛的尺寸要求,用耐火砖砌筑炉膛,在耐火砖与炉壳之间充填筑炉材料,用铁钎捣实。

(10) 用硅砂加入少量水玻璃搅拌均匀,用来捣筑炉嘴,至此炉子捣筑完毕。

有个别的工厂在筑炉时炉底不采用捣筑法,采用铝质磷酸胶结耐火混凝土作为炉衬材料。它是将预制的整体装配成炉底石,使用这种方法时应注意预制过程和装配前材料的干燥程度。如果预制质量不佳或干燥程度不够,将影响炉子的使用寿命。

烤炉。炉子筑好以后经过短时间的自然干燥后方得烤炉,有铁芯感应电炉的烤炉过程使用感应调压器或自耦变压器变换输入电炉的电压,电压由零逐步升高,烤炉的温度缓慢上升。烤炉过程中升温过快,将使筑炉材料因晶形变化体积产生明显的不均匀膨胀、所含水分迅速排出,最终导致筑炉材料的开裂。因此,烤炉过程需要缓慢升温,使筑炉材料逐渐地充分烧结,炉子达到预期的使用寿命。常用三相有铁芯感应电炉烤炉进度列于表 3-19。

表 3-19 三相有铁芯感应电炉烤炉进度

电压/V	时间/h				备 注
	3 t 炉		5 t 炉		
	新炉	旧炉重开	新炉	旧炉重开	
40			16		1. 硅砂炉衬,紫铜双熔沟; 2. 试生产每炉投料 1500 kg; 3. 5 t 电炉熔沟化通后加小块料,将熔池加满,保温 5 h(一次保温),然后接入工作变压器,继续加料达 3000 kg,熔化后保温 30 h(二次保温)
80	9		40	20	
120	10	3～4			
160	13	4～5	12	8	
210	9	2～3			
230			化通	化通	
250	化通	化通			
290	8(保温)				
380	24(试生产)				
500	生产	生产	生产	生产	

烤炉过程中的注意事项:

(1) 送电前炉膛用烧红木炭烘烤。

(2) 80～120 V 时送水(或送风)冷却线圈,开始送水时水量要小,随着炉温升高,水量逐渐增大,直到正常。

(3) 到规定熔沟化通,送电 2 h 后若熔沟未化通,可送下一级电压,直到熔沟化通。

(4) 在熔沟将熔化而未熔化之际,若电流表指针摆动或电流突然下降,表明熔沟即将中断,此时应迅速将炉体倾动约 15°左右,直至电流恢复正常为止。

(5) 熔沟刚化通后若有铜水外窜现象应立即停电,将电压降低一级,往熔沟浇入高温铜水或插入经预热的铜棒,待铜水增多后再逐步升高电压,继续烤炉程序。

(6) 熔沟化通后,向熔沟陆续加入小块屑料,避免大块料撞坏熔池四周的填料。

(7) 开炉后的最初几炉投料应少一些,以减少熔体对炉底的压力。所加入的原料严禁含水,避免铜水因遇水放炮,造成人身、设备事故。

停炉。在正常的生产活动中可能由于某些原因需要停炉。感应电炉的停炉比较简单,普遍采用的方法是停炉前将炉内金属液体倒至接近熔沟水平,并将金属液面浮渣全部捞净,将炉子返回正常位置,送电 2～3 min 使熔沟内的渣子上浮后停电。停电后炉内覆盖一层木炭,厚度在 50 mm 以上即可。注意停电后要继续送水或送风冷却线圈和水冷套,直到炉温降到接近室温时才能停电、停水或停风。

B 无铁芯感应电炉

a 工作原理

无铁芯感应电炉的炉体主要是由耐火材料坩埚及环绕其周围的感应器组成。它相当于一台空气芯的变压器,感应器相当于变压器的一次线圈,坩埚内金属炉料相当于短路的二次线圈。电流通过感应器产生交变磁场,在金属炉料中产生感应电动势,因其处于短路状态便在炉料中产生强大电流，使金属炉料被加热并熔化。无铁芯感应电炉原理见图 3-8。

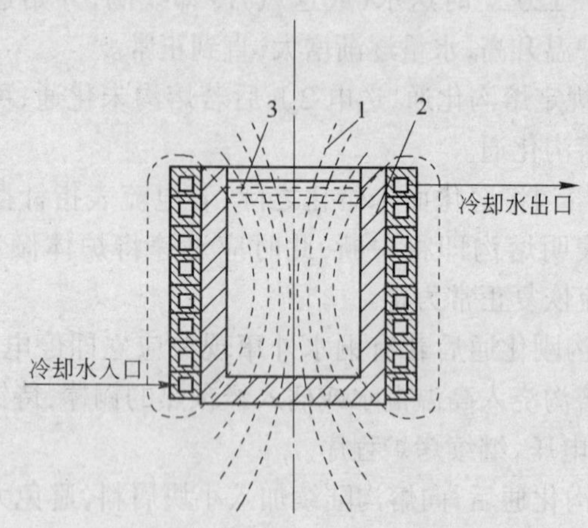

图 3-8 无铁芯感应电炉原理
1—线圈磁通；2—耐火坩埚；3—炉料

按照使用电流频率不同，可将无铁芯感应电炉分为：

工频无铁芯感应电炉，直接使用频率 50 Hz 的工频电源；

中频无铁芯感应电炉，使用频率高于 50 Hz，但低于 10000 Hz；

高频无铁芯感应电炉，使用频率高于 10000 Hz。

无铁芯感应电炉内液体金属的强烈搅拌现象，为加速熔化过程和合金化学成分的均匀创造了有利条件。强烈搅拌的副作用是，金属熔池表面涌起的驼峰不利于熔体的保护。为控制熔体搅拌强度，可以通过变换线圈匝数等设计进行调整。

无铁芯感应电炉的另一个特点是电流在炉料中的分布不均匀，靠近坩埚壁的炉料层中电流密度最大。电流密度由靠近炉壁向中心减小到表面密度的 63.2％的距离，叫穿透深度。炉料的加热和熔化，主要是通过在穿透深度内获得的热量实现。

与有铁芯感应电炉相比，其最突出的特点是在它的炉膛下部没有熔沟。它的最主要优点是：

(1) 功率密度和熔化效率比较高，起熔方便，熔炼温度高、熔化速度快；

(2) 铜液可以倒空，变换合金品种方便；

(3) 搅拌能力强，有利于熔体化学成分的均匀性；

(4) 尤其适合熔炼细碎炉料，如机加工产生的各种车屑、锯屑、铣屑等；

(5) 不需要起熔体，停、开炉比较方便，适于间断性作业。

主要缺点是：单位电能消耗比有芯感应电炉高；功率因数低，为提高功率因数需要附加大量补偿电容器。对于中、高频感应电炉还需要变频设备，从而增加了电气设备的投资。

表 3-20 所列的是工频无铁芯感应炉与工频有铁芯感应炉在熔铜时的功能及经济技术指标等方面的详细比较。

表 3-20 无芯感应炉与有芯感应炉在熔铜时的比较

项　目	有芯感应炉	无芯感应炉
能耗(1200℃)/kW·h·t^{-1}	250～280	340～380
效率/%	73～82	54～60
功率密度	中	高
熔炼损失(碎屑)	低	非常低
熔化时搅拌力(碎屑)	中等	非常低
熔化块状料的效果	非常好	中等
温度均匀性	好	非常好
连续作业	非常好	中等
非连续作业	不合适	非常合适
变换合金	复杂	简单
筑炉作业	复杂	简单

b 设备组成

无铁芯感应电炉主要由炉体及其倾动装置、电源及控制系统、液压系统、水冷却系统等几部分组成。炉体及其倾动装置包括：固定支架、炉体框架、感应器、磁轭、炉衬(坩埚)、炉盖以及炉体倾动液压缸、输电母线、冷却水输送管等。

工频无铁芯感应电炉是以工业频率的交流电作为电源,不需要投资较大的变频装置,从整体来看投资费用比中、高频炉低得多,设备比较简单,使用和维护也比较方便。工频无铁芯感应电炉构造简图见图 3-9,工频无铁芯感应熔铜炉炉体结构见图 3-10,部分型号设备主要技术参数列于表 3-21。

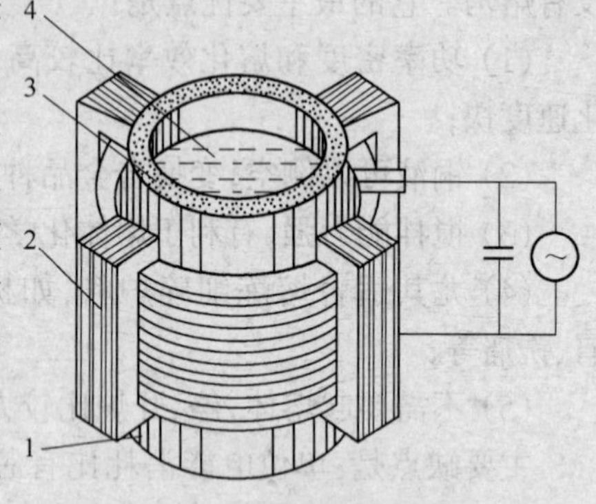

图 3-9 工频无铁芯感应电炉构造简图
1—感应线圈;2—磁轭;3—坩埚;4—坩埚内金属

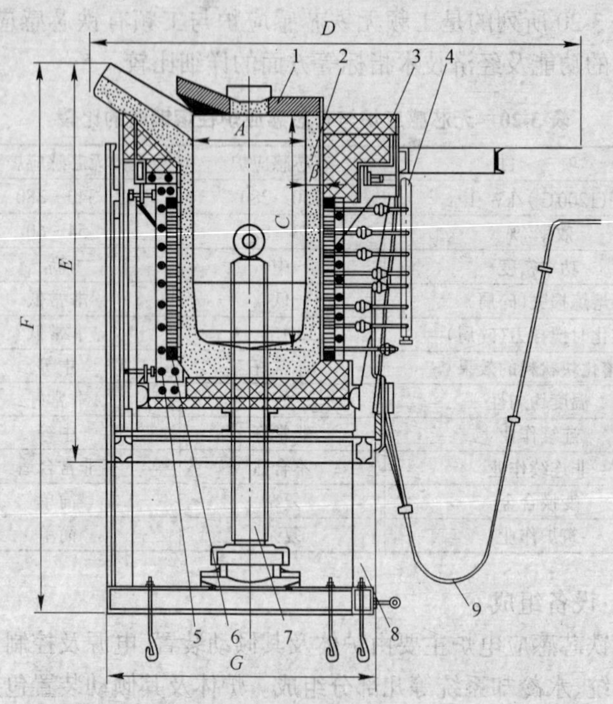

图 3-10 工频无铁芯感应熔铜炉炉体结构图
1—减盖部分;2—坩埚;3—转动炉架;4—冷却水系统;5—磁轭;
6—感应器;7—倾动油缸;8—固定炉架;9—电气系统

表 3-21 工频无铁芯感应电炉部分型号主要技术参数

技术参数	0.75 t	GWT1.2	1.5t	GWT1.8	3 t
额定容量/kg	750	1200	1500	1800	3000
生产率/$kg·h^{-1}$	500	650~1040	1100	1040~1060	1750
工作温度/℃	1200~1400	1000~1200	1200~1400	1000~1200	1200~1400
功率/kW	215	330	420	500	620
额定电压/V	380	380	380	750/500	500
频率/Hz	50	50	50	50	50
相数/相	3	3	3	3	3
单位电耗/$kW·h·kg^{-1}$	0.407	0.3~0.5	0.38	0.3~0.5	0.35
补偿电容器容量/kF	1580		3000		4520
冷却水压力/MPa	0.15~0.20		0.2~0.3		0.2~0.4
耗水量/$m^3·h^{-1}$	约 4.5	约 8	约 8	约 10	约 10
坩埚尺寸/mm×mm×mm	430×80×915		580×100×1190		730×118×1430
坩埚液面设计高度/mm	630		710		1150

中频无铁芯感应电炉使用 10000 Hz 以下的中频电源。现代的中频无铁芯感应电炉中,已经普遍采用了 SCR 并联逆变中频电源和 IGBT 串联逆变中频电源技术取代了传统的发电机组。IGBT串联逆变中频电源具有许多优点,主要有功率因数始终保持最佳;比较高的过载保护,安全可靠;恒功率输出。

中、高频无铁芯感应电炉电气设备中,包括了相当数量的补偿电容器,以提高功率因数。大型无铁芯感应电炉的感应器线圈,通常由焊接在其外圆周的数列支持螺栓,并通过螺栓和线圈外侧的硬木质或其他类似材料制成的绝缘支撑条固定。感应线圈的外表面上,有的还设有若干个用于安装测温探头,以对感应线圈的工作温度进行连续监测。

感应器线圈通常用水冷却,以排出线圈自身以及通过炉衬传导出的热量。在感应器线圈的上部和下部,都应当另外设有几匝与感应器线圈尺寸相近似的不锈钢质的水冷圈,以使炉衬材料在轴向方向上的受热均匀。

磁轭通常由 0.3 mm 左右的高导磁率冷轧取向硅钢片叠制而成，主要起磁屏蔽作用，改善炉子的电效率和功率因数。磁轭同时具有支撑和固定感应器的作用，因此应该采用方形结构，当其紧贴感应线圈外侧时，可以最大限度的约束线圈向外散发的磁场，减少外磁路磁阻。比较大的磁轭，应该考虑通水冷却。

炉衬，即坩埚，略呈圆锥形，上口直径大于平均直径。熔炼作业时，液体金属上表面不应超过水冷线圈上的平面。

除了通过炉嘴向外倾倒铜液方式以外，无芯中频感应电炉中的铜液也可以通过炉体倾转枢轴中心的出铜管道向外注铜，即液体金属通过枢轴中心的出铜管道直接注入铸造机的中间包中，这样可以避免熔体飞溅，同时有利于减少熔体吸气的机会。

中频无铁芯感应电炉结构图示于图 3-11，部分型号设备的主要技术参数列于表 3-22。

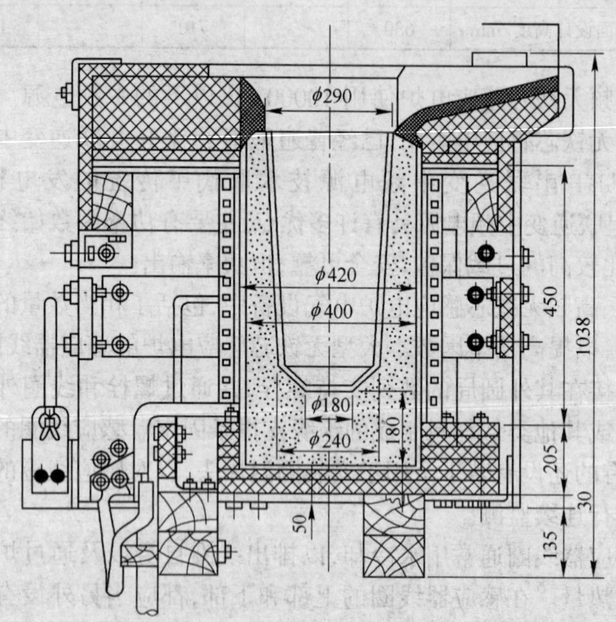

图 3-11　中频无铁芯感应电炉结构图

表 3-22 中频无铁芯感应电炉部分型号主要技术参数

技术参数		GGW－0.15	GGW－0.43	GGW－0.9	GTW－0.17
额定容量/kg		150	430	900	170
额定功率/kW		100	250	500	100
馈电电压/V		750	1500	1500	750
相数/相		1	1	1	1
电流频率/Hz		2500	2500	1000	2500
工作温度/℃		1600	1600	1600	1350
感应线圈	断面/mm×mm×mm	ϕ24×2	20×20×2	25×20×4	28×20
	匝数/匝	12	上 13 右旋 下 13 左旋	上 9×2 右旋 下 9×2 左旋	14
	匝距/mm	9	2	2	5
单位电耗/$kW\cdot h\cdot t^{-1}$		950	1620	1385	1000
单位水耗/$m^3\cdot h^{-1}$		1	5	4	1
坩埚尺寸/mm		ϕ275/225×520	ϕ430/380×555	ϕ560/480×800	ϕ290/240×465

c 炉衬材料与筑炉、烤炉、停炉

炉衬材料。无铁芯感应电炉的炉衬又称作坩埚，是由耐火材料捣筑并烧结而成，其工频炉炉衬材料与有铁芯感应电炉相同，可根据所熔炼的合金品种选用。中频炉常选用镁砂炉衬，镁砂属碱性耐火材料，性质稳定，不吸收水分和二氧化碳，耐火度可达2000℃以上，主要成分列于表 3-23。

表 3-23 镁砂主要成分

成 分	MgO	Fe_2O_3	Al_2O_3	CaO	SiO_2
含量(质量分数)/%	＞89	＜2	＜1	＜4	＜4

捣筑坩埚用不同耐火材料的粒度与配比列于表 3-24。

表 3-24　捣筑坩埚用耐火材料的粒度与配比

项　目		硅砂坩埚	高铝砂坩埚	镁砂坩埚
砂的粒度	>3 mm	4	4~9	25~27
	3~2 mm	12~14	12~14	23~25
	2~1 mm	8~10	10~11	7~9
	1~0.5 mm	8~10	10~11	
	0.5~0.25 mm	9~11	5~7	
	0.25~0.1 mm	17~19	5~7	
	>0.1 mm	35~38	45~46	41~43
配料比（质量分数）/%		硅砂:96~97 硼砂:3~4 （可用硼配料替代）	高铝砂:92 硼砂:4 （可用硼配料替代）	镁砂:92 硼砂:2 水玻璃:6
说　明		酸性炉衬，干法捣筑	中性炉衬，干法捣筑	碱性炉衬，湿法捣筑

筑炉。

(1) 检查炉体框架是否绝缘良好，无形成回路现象。感应线圈经 0.5~0.6 MPa 水压试验不漏水方可使用。

(2) 用 3~6 mm 厚的钢板焊成炉胎，炉胎的形状和尺寸根据本单位设备情况选择。炉胎的表面不得有油污、铁锈等，炉胎外面包扎上 2~3 层马粪纸，用布扎紧。注意包扎表面应光滑，以便在炉烤好后能将炉胎取出。

(3) 感应线圈内壁涂抹一层耐火泥，其配比如下：

黏土粉(粒度 0.1~0.5 mm)　　46.7%

水　泥(400~500 号)　　40%

石棉粉　　13.3%

加水调匀成糊状，在感应线圈内均匀涂抹 5~10 mm 厚。经 12 h 自然干燥或微火烘干 8 h，充分去掉水分，方可用于筑炉。

(4) 在炉的内壁及炉底铺垫一层约 5 mm 厚的石棉板做隔热层。

(5) 先将各种粒度的炉衬材料混合均匀待用。炉底厚度约

150～200 mm,筑炉时每次加入填料的厚度以不超过 100 mm 为宜。用捣固钎充分捣固后用平锤夯实。为防止分层,在捣固层的表面划松约 10 mm,再继续加料捣固。

(6) 安放炉胎时应放平、放正,与中心的误差不大于 3 mm,用重锤压住防止捣筑时错位。

(7) 继续捣筑坩埚壁,每次填料厚度以 30～50 mm 为宜,充分捣实后将已捣筑好并经夯实的填料划松约 10 mm 加入填料,以保证两次填料间紧密衔接,不致分层。按此方法一直将炉子捣筑完毕。

(8) 捣筑炉口:坩埚捣筑完毕后,一般湿料捣筑炉口,炉口材料:

硅砂、高铝砂炉衬:硅砂 + 硼砂混合料 70%,耐火黏土 30%,水适量;

镁砂炉衬:镁砂 + 硼砂混合料,加适量水玻璃。

炉口材料调成可塑状,打筑时炉口的前端应稍高于后端。

烤炉。烤炉前要在炉胎内装满石墨块,利用调整输入感应器的功率来提高温度,使炉衬烧结。下面列举一些常用的无铁芯感应电炉烤炉实例,供参考。1.5 t 工频无铁芯炉烤炉制度列于表 3-25;500 kg、2500 Hz 中频炉镁砂湿法筑炉烤炉制度列于表 3-26。

表 3-25 1.5 t 工频无铁芯炉烤炉制度

电压级别/级		电压/V	时间/h		备注
			新炉	旧炉重开	
烤炉变压器	一级	44.7	2		1. 新炉内装满石墨块,旧炉重开装炉料; 2. 新炉当温度达 1300～1350℃,保温 3 h,倒出石墨块,装洗炉料熔化后保温 2 h,出炉后投料生产
	二级	59.5	2		
	三级	89.5	3	1	
	四级	119	3	1	
	五级	179	4	1	
工作变压器	一级	300	4	1	
	二级	380	至温度 1300～1350℃	到炉料熔化	

表 3-26　中频炉镁砂湿法筑炉烤炉制度

烤炉进度	1	2	3	4	5	6	7	8	9	10	11	12	13
功率/kW	5	10	15	20	25	30	20	30	40	50	60	80～100	30
时间/min	30	30	30	30	30	30	60	60	60	60	120	120	30

停炉。无芯感应电炉停炉时，应将炉内金属倒净，往炉内装满石墨块。工频炉送电，待石墨块烤红后停电。中频炉送大功率电能将石墨加热到 1400℃ 以上，降低功率至 20 kW，15 min 后降至 5 kW，25 min 后停止送电。停电后适当减少冷却水流量，使冷却水出口温度在 30～50℃，炉子冷却至接近室温时停水。

C　半连续铸造设备

半连续铸造设备目前使用较多的是丝杠传动式半连续铸造机。液压传动式半连续铸造机由于其浇注速度稳定、自动化控制程度高也渐被使用者接受。过去使用的钢丝绳传动式半连续铸造机因其在升降台车运行过程中，容易出现摇晃现象，不如丝杆传动式铸造机运行稳定。当钢丝绳出现打滑现象时，铸造速度将可能发生失控现象。此外，由于钢丝绳长期在与冷却水接触的环境下工作，容易磨损、容易生锈，直至发生断股现象，因而在新建企业中已少有使用。垂直半连续铸造机示意图见图 3-12。

a　丝杠传动式半连续铸造机

丝杆传动式半连续铸造机，具有控制系统简单、铸造速度稳定、运行可靠和牵引能力比较大，即有利于克服铸造过程中铸锭的悬挂现象等优点。最主要的一个优点是，铸造过程中的铸造速度不受铸锭自身重量逐渐增加的影响。

丝杆传动式半连续铸造机的主要缺点是：主要设备安装在深井中，工作条件不好，维护也不方便。另外，虽然丝杆传动比钢丝绳传动平稳，但却不及液压传动平稳。

该设备由电动机、变速箱、水平传动轴、伞齿轮、传动丝杆、导向杆、牵引及承载铸锭的升降台车、上下固定架等部件组成的主传动系统，以及铸造速度、铸锭长度和结晶器的冷却水控制等系统组成。

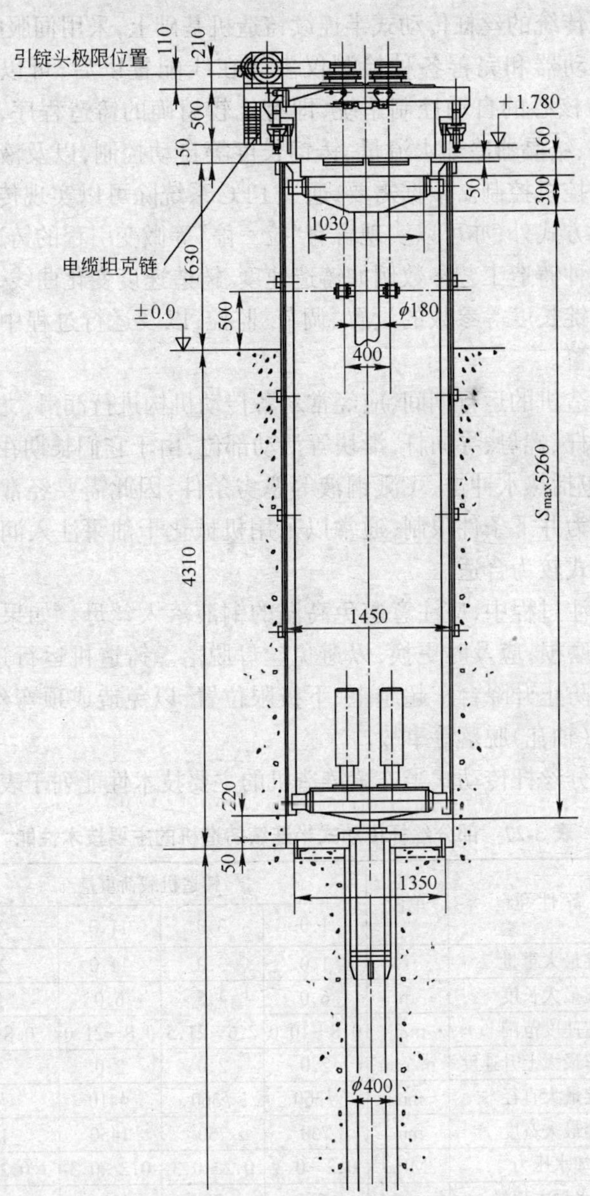

图 3-12 垂直半连续铸造机示意图

在传统的丝杠传动式半连续铸造机基础上,采用伺服电动机、伺服驱动器和完善各种检测仪表等在线配置以后,可以实现以PLC为核心的自动控制系统,即有比较精确的铸造程序,包括铸造速度、结晶器冷却水流量、铸锭长度等自动控制,以及液晶触摸屏或工控机控制。根据需要,通过PLC系统除可以实现传统的匀速铸造方式外,亦可以实现含有"拉－停"等微变引程的铸造程序,包括各种铸造工艺参数例如铸造速度、铸造速度变化曲线、冷却强度和铸锭长度等参数的设置、调节、监控,以及运行过程中有关信息的预警。

铸造机的运行期间,应经常对各传动机构进行润滑,尤其是铸造机丝杆、螺母、导向杆、滑块等活动部位,由于它们长期在潮湿的井下,包括热水冲击、飞溅铜液等恶劣条件,因此需要经常性的润滑。因为井下条件限制,通常以采用机械化干油泵注入润滑油的润滑方式较为合适。

浇注过程中,应注意避免高温的铜液落入丝母。如果发现丝母严重磨损,应及时更换,以避免丝母脱落。铸造机运行过程中,应注意防止升降台车超越上、下极限位置,以免造成顶弯丝杆,或者滑块(轴瓦)脱落等事故。

部分丝杆传动式半连续铸造机的主要技术性能列于表3-27。

表3-27 部分丝杆传动式半连续铸造机的主要技术性能

设备性能	单位	铸造机载荷重量/t			
		1.0	3.0	11.0	22.0
铸锭最大重量	t	1.0	3.0	11.0	22.0
铸锭最大长度	m	6.0	4.5	6.0	5.5
铸造速度范围	m/h	0.8~10.0	2.6~21.5	0.8~21.0	0.8~25.0
升降台车最大上升速度	m/min	2.0	2.0	2.0	1.8
铸锭最大直径	mm	ϕ360	ϕ360	ϕ410	ϕ410
铸锭最大宽度	mm	750	750	1450	1500
冷却水压力	MPa	0.2~0.3	0.2~0.3	0.2~0.3	0.2~0.3
冷却水最大耗量	m^3/h	36	70	90	90

b 液压传动式半连续铸造机

现代的液压传动式半连续铸造机，不仅得到了新的高精度和长行程液压缸制造技术的支持，而且普遍采用了通过比例流量阀等比较先进的技术控制的液压传动系统，以及以可编程控制器PLC为控制核心的电气控制系统。最长铸锭已经达到了12 m，铸造过程可以实现高度的自动化控制。随着液压传动及其控制技术的不断发展，液压传动式半连续铸造机的各项技术亦日趋成熟。现代的液压铸造机不仅其铸造速度得到了精确的控制，而且自动化控制水平亦越来越高，加上铸造速度的调节范围较宽，运行平稳，构造简单等优点，因此应用越来越普遍。

与其他种半连续铸造机相比，液压传动式半连续铸造机最大的缺点是，液压缸须安装在较深的地下，即需要一倍于有效行程的深度，并且要求较高的垂直精度。

该液压传动式半连续铸造机主要由液压动力站、液压缸和升降台车、导轨、结晶器及供排水系统，以及铸造速度、铸锭长度和结晶器的冷却水控制等系统组成。

现代液压传动式半连续铸造机，大体上可分为机械、液压、电气控制和冷却水系统等4个部分组成。机械本体部分包括：井架、升降台车、导轨、结晶器及引锭器、结晶器台车及振动装置、冷却水供排系统等。液压控制系统是铸造机的核心，它不仅为铸造机提供了动力，而且控制升降台车运行的方向和速度，即铸造程序的控制。液压系统通常由动力、方向控制、铸造速度控制、循环冷却过滤、液压执行元件、油箱等几个部分组成。动力部分包括主泵及其泵头阀，为整个系统提供压力油源。变量柱塞泵是经常被选择的液压泵，该泵的主要特点是压力和流量可闭环控制，即可以通过设定不同的电量信号进行控制泵的压力和流量，以满足不同铸造速度所要求的压力和流量，包括比较复杂的铸造程序，例如在铸造程序中包含有拉和停的交替动作。

方向控制部分用于升降台车的升或降的控制，通常由比例方向阀、压力补偿阀和双平衡阀组成。比例方向阀采用三位四通比例换向阀，以控制升降台车的上升或下降，可使升降台车停止在任意位置。当慢速铸造时，可使变量泵在死区外工作并通过比例阀控制所需的流量，以保证系统工作时所需的流量。

压力补偿阀与比例方向阀联用形成一个入口负载补偿回路，可减少负载变化对系统压力的影响，保证比例方向阀进、出油口压差基本恒定，提高比例方向阀的控制精度，从而使执行元件的运行保持平稳。

双平衡阀主要用于负载支撑，可以使铸锭稳定地停止在任何位置并保持不动，同时也起到补偿负载变化时引起的比例方向阀进、出油口压差变化的作用，使执行元件的运行更加平稳；还为起吊铸锭时提供足够的压力以保持升降台车静止不动，以便使铸锭与升降台车顺利分离，保证了控制系统的准确性和可靠性。

铸造速度程序的设置和运行过程中的控制系统，主要由比例流量阀、流量计、换向阀和球阀等组成。

比例流量阀和流量计组成一个闭环控制回路，由流量计检测到的数据与设定值比较，通过 PID 调节器控制比例流量阀的开启度，以精确控制铸造机的铸造速度。球阀用于当电气元件失控时，人工来控制铸造机的铸造速度。换向阀用于铸造速度设置和控制之间的切换。

由于系统在工作期间其负载在不断地增加，即系统的工作压力在不断地变化，因而所选用的比例流量阀应具有压力补偿作用，以补偿压力变化对控制精度的影响。

铸造速度的检测可采用专门用于流量检测的 VC 流量计，该流量计的检测精度高，通常为 ±0.3%。

电气控制系统多采用可编程控制器 PLC 为控制核心，使用触摸屏作为状态显示及参数设置，通过比例变量泵完成比例阀控制升降台车的升降速度。

升降台车的调速系统采用油缸出口比例流量阀调速，通过对油缸出口流量的检测，折算出升降台车的移动速度，与升降台车移动速度的设定值进行比较计算，控制油缸出口比例流量阀，实现闭环调速，从而达到较高的速度精度。

部分液压传动式半连续铸造机的技术性能列于表3-28。

表3-28　部分液压传动式半连续铸造机的技术性能

技术性能	单位	铸造机载荷重量/t			
		3	5	16	20
升降台车有效行程	m	6.30	5.55	8.50	8.50
升降台车最大行程	m	7.0	5.95	8.70	8.80
铸锭最大重量	t	3.0	5.0	16	20
升降台车快速提升速度(不小于)	m/min	1.5	2.0	1.50	1.50
铸造速度范围	mm/min	0～400	0～350	40～200	0～300
铸造速度精度(不大于)	%	±1.0	±0.5	±1.5	±1.5
铸锭长度精度(不大于)	%	±1.0		±1.5	±1.2
冷却水耗量	m^3/h	70	100	160	180
系统工作压力	MPa	8.5	8.5	8.0	6.3
系统工作量	L/min	53			250
油泵电机功率	kW	11	11	15	30
工作介质		抗磨液压油或水乙二醇			

D　水平连铸设备

棒坯及管坯水平连铸机组，通常由保温浇注炉、结晶器装置、引锭装置和锯切装置等组成，其组成示意图见图3-13。水平连铸机组适合铸造中、小规格断面的铸锭。目前水平连续铸造的铸锭规格大多为：棒坯直径ϕ15～200 mm，管坯外径ϕ25～200 mm，壁厚最小为外径的10%。

在铸造过程中水平连铸因其封闭性和在保温炉内静止时间能够充分保证，熔体不受污染并得以净化，从而使铸锭内部不易产生夹杂、气孔。由于有一定静压力，在铸锭形成过程中径向热应力易被消除，不易出现中心裂纹、晶裂；由于充分的补缩条件，故疏松、缩孔等缺陷也不易形成。但水平连铸也存在一些问题，结晶器内模具温度较难控制；较大规格铸锭在水平连续铸造过程中由于自

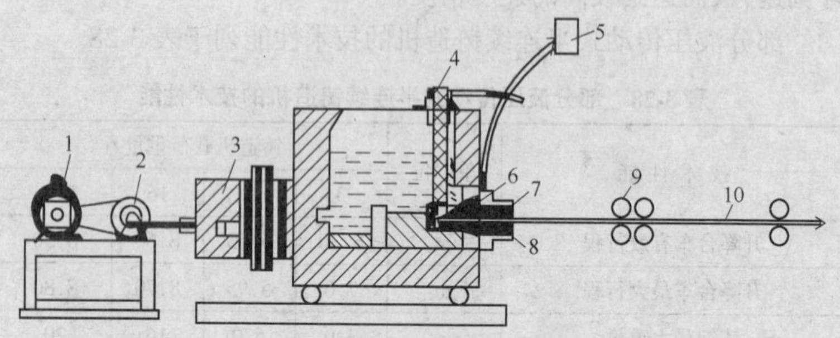

图 3-13　水平连铸机组示意图

1—电机；2—偏心轮；3—工频炉熔沟；4—塞棒；5—润滑油罐；
6—石墨注管；7—石墨内套；8—结晶器；9—导辊；10—棒坯

重效应，在铸锭与结晶器之间往往出现不均匀的间隙，铸锭规格越大此间隙越大，阻碍热交换的行为越严重，结果使铸造速度受到限制，进而可能影响到铸锭的表面质量。另外，由于上述间隙不均匀的结果，也导致了铸锭结晶组织的不均匀。

水平连续铸造适合各种铜及其合金。通过对结晶器及铜液分配系统不断改进设计，上述收缩间隙和铸锭组织缺陷正在逐步得到克服。

白铜合金由于其铸造温度较高，为了增强炉龄需要采用适宜地耐火材料和烧结方式。用于 BFe10 - 1 - 1 白铜空心铸锭生产的水平连铸装置示意图如图 3-14 所示。

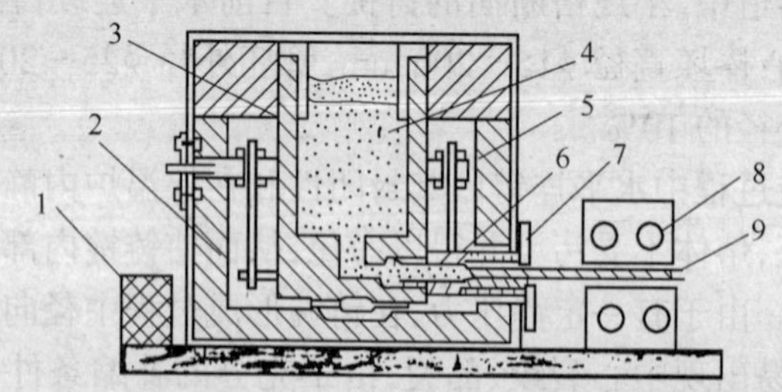

图 3-14　BFe10 - 1 - 1 空心铸锭水平连铸装置示意图

1—变压器；2—炉墙；3—坩埚；4—熔体；5—电热体；
6—石墨注管；7—结晶器；8—引锭装置；9—铸锭

这套装置的特点是:炉温可调节,可准确控制铸造温度和模具温度,石墨注管处在电热加热区,与炉膛温度一致,使熔体不降温并保证其流动性。由于采用石墨炉衬,在生产白铜时可大大提高炉龄。引锭装置拉、停灵活且范围大,加之模具采用保护气氛,防止模具和熔体氧化,从而满足了工艺条件的要求保证了铸锭的质量。使用该套装置进行 BFe10－1－1 水平连铸时,熔体凝固的全过程示意图见图 3-15。

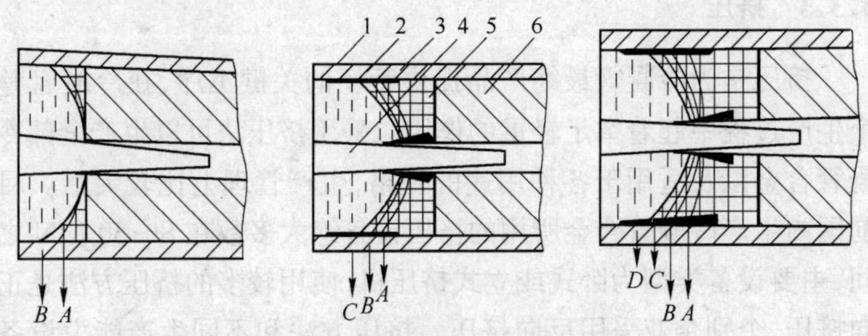

图 3-15　熔体凝固过程示意图

1—石墨结晶器;2—液穴;3—半凝固区;4—芯杆;5—铸锭;6—引锭器

表 3-29 列出了部分水平连续铸造机组的主要技术性能。

表 3-29　水平连续铸造机组的主要技术性能

设备序列		1	2	3
最大铸锭规格/mm		ϕ100	ϕ100	ϕ100
保温炉	总容量/kg	1000	1350	600
	有效容量/kg	450	600	300
	额定功率/kW	150	170	100
	炉车振幅/mm	0～15		0～8
	振动频率/次·min^{-1}	0～200		30～150
引拉机	驱动电机/kW	2.2	1.45	2.2
	引拉方式		链振	链振
	引拉间断时间/s		1～20	1～8
	速度范围/m·h^{-1}	0～60	0～135	0～88

续表 3-29

设备序列		1	2	3
锯切装置	锯切方式	自动	自动	自动
	夹紧方式	液压	液压	液压
	锯片直径/mm	ϕ510	ϕ510	ϕ510
	驱动电机/kW	5.5	3.0	3.0

3.3.3　挤压

挤压是为冷凝管最终产品提供管坯的关键工序,在冷凝管整个生产过程中起着举足轻重的作用。采用挤压法可以生产全部冷凝管合金以及适用于各种用途的规格,生产管理上比较灵活。目前国内生产冷凝管合金所用的挤压设备绝大多数在 8～50 MN 之间,主要设备类型为卧式或立式挤压机,使用较多的挤压方法是正向挤压,个别企业采用反向挤压。挤压方法和不同生产能力设备的选择,主要是依据企业规模、发展与定位,能够生产产品的品种、规格,客户群体以及企业技术、管理水平等综合因素,以保证生产线的能力和效率得到充分的发挥,适应企业规模和客户需求,取得最好的经济效益。

3.3.3.1　挤压机类型与能力的选择

挤压机类型和生产能力的选择是冷凝管挤压生产线设计和冷凝管工艺设计的关键。冷凝管合金挤压应力范围在 2～9 MPa,主要产品的规格范围为(10～45)mm×(0.75～3.0)mm×(5000～20000)mm。一般可选用挤压力在 4～31.5 MN 之间的挤压机,具体挤压机的形式和吨位可根据生产的合金系列、主要产品的规格尺寸以及产品结构、本企业人员状况等因素确定。

常用挤压机按传动介质可分为水压机和油压机两大类。对于冷凝管合金的生产来说,水压机挤压速度快,利于实现某些合金的“低温快速”挤压,设备维修容易;但挤压速度不易控制,设备占地面积大,单台设备时一次性投资大。油压机是用油作为传递压力的介质,同时又起到润滑作用,因此油压机的密封件比水压机寿命长,设备自动化程度高;油压机可以准确地控制挤压轴的前进速度,从而获得精准的挤压速度,在确定了适宜的挤压温度-速度条件后,也可以高质量地生产出所有冷凝管用合金材料;不足之处是挤压速度不能太快,设备维修要求高。

挤压机按其装配形式可分卧式挤压机和立式挤压机。卧式挤压机吨位覆盖宽,设备高度适于一般厂房,可进行大规格铸锭的挤压,维修方便;但设备可动部分沿导轨单方向磨损,不易保持设备精度,设备部件沿轴向距离较长,部件自重加之锭坯在挤压筒中卧放的自重影响,重心下移,使挤制管坯偏心加大。立式挤压机无可动部分的单方面磨损,易保持设备精度,由于不存在设备及锭坯自重的影响,管坯同心度好,但设备高低相差较大,要求厂房有一定高度且设备维修困难,受这些因素的制约立式挤压机的设备能力普遍较小,不适于大规格产品的生产。

挤压机按金属流动方向可分为正向挤压机和反向挤压机。正向挤压机适用于所有挤压过程和挤压各种制品,并可根据被挤压金属材料的不同性质,分别采用脱皮挤压、水封挤压、润滑挤压等形式。反向挤压制品横断面组织要比正向挤压制品均匀,挤压力比正向挤压少30%~40%,对于要求尺寸精度高的挤压管材和高温塑性范围狭窄的合金可采用反向挤压。

3.3.3.2 挤压工艺参数的制定

A 铸锭规格的确定

冷凝管的挤压管坯,一般采用圆形实心或空心铸锭。大吨位挤压机采用圆形实心铸锭,吨位较小的挤压机多采用空心铸锭。

确定铸锭规格的实质是确定合金变形量的大小,常用的参数是挤压比,习惯上用 λ 表示,它表示制品挤压前铸锭充满挤压筒的断面积与挤压后制品断面积总和之比。为使用方便,实际计算中一般采用挤压筒的断面积与制品断面积总和之比。

$$\lambda = \frac{F_t}{\Sigma F} \tag{3-8}$$

式中 λ——挤压比；

F_t——挤压筒的断面积；

ΣF——制品断面积总和。

也可采用下列简化公式进行挤压比计算：

$$\lambda = \frac{(D_t - S_t) \times S_t}{(d - S) \times S} \tag{3-9}$$

式中 D_t——挤压筒直径，mm；

d——制品直径，mm；

S——制品壁厚，mm；

S_t——铸锭穿孔后环形断面的壁厚，mm：

$$S_t = \frac{D_t - D_z}{2}$$

D_z——穿孔针直径，即管材的内径，mm。

鉴于冷凝管使用的特殊要求，一般情况下其挤压比应大于10，即变形程度大于90％，以保证制品具有良好的组织性能。合金的常用挤压比列于表3-30。

表3-30 冷凝管常用挤压比

合　金	常用挤压比 λ
黄　铜	10～33
白　铜	8～20

对合金变形量影响重大的还有挤制管坯的规格，在成品规格确定之后，挤制管坯的规格决定了产品冷加工率的大小。原则上冷凝管产品的冷加工率大一点为好，以确保产品的各项性能能够达到最优的水平，但加工率过大会使得加工工序增长，生产成本增加，使产品缺乏竞争力。所以，在设备能力允许的情况下，保持总的冷加工率在70％～80％以上，对最终产品质量及产品的使用性能才有保障，特别是对于挤压比较小情况。

确定了合金适宜的挤压比及管坯规格之后,可根据挤压机的挤压筒系列选择铸锭的直径。为方便生产,使得锭坯能够顺利地送入挤压筒中,锭坯与挤压筒之间应留有一定的间隙。间隙的大小应适当,如间隙过大,在穿孔挤压时会导致挤制管坯的偏心程度的增大,还会对制品的表面质量产生不利影响。一般锭坯与挤压筒间隙的取值范围列于表 3-31。

表 3-31 锭坯与挤压筒间隙的取值范围

挤压筒直径/mm	间隙/mm
≤100	1~3
100~300	5
≥300	10

铸锭长度的确定。无论是从效率还是效益的角度来看,使用长铸锭都是有益的。铸锭长度除与挤压机的能力有关外还与铸锭直径相关联,因而应与铸锭直径的选择相互配合、综合考虑。也可通过计算和经验来确定。此外,冷凝管产品的绝大多数为定尺管材,在选择铸锭长度时,除考虑上述因素外还应根据成品管材的长度核对一下铸锭长度,确定每个铸锭能够产出最终产品的数量,避免因成品长度达不到要求尺寸而造成的大批量损失和浪费。

B 温度-速度条件的确定

与其他热加工方法一样,温度-速度条件也是挤压加工的基本工艺参数之一,对挤压时金属的流动、挤压力的大小以及制品质量都有很大影响。确定挤压温度-速度参数除需要考虑金属自身所需的热变形温度外,还需要将变形区内金属的温升(尤其是难挤合金)一并综合考虑,以防在挤压过程中金属过热,导致制品晶粒粗大、力学性能下降以至出现表面裂纹或显微裂纹。一般说来,挤压工艺成败和制品质量的优劣,通常取决于制品流出挤压模孔的瞬间温度。因此,必须合理地控制挤压温度和速度。在生产条件允许的情况下,推荐采用“低温快速”的挤压方式。在相同的温度-速度条件下,因反向挤压过程所引起的温升比正向挤压法低很多,所以允许反向挤压速度比正向挤压速度增大40%～100%。

根据冷凝管合金承受挤压的能力和特性,按挤压过程的难易程度可分为两大类:

(1) 单相黄铜类。包括所有黄铜冷凝管合金,与两相黄铜相比,它们在热加工温度范围内具有较高的屈服强度和流动压力,其中H85A的流动压力居首位。部分合金高温塑性范围窄,挤压工艺参数可选择的范围小,生产过程不易控制。

(2) 白铜类。它们具有较高的挤压温度,一般挤压温度在825～1000℃;在热加工范围内具有高的强度,在900℃时BFe10－1－1的抗拉强度为35 MPa,BFe30－1－1的抗拉强度为43 MPa,几乎比紫铜高出一倍。这些特性恶化了挤压的工作条件,使挤压温度－速度条件及挤压比的参数确定受到限制。

冷凝管合金常用铸锭加热温度列于表3-32,管材正向挤压时金属流出速度列于表3-33。

表3-32 冷凝管用合金锭坯加热温度

合　金	加热温度/℃	合　金	加热温度/℃
H68A	720～800	HSn70－1AB	680～750
H85A	825～875	HAl77－2	780～830
HSn70－1	680～750	BFe10－1－1	900～950
HSn70－1 B	680～750	BFe30－1－1	950～1040

表3-33 管材正向挤压时金属流出速度

合金牌号	金属流动速度/m·s^{-1}
H68A	0.1～0.5
H85A	0.1～0.4
HSn70－1、HSn70－1 B、HSn70－1AB	0.1～0.6
HAl77－2	0.1～0.5
BFe10－1－1	0.6～1.2
BFe30－1－1	0.5～1.1

C 工具的润滑

挤压过程中润滑剂的使用至关重要，如使用不当，不仅不能起到良好的润滑效果，反而有可能引起管坯夹杂，表面起泡等缺陷，造成适得其反的结果。

挤压过程常用润滑剂的种类有：石油沥青、石油沥青+20%～30%鳞片石墨、石油沥青+60%～65%高温钙基脂(或高温纳基脂)、30%鳞片石墨+高温钙基脂、玻璃润滑剂等。

玻璃润滑剂常用于较难挤的白铜合金，常用型号的化学成分及物理性能列于表3-34。玻璃润滑剂常做成厚度为10～20 mm的玻璃垫使用，其内孔比模孔稍大，外缘直径比挤压筒小4～5 mm。玻璃垫所用材料的配比为：

玻璃粉：85%～92.5%；水：5%～10%；水玻璃($Na_2SiO_3 \cdot nH_2O$)：2.5%～5%。

制作方法：按上述配比将3种成分称好，先将水和水玻璃放在一起搅拌均匀，再倒入玻璃粉中，均匀搅拌后，按重量要求放入根据所需尺寸做成的同样规格大小的胎具中，在压力机单位压力不小于25 MPa的压力下加压成形(没条件的情况下也可用木锤打实)，制成玻璃垫。经干燥后即可使用，干燥后的玻璃垫密度为1～2 g/cm³。

表3-34 玻璃润滑剂化学成分及物理性能

$w(SiO_2)$/%	$w(B_2O_3)$/%	$w(Na_2O)$/%	$w(CaO)$/%	$w(Al_2O_3)$/%	$w(BaO)$/%	$w(TiO_2)$/%	软化点/℃	粒度/目
49	25	10	5	5	2	3	800	180

润滑操作要点：

(1) 穿孔针：使用除玻璃润滑剂之外的其他润滑剂，薄薄均匀地涂抹一层，润滑剂用量应适当，不可过多，以免造成管材内表面起泡。

(2) 挤压模：挤压模的内孔用润滑剂涂抹均匀。使用玻璃润滑剂时，应使用专用支架将玻璃垫送入挤压筒内贴挤压模平面立放,不可水平放置或随意投入。

(3) 挤压垫:挤压垫的端面一般不润滑(全润滑挤压除外),只润滑圆柱面,涂抹的润滑剂也不宜太多,薄而均匀的一层即可。

(4) 挤压筒:一般情况下不润滑,只要求清理干净。在全润滑挤压时可使用石油沥青+20%~30%鳞片石墨或石油沥青+60%~65%高温钙基脂(或高温纳基脂)或30%鳞片石墨+高温钙基脂等进行润滑,使用适宜的工具将润滑剂均匀地涂抹于整个挤压筒。

D 预热和冷却

a 工具的预热

为了提高工具的使用寿命以及减少因工具与挤压锭坯之间的温差而导致的挤压废品,挤压工具在使用前必须预热。穿孔针、挤压垫、挤压模等工具可在箱式电阻内进行,现代较为先进的挤压机基本都带有挤压筒感应预热装置,可通过它直接对挤压筒进行预热。对于挤压筒没有感应预热装置的挤压机,挤压筒的预热则需在专门设置的预热装置上进行。各种工具的预热温度列于表3-35。

表 3-35 挤压工具预热温度范围

工具名称	预热温度/℃	备注
挤压筒	250~450	更换内衬时可预热到450℃。穿孔针直径较大时,预热温度取上限
穿孔针	300~350	
挤压垫	200~300	
挤压模	200~350	

在实际生产过程中,很多时候人们为了省事未在开机之前将所使用的工具进行预热或未预热到规定的温度,开机生产时,将头几根加热的锭坯闷在挤压筒内用锭坯的温度使挤压工具的温度得以提高,或将挤压模、挤压垫片等工具放在锭坯加热炉中加热。这些做法虽然也能够维持生产的进行,但对挤压工具的寿命(特别是脆性工具)、初期批次管坯的质量却存在不利影响,在没有严格管理体制的情况下不宜提倡。

b 工具的冷却

在挤压生产时,挤压工具与灼热的锭坯直接接触并承受着挤压过程的高温、高压,工具从变形金属中吸收大量的热量,使自身温度上升,强度下降,如不及时进行冷却,很快会达到退火状态。因此,工具在使用的过程中必须及时地进行适当冷却,以提高工具的使用寿命。实践证明,对于挤压模采用多个模子替换使用、进行空冷,对工具的使用寿命效果最好,也可以配备适当的水冷,但需要注意的是在使用金属陶瓷挤压模时不应进行水冷。挤压垫可以采用空冷、也可以使用油冷或水冷,水冷时应注意缓冷,防止急冷,冷却后还要使工具保持预热的温度。穿孔针一般采用水冷,冷却方式可以是外冷也可采用内冷,需根据设备条件确定。所谓外冷,是用一个特制的冷却水环,套进穿孔针前后移动进行冷却。冷却水环是用钢管弯成的一个圆环,圆环内侧排有密集的小孔,冷却水从小孔喷向穿孔针,小孔沿周向应分布均匀,这样能使穿孔针均匀冷却。内冷,是往空心的穿孔针中通入冷却液,通过冷却液使穿孔针冷却,使用较多的冷却液是水。这种内冷的方式效果最好,但空心穿孔针的制作比较困难,穿孔针的规格越小,制作的难度就越大。

所有工具的冷却基本都是人工操作,因此,操作人员的经验和熟练程度对冷却效果影响较大,如何将工具冷却到预热温度,需要操作人员有一个摸索和掌握的过程。

3.3.3.3 生产过程操作要点及注意事项

A 挤压过程操作要点

a 填充挤压阶段

填充挤压阶段对制品的性能和质量均有一定的影响。正常情况下,锭坯与挤压筒之间的间隙尽可能的小,以便减少填充挤压时的变形量,填充越大,金属流出模孔的长度就越长,导致穿孔剩头增长,几何损失加大,降低成品率。填充量过小会加重管材的偏心。通常可按经验或按下式的计算值加以控制。

$$\Delta L_1 = L'\left(1 - \frac{D_0}{D_t}\right) \tag{3-10}$$

式中　ΔL_1——填充量，mm；

L'——铸锭热态长度，mm；

D_0——铸锭直径，mm；

D_t——挤压筒直径，mm。

实际操作中可根据设备情况采用“限定主缸压力”或“限制主柱塞行程”两种方式中的一种加以控制。

b　穿孔阶段

为降低几何损失，除精确控制填充量之外，穿孔前挤压轴应主动后退一段距离，目的是为穿孔时金属回流留出必要的空间，其后退的距离可根据经验或参照下式计算数值酌情考虑。

$$\Delta L_2 = \frac{D_z^2(L - \Delta L_1 - l_0)}{(D_t + D_z)(D_t - D_z)} \tag{3-11}$$

式中　ΔL_2——挤压轴后退距离，mm；

D_z——穿孔针直径，mm；

L——铸锭长度，mm；

l_0——穿孔剩头长度，mm。

上述过程会增加生产循环的辅助时间约 2 s，若缩短辅助时间、提高生产效率，还可以调整主柱塞背压，依靠回流金属自身力量，使主柱塞被动后退。

一般情况下，合理的穿孔剩头长度为 $l_0 = (1.2 \sim 1.8)D_z$。

穿孔操作的方式有两种：

完全穿孔：穿孔针向前移动，穿通锭坯；

不完全穿孔：穿孔针向前移动，当它的前端到达距挤压模孔平面 3～5 mm 处停止，然后和挤压轴同时向前移动，实现管材封头。

c　挤压阶段

整个挤压过程可分为初始、正常、终结三个区段。对于热加工温度范围窄、变形抗力大的难变形合金，初始挤压速度 v_1 应大于或等于正常挤压速度 v_2，而正常挤压速度要大于或等于终结挤压

速度 v_3,即 $v_1 \geqslant v_2 \geqslant v_3$。

冷凝管合金在挤压时,其工具的工作温度大大低于锭坯的加热温度,一般约低 300～450℃,这就使锭坯在挤压筒内急剧冷却且冷却后形成不均匀温降,填充后尤其明显。接下来穿孔又一次加重了温度的不均匀程度。此外,正向挤压过程中,初始阶段要克服锭坯与挤压筒相对移动,所需的剪切力也最大。这样,初始挤压过程处在十分不利的变形条件中,为实现顺利挤压,避免延误时间导致“挤不动”现象发生,适当地提高挤压速度,先“冲出去”一小段制品是必要的。该过程一般控制在 1 s 左右。

而对于某些设备能力小、被挤压合金高温塑性范围窄,需要通过提高铸锭加热温度来实现挤压过程的情况,其挤压过程三个区段的速度可以是初始挤压速度 v_1 小于或等于正常挤压速度 v_2,而正常挤压速度小于或等于终结挤压速度 v_3,即 $v_1 \leqslant v_2 \leqslant v_3$。

正常挤压速度按相应的工艺条件控制。

终结挤压区段(通常该区段行程长度为 50 mm 左右)实质上是减速过程,可缓解主柱塞(挤压轴)急速停止给机械和液压系统造成过大的冲击。

在某 25MN 挤压机挤压锡黄铜 HSn70－1 管坯时各区段主柱塞实际速度列于表 3-36,供参考。

表 3-36 HSn70－1 挤压时各区段主柱塞实际速度

合金牌号		HSn70－1
工艺条件	锭坯加热温度/℃	680～720
	铸锭尺寸/mm×mm	ϕ193×400
	挤制管坯尺寸/mm×mm	ϕ75×5.5
初始速度/mm·s^{-1}		30～40
正常速度/mm·s^{-1}		14～16
终结速度/mm·s^{-1}		14

d 分离阶段

分离制品与压余通常采用两种方式:热锯或热剪切分离和穿

孔针分离。

较为先进的大型挤压机大都配备了热剪切装置,挤压过程结束后直接利用该装置进行制品与压余的分离。但遇到一些金属变形温度高,垫片受热后变形异常严重、与压余粘结较牢固的情况时,两者分离相当困难,这时考虑使用下面的方法。

穿孔针分离是挤压过程结束后,穿孔针从挤压模中退出,挤压轴再向前移动,于是在管材尾端形成一个实心头,穿孔针向前移动使制品与压余分离。该方法与热锯切相比可减少辅助操作的时间15～20 s。

此外,若采用"无压余"挤压方法进行生产时,在挤压终结时可用穿孔针自备的剪切环剪断管材尾部,实现分离的目的。

B 操作注意事项

操作注意事项如下:

(1) 某些黄铜在高温状态下长时间加热会使晶粒迅速长大,因此,黄铜在加热炉内保温时间不得过长。此外,加热温度过高也易导致制品表面脱锌,脱锌的制品经冷加工后会在表面产生麻点。

(2) 白铜合金加热温度高,金属变形抗力高、黏度大,挤压比较困难。使用玻璃润滑剂会使问题得到解决。但使用玻璃润滑剂时锭坯必须在感应炉内加热,使用燃气或燃油加热炉会使锭坯表面氧化严重,再使用玻璃润滑剂时,易导致制品表面质量变坏。

(3) 脱皮挤压时,所使用的垫片直径应大于挤压轴直径1.5 mm以上,同时在操作过程中应经常观察两者形状和尺寸的变化,防止产生铜皮包住挤压轴的现象。

(4) 穿孔时应经常注意穿孔针的表面是否有粘铜,特别是在生产铝黄铜时,出现此现象应及时清理,以防划伤管材内表面。

(5) 遵守工艺规程,按铸锭加热制度进行加热,温度低或锭坯在炉外停留时间过长都不允许直接挤压,减少或避免发生闷锭事故。一旦发生闷锭事故,应先把穿孔针从铸锭中拔出,稍停片刻,推出铸锭。如穿孔针无法从锭坯中拔出(这种情况在穿孔针直径较大时容易出现),操作者可根据自身设备的实际情况,决定采用多高的压力带穿孔针推铸锭。注意带穿孔针推铸锭时不允许使用全压,避免拉断针支承甚至造成穿孔系统的重大事故。如果这样也无法推出铸锭,只能用气焊割断穿孔针,然后再推出铸锭。

注意:遇到闷锭事故,切不可心情急切不等铸锭降温就上压一次又一次的推锭,这样做可能导致闷锭无法推出。

3.3.3.4 挤压过程的几何损失

A 损失类型

损失类型如下:

(1) 压余:为防止挤压后期铸锭外表面的铸造缺陷和挤压筒中残留的铜皮挤入管坯中,保证管坯的质量,每次挤压结束时都要留有一定厚度的压余。压余的厚度取决于挤压方法、工艺条件和金属自身固有的特性。对于卧式挤压机,一般黄铜压余为20～25 mm,白铜压余为20～30 mm;对于立式挤压机,黄铜压余为3～5 mm,白铜压余为12～18 mm。

(2) 脱皮:锭坯挤压时,为了避免和减少铸锭外表面缺陷挤入铜管,一般采用脱皮挤压的方法,通过脱皮可以消除铸锭表面缺陷对挤制管坯的影响。脱皮厚度一般为1.0～2.0 mm。

(3) 穿孔实心头:铸锭穿孔时,其中心部分的金属以实心头的形式从模孔中流出形成穿孔实心头,实心头的大小与铸锭充满挤压筒的程度、被挤管材的内外径尺寸、铸锭的锯切精度、锭坯尺寸的均匀程度、操作人员的技术水平等因素有关。挤压设备不同、挤制管坯规格不同所产生的损失也不尽相同。

(4) 锯切头尾:采用任何种类的挤压机,所挤出的管坯都要进行头尾的锯切,切除部分的长短因制品质量而异。

(5) 在无独立穿孔装置的挤压机上挤制管坯需事先将锭坯进行钻孔。在进行全润滑或“无压余”挤压时还可能对铸锭的表面进行车光,这些工序都导致工艺过程几何损失的增加。

在上述损失中,前四项是挤压过程必定产生的。因而,各生产企业应根据自身设备及人员情况加以严格控制。一般压余损失占铸锭总重的 3%～5%，脱皮占 1%～3%，穿孔实心头占 2%～3%，锯切头尾占 3%～8%。

B 提高成品率的途径

第一，挤压过程的几何损失是挤压法生产工艺成品率低、成本高的主要原因之一，因而，为提高产品的竞争力，必须在保证产品质量的同时将这些损失控制在最低限度。从上述损失类型可以看出，第 1、2 项损失都是为了避免和减少铸锭表面缺陷对挤制管坯质量的影响，因而，提高铸锭的表面质量是提高挤压工序成品率的途径之一。第二，冷凝管挤压时推广使用“平锥型挤压模”，它可以减少管材挤压过程中裂纹、划沟的产生，同时还能有效地降低模具消耗、提高成品率。据某挤压机的实测数据，在进行 HSn70－1 管坯挤压时，使用平锥型挤压模比柱状模寿命提高 6～9 倍，管材成品率提高 4%～6%，产量增加 40%。第三，在有条件的挤压设备上，可推行高挤压比挤压，从而实现减少压余损失、低温快速挤压以减少制品裂纹、增加铸锭长度提高成品率、增大挤压比减少加工工序、提高挤压工具尤其是挤压筒、挤压模的使用寿命以及减少管坯的偏心。

3.3.3.5 挤压工具

绝大多数挤压工具的工作条件都较为恶劣，它们同热变形金属直接接触，在高温下承受高压与摩擦，同时还要承受因自身温度的剧烈变化而引起的附加热应力作用。根据挤压工具在挤压过程中是否同热变形金属接触可将工具分为两类：

与热变形金属直接接触类：包括挤压模、穿孔针、挤压垫片、挤压内衬等。它们处于热变形的前沿，因而消耗量颇大，据统计该类工具占挤压总工具费用的 80%以上。

未与热变形金属直接接触类：有挤压轴、中衬（挤压筒有中衬设计时）、外套、清理垫、连接器、针支承、模支承、模支承垫等。它们不与热变形金属直接接触，不会产生很大的热应力。

一般说来，挤压工具的使用寿命普遍较短、消耗量大。制造挤压工具必须使用高级热工具钢，这就使生产成本增高，因此，正确地设计工具结构和尺寸，恰当地选用工具材料，创造和实施合理的使用、冷却及润滑条件是实现优质、高效、低耗所必须面对的问题。

A 挤压内衬（挤压筒）

在挤压过程中，内衬在高温、高摩擦条件下承受着挤压金属发生塑性变形所需的全压力，工作应力达 800～1200 MPa。为保证内衬具有足够的强度，通常将它做成 2～3 层，其配合形式可以是圆柱形的，也可带一定的锥度或做成带台肩的。这后一种形式的优点是防止它们之间产生相对位移，且可"调头"使用，延长内衬的使用寿命，但装配、拆卸较为麻烦。

内衬尺寸的确定是一项基础工作，涉及面宽，不仅影响自身状、尺寸、造价和寿命，还关系挤压机能力的正常发挥、工艺参数的设定及其他工具结构与尺寸。为此要结合生产实际条件认真推敲后再确定。

a 内衬内径尺寸

最大内径应保证作用在挤压垫片上的单位压力不低于待挤压合金变形抗力，一般作用在挤压垫片上的单位压力为 300～1000 MPa。最小直径应以不超过挤压轴允许的压应力为限，多数情况下压应力不超过 800～1000 MPa。

b 内衬长度

内衬长度可用下式近似计算：

$$L_c = L_{max} + \Delta L + 2t + S + (25 \sim 50) \tag{3-12}$$

式中 L_c——内衬长度，mm；

L_{max}——最大锭坯长度，mm；

ΔL——锭坯填充减少量与穿孔时金属返流锭坯增加量的和，mm；

t——挤压模进入挤压筒的深度，mm；

S——垫片厚度，mm。

c 内衬与衬套的厚度

内衬及各层衬套的厚度尺寸，最初时可参考已有的挤压筒设计资料或凭经验初步确定，然后进行强度校核加以修正。挤压筒的外径应等于其内径的 4～5 倍，而每层的厚度则根据内部受压的空心筒，当各层内衬套直径比值相等时强度最大的原则来确定，如取挤压筒的外、内径比为 4 时，对两层挤压筒 $D_1/D_0=2$；对三层挤压筒 $D_1/D_0=D_2/D_1=1.58$。但在实际中，考虑到挤压筒的外套有加热孔及键槽等而引起的强度降低，各层的直径比应保持 $D_1/D_0<D_2/D_1<D_3/D_2$ 的关系。

通常一台挤压机配备 2～4 个规格的挤压筒。

对于小吨位挤压机，在强度允许的情况下，可把几个挤压筒内衬的内外径大小设计成：最小内径者外径最大，最大内径者外径最小，这样磨损报废的挤压内衬，经过热处理后可进行再车削改造，加以再使用。如表 3-37 所列某厂 12 MN 卧式挤压机挤压内衬尺寸就按上述原则设计，实践证明是可行的、经济的。

表 3-37　12 MN 卧式挤压机挤压内衬尺寸

序　号	内衬尺寸/mm			
	D_0	D_1	D_1/D_0	D'
1	125	282	2.256	310
2	150	274	1.827	304
3	185	264	1.427	298

B　挤压轴

挤压轴是把主柱塞的压力传递到挤压垫片，使金属发生塑性变形的工具。挤压轴的直径根据挤压筒的内径大小而定。对于 50 MN 以下的挤压机而言，一般挤压轴比挤压筒内径小 4～15 mm，立式挤压机，则小 2～4 mm。挤压轴内径的大小应根据轴的环形断面上所承受的压应力不超过允许值而定，它的应力允许值为 900～1000 MPa，轴基座面的允许应力为 400 MPa。

卧式挤压机挤压轴的工作长度要大于挤压筒长度，视分离压余（人工或机械）的不同稍有区别：

人工分离压余(mm):$L_s = L_c + (5\sim6)$ (3-13)

机械(自动)分离压余(mm):$L_s = L_c + \frac{D_{bmax}}{2} + 10$ (3-14)

式中 L_s——挤压轴工作长度,mm;

L_c——挤压筒长度,mm;

D_{bmax}——使用挤压垫片的最大直径,mm。

C 挤压模

挤压模是挤压生产中最主要的工具之一,它的结构形式、各部位尺寸、所用材料与热处理条件,对挤压力、金属流动的均匀性、制品尺寸精确程度、表面质量以及自身使用寿命和价格均有较大的影响。

挤压模按模孔纵横截面形状分为:平模、锥模、平锥模和双锥模。冷凝管生产中常用的是平模和平锥模。挤压模的主要参数:

(1) 模角 α:平模 $\alpha = 90°$;平锥模 $\alpha = 60°\sim65°$

(2) 工作带(定径带)宽度:8~12 mm

(3) 定径带直径 d:$d = 1.015d_0$,d_0 为制品的名义尺寸

固定挤压模的相关工具,包括模套、模垫、模外环及支承垫,其主要作用是固定、支承挤压模,并使它的中心线与挤压轴中心线重合,同时将制品从模孔出口导致前梁内孔。

D 穿孔针

穿孔针分为圆柱式和瓶式两种,冷凝管合金生产时常用的是圆柱式,小型挤压机或使用空心铸锭时有时使用瓶式穿孔针。

(1) 圆柱式穿孔针的应用最为广泛,其工作方式可采用随动式或固定式。穿孔针直径根据管材内径确定,其工作部分可做成圆柱式,也可做成带有很小锥度,对于立式挤压机其锥度取 0.3~0.5 mm,卧式挤压机取 0.5~1.2 mm。工作部分长度应包括:铸锭长度、垫片厚度。为确保挤压过程中穿孔针处于自由随动状态,又为防止穿孔结束时穿孔动梁对主动梁的冲击,两者应留有一定间隙,间隙为 60~80 mm;穿孔前主柱塞后退量约 20 mm;伸进挤压模孔 50~60 mm。

"自由"随动时：穿孔针长 = 锭坯长 + 挤压垫片厚 + (140～150)mm；

"同步"随动时：穿孔针长 = 锭坯长 + 挤压垫片厚 + (70～80)mm。

(2) 瓶式穿孔针在挤压过程中相对位置固定不动，即固定形式。它由两部分组成：针头定径部分直径，决定管材内径；针身较粗，一般直径为 50～60 mm 或更大。针头和针身的过渡区锥角为 30°～45°。若穿孔针系统备有内冷条件，针头和针身可用螺纹联结，否则只能采用整体结构。针的定径部分长度应为模子定径带长度，穿孔针伸出定径带的长度与余量长度之和不能大于压余厚度，以免金属流入挤压轴中一般余量长度为 20～30 mm，伸出定径带长度可取 10 mm。

(3) 固定穿孔针的相关工具有：针支承、联结器、锁紧环、固定环及导向套，它的主要作用在于固定、支承穿孔针，并使它基本保持与挤压轴同心，从而提高管材的尺寸精度。

为实现挤压轴与穿孔针同心移动，挤压轴内径和导向套外径之间的公差配合可按基孔制配合选取。

(4) 穿孔针组装部分的强度校核对固定针的挤压方式尤为重要。

1) 挤压时穿孔针承受的拉力 F：

$$F = \mu_m p \pi d L \tag{3-15}$$

式中 μ_m——摩擦系数，一般取 0.5；

p——铸锭上的单位压力，MPa；

d——穿孔针直径，mm；

L——填充后铸锭长度，mm。

2) 各部分应力计算：

穿孔针螺纹部分拉应力：$\sigma_1 = F/A_1$，A_1 穿孔针螺纹部分有效截面积；

联结器螺纹部分应力：$\sigma_2 = F/A_2$，A_2 联结器内螺纹部分有效截面积；

$\sigma_3 = F/A_3$，A_3 联结器外螺纹部分有效截面积；

针支承螺纹部分应力：$\sigma_4 = F/A_4$，A_4 针支承内螺纹部分有效截面积。

其中：σ_1、σ_2、σ_3、σ_4 应分别小于相应材料的许用应力。

在确定各部分尺寸时需要满足下列条件：

$\sigma_{1许} A_1 < \sigma_{2许} A_2$

$\sigma_{3许} A_3 < \sigma_{4许} A_4$

$\sigma_{1许} A_1 < \sigma_{3许} A_3$

3）穿孔针工作部分抗拉强度校核。

稳定性校核，根据下式求出临界力 P_1：

$$P_1 = \frac{\pi^2 EI}{(\mu l)^2} \tag{3-16}$$

式中 E——材料的弹性模量，钢为 220 GP；

I——惯性矩，对于圆断面 $I = 0.05d^4$，cm^4；

μ——长度系数，一端固定一端自由时取 1.5～2.0；

l——针的工作长度，cm。

穿孔针的允许受力为：$P_{ch} \leqslant \frac{P_1}{n}$，$n$ 为安全系数，一般取 1.5～3.0。

抗拉强度的校核，等效应力：

$$\sigma_v = 4\tau \frac{L}{d} + 0.6(\sigma_1 - \overline{K}_z) \leqslant \frac{\sigma_{0.2}}{n} \tag{3-17}$$

式中 τ——有效摩擦力，取 $\tau \leqslant 0.25\overline{K}_z$；

$\overline{K}_z$——金属变形抗力，冷凝管合金取 17；

σ_1——作用在垫片上的平均单位压力，MPa；

$\sigma_{0.2}$——穿孔针材料的屈服强度，MPa；

n——安全系数，取 1.15～1.25。

E 挤压垫片

挤压垫片尺寸的确定：垫片的外径应比挤压筒内径小，取值与挤压筒的内径大小有关。卧式挤压机取 0.5～1.8 mm，立式挤压机取 0.2 mm；用于脱皮的垫片一般取 2.5～3.5 mm；垫片内孔比穿孔针外径大 0.3～0.4 mm；而其厚度等于它直径的 0.4～0.56 倍。

F　工具的配合与公差

a　尺寸公差

涉及挤压模、穿孔针、挤压垫片等中心位置的重要配合，如挤压模与模套、模套与模外环、穿孔针与联结器、导向套与联结器、联结器与针支承等，通常选用基孔制的间隙配合 H8/f7。

挤压轴内径与导向套外径之间的公差配合推荐使用基孔制间隙配合 H8/f8。

螺纹联结（穿孔组装部分）配合公差，外螺纹一般采用 6f、6g；内螺纹的内径尺寸要稍放大些，某挤压设备的工具中内螺纹联结的配合公差列于表 3-38，供参考。

表 3-38　内螺纹联结的配合公差

内螺纹规格/mm×mm	M55×2	M60×2	M72×2	M90×2	M65×3	M78×3
内径尺寸要求/mm	$\phi 53 \pm 0.2$	$\phi 58 \pm 0.2$	$\phi 70 \pm 0.2$	$\phi 88 \pm 0.2$	$\phi 62 \pm 0.25$	$\phi 75 \pm 0.25$

b　形位公差

部分挤压工具的形状和位置公差，包括圆度、圆柱度、平行度、垂直度、同轴度等，参见图 3-16～图 3-20。

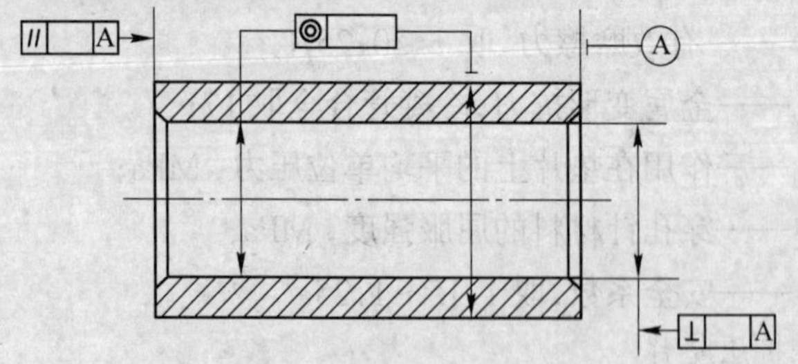

图 3-16　挤压筒形位公差标注示意图

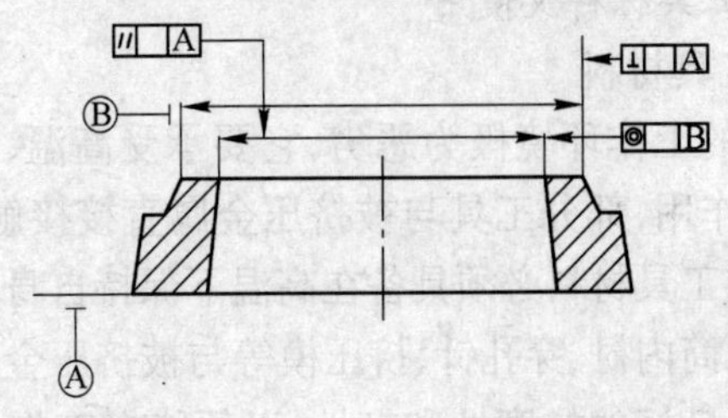

图 3-17　模环形位公差标注示意图

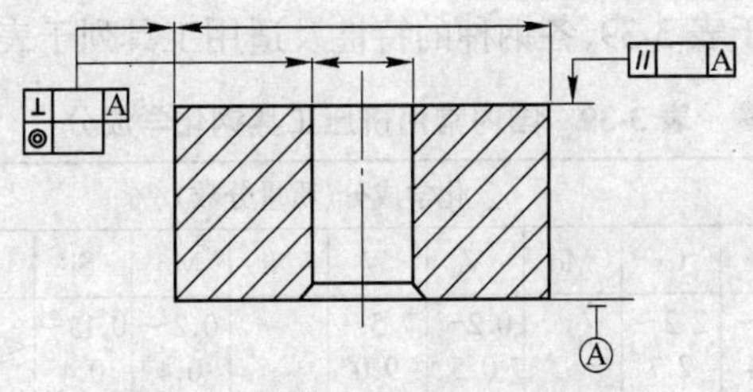

图 3-18　垫片形位公差标注示意图

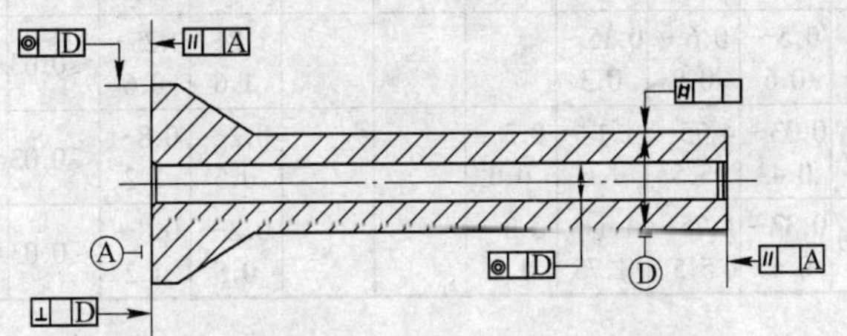

图 3-19　挤压轴形位公差标注示意图

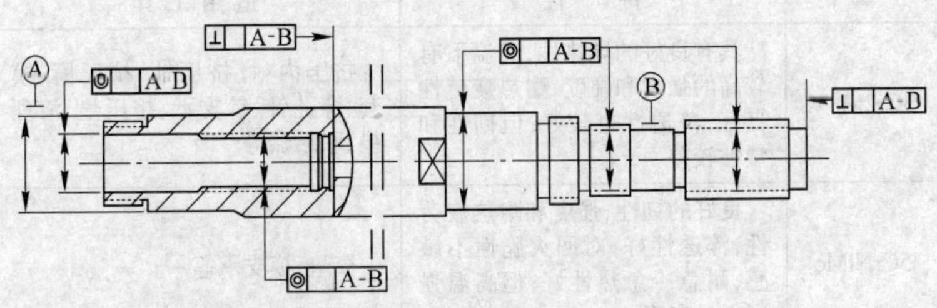

图 3-20　联结器形位公差标注示意图

G　挤压工具材料及使用

a　挤压工具材料

挤压工具的工作环境极为恶劣，它要承受高温、高压、急冷、急热和冲击力的作用，部分工具与被挤压金属直接接触，磨损也很严重。因此，要求工具材料必须具备在高温下保持自身强度和硬度的特性，对于挤压筒内衬、穿孔针、挤压模等与被挤压金属直接接触的工具，还要具备良好的抗磨性和韧性，以便能在工作中承受强烈的冲击。制造挤压工具常用的材料是合金工具钢，用的最多的钢种及化学成分列于表3-39，各钢种的特性及适用工具列于表3-40。

表3-39　国内常用挤压工具钢化学成分

工具钢	化学成分（质量分数）/%										
	C	Cr	Mo	V	W	Ni	Mn	Si	P	S	Fe
3Cr2M8V	0.3~0.4	2.2~2.7		0.2~0.5	7.5~9.0		0.2~0.4	0.15~0.4	≤0.03	≤0.03	余量
5CrNiMo	0.5~0.6	0.5~0.8	0.15~0.3			1.4~1.8	0.5~0.8	0.15~0.35	≤0.03	≤0.03	余量
5CrMnMo	0.5~0.6	0.6~0.9	0.15~0.3				1.2~1.6	0.25~0.6	≤0.03	≤0.03	余量
4Cr5MoSiV	0.33~0.43	4.75~5.5	1.1~1.6	0.3~0.6			0.2~0.5	0.8~1.2	≤0.03	≤0.03	余量
4Cr5MoSiV1	0.32~0.45	4.75~5.5	1.1~1.75	0.8~1.2			0.2~0.5	0.8~1.2	≤0.03	≤0.03	余量

表3-40　挤压工具钢特性及适用工具

工具钢	特　性	适用工具
3Cr2M8V	具有良好的导热性，高温下有较高的强度和硬度，耐热疲劳性良好，淬透性也较好；但韧性和塑性较差	挤压内衬、挤压轴、挤压模、模套、穿孔针、针支承、挤压垫、清理垫、联结器等
5CrNiMo	良好的韧性、强度和耐热疲劳性，淬透性好，对回火脆性不敏感，耐急冷急热性好；但高温强度低易变形	模垫、模支承等

续表 3-40

工具钢	特性	适用工具
5CrMnMo	性能与 5CrNiMo 相近，但高温下强度、韧性和耐热疲劳性低于 5CrNiMo	模垫、模支承等
4Cr5MoSiV	具有高的淬透性，中温以下综合性能好，热处理变形小，耐冷热疲劳性能好	挤压内衬、挤压轴、挤压模、模套、穿孔针、针支承、挤压垫、清理垫、联结器等
4Cr5MoSiV1	中温下综合性能好，高的高温硬度和优良的韧性，淬透性高，热处理变形率低；综合性能高于 3Cr2M8V	挤压内衬、挤压轴、挤压模、模套、穿孔针、针支承、挤压垫、清理垫、联结器等

近十几年来，随着国外设备的引进及市场的开放，种类繁多的国外工具钢材料进入我国，应用广泛，常用挤压工具国内外钢号对照列于表 3-41。

表 3-41 常用挤压工具国内外钢号对照表

中国 GB	美国 AISI,ASTM	日本 JIS	英国 BS	德国 DIN,VDEh	法国 NF	俄罗斯 ГОСТ
3Cr2M8V	H21	SKD5	BH21	X30WCrV9－3	Z30WCV9	3X2B8
5CrNiMo	L6	SKT4		55CrNiMoV6	Z200C12	5XHM
5CrMnMo		SKT5		40CrMnMo7		5XГM
4Cr5MoSiV	H11	SKD6	BH11	X38CrMoV51	Z38CDV5	4X5MΦ
4Cr5MoSiV1	H13	SKD61	BH13	X40CrMoV51	Z40CDV5	4X5MΦ1C
	H12	SKD62	BH12		Z35CWDV5	3X3M3Φ

为了提高挤压工具特别是与被挤压金属直接接触工具的使用寿命，一些新型工具钢材料相继投入应用并取得很好的效果，使工具的寿命有较大幅度的提高，如美国 Incone1718、韩国的 KDR17 材料，它们在 700℃温度下具有较高的强度和韧性，耐磨性和抗热疲劳性能均较好，只是价格较高，用于挤压模的使用寿命可比其他材料提高数倍。

金属陶瓷挤压模具在铜合金生产过程中的应用已有三十年的

历史,目前使用最多的是铬基和钨基两种陶瓷材料。金属陶瓷是一种脆性材料,高温下具有足够的强度、硬度和耐磨性,用于挤压模的使用寿命可比 3Cr2M8V 模提高 20 倍以上。但陶瓷模需要镶套使用,它的使用效果在很大程度上取决于模芯的加工精度和镶套质量,如果这些问题不能得到很好的解决,陶瓷模的优势就不能充分发挥,同时还会增加工具成本。此外,陶瓷模在使用过程中易出现微裂纹,为减少微裂纹的产生,在模芯加工和使用过程必须采取相应预防措施,比如提高模芯加工精度,多个模子循环使用,加强模子在使用过程中的检查和返修等。产生微裂纹的挤压模经返修后仍可再行使用。

陶瓷模芯的磨削加工及镶套。陶瓷模芯在镶套之前,应对上下两平面、内孔及外圆进行磨削加工,保证其尺寸精确、表面光滑。磨削加工在平面磨床上进行,使用 100 号碳化硅砂磨,先磨底平面,之后以底平面为基准面磨削上面,两平面的平行度不大于 0.01 mm。注意每次进给量不要太大,防止模芯的边缘掉边。平面磨光后进行内孔磨削,以底平面为基准进行找正,底平面必须垂直砂轮轴的中心线,之后在外圆磨床上进行模芯外圆的磨削,保证模孔中心线与外圆平行,外圆锥度与椭圆度不大于 0.01 mm。最后在砂轮机上将底平面外圆进行倒角,以便于镶模。

模外套一般选用 3Cr2M8V 材料,经热处理后在车床上进行配合孔的精加工,最大限度地减小配合孔的椭圆度和锥度,并要求模孔的中心线垂直于配合孔的支承面,以保证准确地控制过盈量。配合孔留有的过盈量一般取模芯直径的 0.25%~0.30%,深度要比模芯的厚度深 0.5 mm。

模芯必须紧密而牢固地镶在挤压模外套的配合孔内,以保证在使用时不因外力作用或受热膨胀而松弛。镶制的方法有热镶法和热压法。热镶法是将模套在箱式电炉中加热,加热温度为 420~480℃,借助模套受热膨胀把模芯迅速准确地放到配合孔内,模芯受热膨胀、模套冷却收缩把模芯牢固地箍住。热压法是将模芯通过压力机压入加热的模套配合孔中,这后一种方法的镶制效果更好。模芯镶好冷却后，使用细砂轮或细砂纸将模孔抛光。

b 挤压工具的使用

科学合理地使用挤压工具可提高工具的使用寿命，降低生产成本。工具使用前要进行预热，使用过程中要保证对工具的润滑和均匀冷却，及时发现和处理模具出现的粘铜、微裂纹等情况。在更换模具或处理故障时，尽量减少对模具的猛烈撞击，挤压模最好3～5个交替使用，经常返修。

3.3.3.6 挤压制品质量问题及改进措施

A 挤制管材偏心

挤制管材偏心是卧式挤压机最常见也是出现最多的问题，偏心的形式和程度随设备以及工装模具、员工操作水平的不同而异。具体偏心的形式、产生原因及改进措施列于表3-42。

表3-42 挤压偏心形式、产生原因及改进措施

序号	管材偏心形式	产生原因	改进措施
1	管材头部偏心	1. 穿孔针冷却不均； 2. 锭坯加热不均，端面呈现阴阳面； 3. 锭坯穿孔偏心：填充不足或穿孔针太长； 4. 穿孔针工作端面的某一面被压秃	1. 均匀冷却穿孔针，特别是需人工进行冷却时； 2. 调整铸锭加热工艺参数，对于燃油或燃气加热炉应保证加热时间； 3. 操作时注意填充充足； 4. 经常检查工模具的使用情况，出现变形时及时更换
2	管材尾部偏心	1. 挤压垫片外径磨损； 2. 挤压垫与穿孔针之间的间隙太大； 3. 挤压轴弯曲； 4. 挤压模自身偏心； 5. 挤压内衬磨损	1. 经常检查工模具的使用情况，当工具磨损或变形超出规定时及时更换； 2. 调整挤压垫片内孔尺寸； 3. 若仅内衬前部磨损严重时，可根据实际情况掉头使用
3	管材头尾部同时偏心	1. 第1、2项原因都可能导致此项偏心； 2. 穿孔针变形出现细颈	1. 采取上述改进措施； 2. 更换穿孔针

续表 3-42

序号	管材偏心形式	产生原因	改进措施
4	沿管材全长在垂直方向上的偏心	模套与挤压内衬连接歪斜： 1. 水压机：楔形锁键部件磨损； 油压机：横梁、移动模座、挤压筒连接面磨损； 2. 模套支撑平面损坏	及时修复或更换磨损部件
5	沿管材全长不定向的偏心	1. 模套与挤压内衬配合锥面配合不好，造成“跑铜”； 2. 挤压内衬工作部位变形	1. 调整部件之间的配合； 2. 内衬掉头使用或更换内衬

按照传统的思维方式，挤压管材的偏心是由于设备中心线不正所致，因而所有与设备中心线有关联的部件，其配合状态、磨损情况都将直接影响挤压管材的偏心程度。现在另有一种有关挤压偏心的新理论，认为除上述的因素外，对挤压管材偏心影响更大的因素是挤压工装模具的配合精度。作者曾在 22 MN 油压挤压机上进行了验证，在设备、工艺等其他条件相同的情况下，当挤压工具之间具有足够的精度时，挤压管材的偏心率小于 8%；精度较差时，挤压管坯的偏心率大于 15%。由此可见，除表 3-42 中的原因外，工装模具的加工、配合精度也是影响挤压制品偏心的重要因素。

B 挤压裂纹

在冷凝管合金中，最易产生挤压裂纹的是黄铜类合金特别是锡黄铜。由有色金属塑性变形理论分析可知，此类合金的高温塑性区范围很窄。如果铸锭加热温度高或挤压速度快引起热变形温度升高，超出它们的塑性范围，在变形不均匀和制品表面的模孔处产生附加拉应力的作用下，此应力超出该合金的高温强度极限时即会产生裂纹。生产过程中常出现的情况有：

(1) 锡黄铜锭坯加热温度超过 800℃，金属在挤压过程中的流动速度大于 0.25 m/s 时，挤压管坯表面出现横裂纹。

(2) 锡黄铜锭坯在加热不均匀的低温下或由于使用被伸细的穿孔针挤压厚壁管材时，出现纵向裂纹。

(3) 挤压锡黄铜、铝黄铜管材时，在挤压模工作区(变形区)局部出现裂纹粘附金属或挤压模入口局部发生变形时，出现局部小的横裂纹。此类缺陷在采用柱状挤压模时常见。

出现上述3种情况时，可根据生产实际采取调整锭坯加热温度、调整挤压速度、及时返修或更换挤压工具等措施予以解决。

有时黄铜合金在正常的挤压温度和速度范围内挤压时也会出现裂纹现象，此种情况多与合金的化学成分有关。比如锡黄铜，凡是锡黄铜锡含量在0.91%～1.27%、杂质铅含量在0.033%～0.048%范围时，挤压过程产生裂纹的可能性极大；凡锡含量在上述范围、铅含量在0.017%～0.028%范围时，挤压温度和速度即使都在规程的上限进行挤压，也不会出现裂纹。比如铝黄铜，当铝含量为上限，杂质锡含量在0.05%～0.055%时，在同一工艺条件下，挤压过程十分困难。锭坯加热温度低800℃时，出现挤不动的现象；高于800℃时，容易出现小的裂纹。因此，有些冷凝管的生产厂便根据自身的实际情况制订了内控标准，对某些合金的个别成分加以控制，以保障合金在具有较高的使用性能的同时具备良好的工艺性能。

除此之外，挤压工具预热温度过低也会导致挤压裂纹的产生，这时只要按规程要求进行工具预热即可消除缺陷。

C 起皮或夹灰

出现起皮或夹灰时可从下面几个方面查找原因：挤压筒中是否有水、油、铜皮及其他脏物；穿孔针的预热温度是否符合要求、润滑油是否过多；锭坯加热时是否过热、有无大量氧化皮；铸锭质量如何。找出原因后，根据具体情况进行处理。

D 气泡

挤压管材表面气泡的主要原因有：挤压筒内有残留铜皮、水、油；穿孔针润滑剂过量或出现裂纹；铸锭内部有气孔或脏物等。

E 擦伤和划伤

挤压制品的擦伤与划伤，多数情况下是由于挤出的制品与所接触的工具、输送通道、受料台不光、粘有杂物等有关，如挤压模、穿孔针变形、局部碰伤或有裂纹；输送通道、受料台粘铜或有尖角。

遇此情况可根据擦、划的具体情况进行查找，找出原因后及时处理并加强工具的润滑。

F　尺寸偏差

在生产过程中，会出现挤压管材的外径尺寸与预期尺寸偏差较大的情况。出现这种情况的主要原因是工艺设计时未完全了解和掌握各种合金的热收缩量、工具的热膨胀及模具的配合。此时可根据尺寸偏差的数值合理选择模孔尺寸，同时在生产中经常检查制品的尺寸，一则充分了解和更精确地掌握制品合金及工具在热状态下的尺寸变化；二则发现工具异常时及时更换。

3.3.3.7　挤压设备

铜及铜合金冷凝管生产的挤压设备，主要包括：挤压机、铸锭加热炉、铸锭加热后的运输和供锭机、挤压制品受理台及锯切设备等。为保证挤压制品质量，冷凝管挤压前铸锭加热一般采用感应加热炉。常用挤压机有 5～40 MN 卧式挤压机、12～35 MN 反向挤压机、6～10 MN 立式挤压机等。近几年来由于大规格铜合金管的需求增加，部分企业大吨位挤压机不断投入生产，吨位也逐渐提高并用于大规格铜合金管的生产。表 3-43～表 3-45 分别列出了部分复动卧式油压挤压机、反向挤压机和立式挤压机的主要技术参数。表 3-46 列出了典型感应加热设备的主要技术参数。

表 3-43　复动卧式油压挤压机主要技术参数

技术参数		挤压机吨位/MN						
		5	8	16	20	25	30	40
挤压组件	挤压力/MN	5.0	8.0	16	20	25	30	40
	回程力/MN	0.4	0.6	0.9	1.2	1.5	2.6	3.0
	挤压速度/$mm \cdot s^{-1}$	0～30	0～37	0～25	0～25	0～25	0～50	2～55
	空程速度/$mm \cdot s^{-1}$					400	250	
	回程速度/$mm \cdot s^{-1}$					400	300～390	250
最大行程/mm		1000	1250	1730	1840	1950	1700	2100

续表 3-43

技术参数		挤压机吨位/MN						
		5	8	16	20	25	30	40
穿孔组件	穿孔力/MN	0.7	1.2	2.7	3.0	3.8	6.0	6.0
	回程力/MN	0.3	0.5	1.2	1.3	1.5	3.0	2.6
	穿孔速度/$mm \cdot s^{-1}$					150	0～220	0～200
	回程速度/$mm \cdot s^{-1}$					495	300	250
	穿孔行程/mm	480	500	800	850	900	950	900
挤压筒	压紧力/MN	0.4	0.6	1.2	1.4	1.6	3.0	3.3
	离开力/MN	0.6	0.9	1.5	2.0	2.4	5.0	5.0
	最大行程/mm	250	300	375	400	425	1000	1600
	长度/mm	450	550	750	800	850	815	815
	内径/mm	85～125	110～160	160～210	180～250	200～270	200～250	200～420
其他	主剪刀/MN	0.15	0.25	0.5	0.6	0.75	1.0	1.5
	工作液体压力/MPa	20	20	20	20	20	31.5	28
	机械润滑						集中润滑	
	油压机对中检测						激光对中检测	

表 3-44 反向挤压机主要技术表参数

技术参数	挤压机/MN				
	12	18	28	35	35
挤压力/MN	12	18	28	35	35
挤压速度/$mm \cdot s^{-1}$	40	41	39	33	33
主电机总功率/kW	430	650	950	1000	1000
挤压筒直径/mm	175	215	265	300	300
锭坯长度/mm	650	750	900	1000	1500
制品最大外接圆/mm	ϕ112	ϕ140	ϕ170	ϕ195	ϕ195
生产能力/$t \cdot h^{-1}$	7.5	11	17	21	25

表 3-45 立式挤压机主要技术参数

技术参数	挤压机/MN	
	6	10
挤压力/MN	6.0	10
回程力/MN	0.7	0.83×2
挤压速度/mm·s^{-1}	133	5~133
主柱塞行程/mm	1000	1100
主柱塞空程速度/mm·s^{-1}	400	500
主柱塞回程速度/mm·s^{-1}	600	500
挤压筒行程/mm	50	60
挤压筒直径/mm	75~120	100~140
挤压筒长度/mm	400	400
模座行程/mm	400	520
挤压制品长度/mm	2000~7500	1200~7500
挤压制品规格/mm×mm	ϕ(20×2)~ϕ(47×5)	ϕ(33×3)~ϕ(58×10.5)
生产能力/根·h^{-1}	180	180
挤压机地上高度/mm	6285	6250
挤压机地下高度/mm	9500	8000
工作液体压力/MPa	32	32

表 3-46 典型感应加热设备主要技术参数

技术参数	加热设备规格			
	ϕ150 系列	ϕ180 系列	ϕ230 系列	ϕ300 系列
工件尺寸/mm	ϕ120~145	ϕ180	ϕ230	ϕ300
额定功率/kW	500	1000	1300	1500
感应器电压/V	380/400	380~500	380~500	380~500
工作温度/℃	≤1500	≤1100	≤900	≤1100
棒料径向温差/℃	±10	±10	±10	±10
额定频率/Hz	50	50	50	50

续表 3-46

技术参数	加热设备规格			
	ϕ150 系列	ϕ180 系列	ϕ230 系列	ϕ300 系列
相数/相	3	3	3	3
变压器容量/kV·A	1000	1600	2000	2000
工频进线电压/kV	10	10	10	10
控制回路电压/V	380	380	380	380
感应器尺寸/mm×mm	ϕ260×2400			
吨电耗/$W\cdot h\cdot t^{-1}$		260	250	
耗水量/$m^3\cdot h^{-1}$		18	22	25
进水压力/MPa	0.2～0.3	0.2～0.3	0.2～0.3	0.2～0.3
进水温度/℃	5～30	5～30	5～30	5～30
水质要求	pH 7～8,总硬度≤10,电导率<500 μS/cm,固体总量≤250 mg/L			
动作节拍/s·支$^{-1}$		120 可调	120 可调	
生产效率/$t\cdot h^{-1}$		4	5	6

有关挤压设备本系列丛书中设有专著,需要时可查询该专著,这里就不再详细论述。

3.3.4 冷轧管

二辊周期式冷轧管法是冷凝器管材挤压供坯生产方法中应用较为广泛的一种。与拉伸变形方法相比,其最大优点是在三向压应力状态下进行合金的冷变形,具有更易发挥金属塑性的应力状态。在多段孔型中金属可以实现分散变形,故可采用较大的加工率,特别是现代长行程环孔型轧机,一遍冷轧可以相当于多道次拉伸,其变形延伸系数可达 4～8,断面减缩率可达 75%～87%。减少了多道次的工艺损失以及中间退火次数,大大缩短了产品的生产流程,提高成品率。由于冷轧管采用锥形芯棒,管子在冷轧过程中可获得高达 25%～26%的减径率。冷轧管法有较强的纠正管坯偏心的能力,可得到尺寸精确、表面光洁的高质量制品。现代的冷轧管机采用计算机程序控制、人机界面,实现了操作自动化,降低了劳动强度。但是,冷轧管方法也存在一次性投资高、设备复杂、操作和维修技术要求较高以及噪声较大等问题。

3.3.4.1 冷轧管工艺参数的选择

A 孔型系列的选择

选择二辊周期式冷轧管机的孔型系列实际上是选择冷轧管坯尺寸与轧制成品尺寸。根据冷凝管的产品规格，选择型号为55～80系列的冷轧管机较为适宜，每台轧机上可配置1～3套孔型系列。轧机确定后可依据本企业挤压机的能力及挤制管坯的规格和准备生产的冷凝管合金的性能、规格尺寸范围及轧制产品质量要求确定孔型。确定孔型的原则是在所生产合金的塑性范围内，在保证轧制产品质量的同时尽可能采用大的加工率，使合金的塑性在轧管工序中充分发挥，从而获得最接近成品规格的轧制管坯规格。这里应提醒注意的是：冷凝管合金中所承受变形的能力不尽相同，锡黄铜管轧制时变形量应控制在73%以下；铝黄铜在80%以下；白铜则可给予80%以上的变形量。对生产多品种、多牌号、多规格的企业，应在本环节将所要生产的所有品种、牌号及规格因素一并考虑，找出一个既能全面兼顾，而对某一品种来说又无过多设备能力和合金性能浪费的方案。根据确定的孔型系列及合金的特性最后确定管坯和轧制成品的具体规格。冷凝管合金适宜的加工率范围列于表3-47，常用冷轧管机孔型系列列于表3-48。

表3-47 凝管合金适宜的加工率范围

轧机型号	延伸系数 λ	加工率 ε/%
80系列	3.8～8.0	72～88
55系列	3.5～6.5	70～85

表3-48 常用冷轧管机孔型系列

轧机型号	孔型系列
80系列	100 mm×80 mm，80 mm×56 mm，65 mm×42 mm，65 mm×38 mm
55系列	74 mm×56 mm，65 mm×38 mm，55 mm×32 mm

B 行程次数与送进量

二辊冷轧管机工作时机架的往复行程次数和管坯送进量是决定冷轧管生产效率的重要参数。正常轧制时,机架的往复行程次数和送进量,应根据被轧金属的塑性、变形抗力、延伸系数和产品尺寸精度、设备能力等因素确定。影响送进量和轧机往复次数的关键因素就是金属的塑性和变形抗力,对塑性差、变形抗力大的金属,送进量就受到一定限制,比如锡黄铜。往复行程次数除了与金属塑性变形抗力小和加工率有关外,还与设备能力、制造安装精度、相关部件的强度以及送进量有关。在轧机能力允许、金属塑性可行的情况下,应尽量采用大的送进量和快的行程次数,以便充分发挥轧管机的能力和合金的塑性,提高生产效率。对同一孔型系轧制相同牌号的合金,当延伸系数大时,送进量应相对小些;当轧制产品尺寸精度要求较高时,送进量也不宜选择过大。在确定行程次数与送进量的工艺参数时,应对上述因素进行综合考虑,以便得出一个合理的、切实可行的实施方案。二辊冷轧管机机架行程次数和送进量实例列于表 3-49。

表 3-49 二辊冷轧管机机架行程次数与送进量

轧机型号	孔型系列	行程次数 /次·min^{-1}	送进量 /mm
80 系列	100 mm×80 mm	60～65	3～12
	80 mm×56 mm		
	65 mm×42 mm		
	65 mm×38 mm		
55 系列	74 mm×56 mm	75～85	8～12
	65 mm×38 mm		
	55 mm×32 mm		

C 冷轧管的润滑

冷凝管合金变形热较大,因而轧管润滑十分重要,润滑的作用:一是冷却;二是润滑。内表面的润滑可减少芯棒与管坯内表面之间的摩擦,同时减小脱芯力;外表面润滑可减少孔型与管坯间的摩擦,从而减小轧制压力和轴向轧制力,避免工具的过热,延长工具的使用寿命,减轻送料机构和主传动机构的负荷,提高轧管的综合效益。目前使用较多的是现代高速二辊环孔型冷轧管机,在轧制铜冷凝管合金时多采用乳液作为润滑剂。管坯的内表面以喷射或流注方式注入管内,外表面是将乳液直接喷射在工作锥上,以便兼顾冷却和润滑的需要。目前市场上乳液的种类和型号很多,可以直接采购按要求配比配制好的,也可采购乳膏自行配制,还可以将润滑事项承包给乳液供应商,按需要定期检查更换乳液并按所生产品种的牌号选择不同型号或不同浓度配比的乳液。乳液成分实例列于表 3-50。

表 3-50 乳液成分实例

成 分	变压器油	油酸	三乙醇胺	碳酸钠	水
配比/%	31	8.0	2.0	2.0	余量

配制方法:

先将变压器油、油酸混合后搅拌,再加入碳酸钠水溶液搅拌乳化,再加入三乙醇胺,再搅拌,最后加入余量的水,搅拌即成乳膏。使用时按所需浓度加水搅拌即可。

乳化液的选用与配制还要注意防止细菌滋生变质。

在轧制一些难变形合金时,如 BFe30 - 1 - 1,如发现轧制过程有润滑不良的情况,可在管坯的内外表面涂抹一些氯化石蜡,以增强润滑效果,保证轧制过程的正常进行。

3.3.4.2 轧制管坯质量要求

现代冷轧管机由于设备精度及电控精确程度的提高,对轧制管坯的尺寸及公差要求也相应提高。电控精准程度越高,管坯的尺寸精度也应同步提升,如管坯尺寸偏差不能满足设备要求,则有可能给实现轧制过程造成困难,甚至导致设备损坏。因此,对于偏心严重、尺寸均一程度差、直度不好的管坯,是不适合用作现代冷轧管机坯料的。

A 尺寸公差

现代环孔型冷轧管机管坯外径及壁厚允许偏差分别列于表3-51和表3-52,使用半孔型冷轧管机的管坯尺寸偏差可根据其设备电控精度在此基础上适当放宽。

表3-51 外径允许偏差

外径/mm	55	65	74	80	100
偏差/mm	±1.0	±1.0	+1.5 -0.5	+1.5 -0.5	+1.5 -0.5

表3-52 壁厚允许偏差

壁厚/mm	2	3.5	5	6	7.5	10
偏差/mm	±0.2	±0.35	±0.5	±0.6	±0.75	±1.0

B 内外表面质量

管坯内外表面质量应符合以下要求:

(1) 管坯内外表面应清洁、干净,不得有裂纹、起皮、起泡、夹渣、金属压入物和严重的凹坑、划沟等缺陷;

(2) 轻微的压坑、夹杂、划沟、擦伤等外表面缺陷允许修理,修理后表面应保持过渡平滑,深度不应超出外径壁厚的允许公差;

(3) 管坯端面应锯切整齐,切斜度不超过2 mm,清除毛刺,吹净管内锯屑及其他脏物;

(4) 管坯应进行矫直,每米弯曲度小于2 mm,全长弯曲度应确保芯棒顺利穿入管坯并使轧制顺利进行。

3.3.4.3 冷轧管操作要点及注意事项

A 生产前检查

检查工作机架滑道、床身滑道、齿条有无杂物;检查设备及周围有无障碍;检查孔型入口和出口卡盘的卡爪等工具是否符合所轧管子的规格要求;检查管坯是否符合管坯质量要求,最小管坯内径只能比名义内径小 1 mm;检查各油位是否符合设备使用的要求。

B 开机准备

开机应做以下准备:

(1) 对各手动加油点进行润滑;

(2) 液压站、稀油润滑系统、工艺润滑系统、气动系统确认正常;

(3) 开机后先以低速空运转 5 min,确认轧机各部位无故障后方可进行正常轧制。

C 操作注意事项

操作注意事项如下:

(1) 开始轧制的 3 根管子应以较低的工作速度轧制,然后再转入正常轧制速度生产。

(2) 新孔型轧槽两边的棱角要打磨圆滑,保持光滑整齐。在轧制过程中,仔细检查轧出管材的内外表面质量及尺寸偏差是否达到工序标准的要求,有无轧折、竹节、耳子和压入物等缺陷。

(3) 孔型使用一段时间后要用塞尺检查孔型间隙,其间隙为 0.15~0.9 mm,超过此范围要及时磨光,有缺陷的应及时更换。

(4) 轧制薄壁管材当两管坯进入交接区域时,操作人员应注意减慢速度,防止轧出管子发生搭接。

(5) 工作机架及孔型等,使用后要擦拭干净,机架下面的脏物、铜皮、破布等要及时清理干净,过滤网要经常检查,使之有效。

(6) 换孔型时,严格用锤敲打孔型的工作面,并要做好防护,以免磕伤孔型及设备。

3.3.4.4 冷轧管的生产能力

A 冷轧管生产能力

冷轧管机的生产能力,可通过计算每小时轧出管子的长度或重量得出,每小时轧出管子的重量可按下式计算:

$$Q = 60 \times 10^{-6} k_1 k_2 \rho F m n \tag{3-18}$$

式中　Q——每小时生产能力，kg/h；

k_1——轧机线数；

k_2——设备利用系数，通常取 $k_2 = 0.8 \sim 0.9$；

ρ——轧制金属密度，g/cm^3；

F——轧制管坯的横截面积，mm^2；

m——送进量，mm/次；

n——机架往复行程次数，次/min。

B　提高轧管机生产能力的途径

从式 3-18 可以看出，轧管机的生产能力与轧管机送进量、往复行程次数、轧机线数及轧管机设备利用系数有关。

(1) 送进量：选择适宜的送进量，合理设计孔型，在设备参数和合金性能允许的情况下尽可能地增加孔型压下段长度从而提高送进量。采取措施提高被轧金属的塑性也可以使送进量提高，如对硬态管进行退火等。

(2) 往复行程次数：当送进量小或轧制塑性较好的合金或轧制厚壁管时，可适当提高行程次数。合理设计主传动装置结构，提高机架性能，如在主传动部分增加平衡装置、减轻运动部分重量等也可提高轧机速度。

(3) 轧制线数：与单线轧管机比，采用双线或多线轧制设备可提高轧管机生产效率，但多线轧制设备的生产能力并不是与其线数同倍增长，往往是小于其线数的倍数。

(4) 设备利用系数：采用连续式上料的冷轧管机，其设备利用系数大于间歇式。

多年来生产实践表明：一个企业在现有轧制设备的条件下，要想通过提高送进量、行程次数、增加轧制线数来提高生产能力，都会受到设备本身、金属塑性和工具等诸多条件的限制，潜力也往往很有限。而在生产过程中加强设备的维护和保养、提高设备完好率、减少停机时间对提高生产能力的重要影响却往往有着很大的潜力。

3.3.4.5 冷轧管工具

冷轧管的主要生产工具是孔型和芯棒，孔型和芯棒的设计是一项复杂而专业的任务。现在这项繁杂且计算量大的工作大多被计算机替代，不再依靠手工计算。我们可以根据自己的需要向工具制造厂提出相关工艺参数及要求，可直接采购到适合于本企业的轧管工具。

3.3.4.6 冷轧管缺陷及消除方法

二辊周期式冷轧管机在生产过程中常见的缺陷大部分是与设备调整、工具设计、工具制造以及操作不当等因素有关。常见的产品缺陷、产生原因及消除方法列于表 3-53。

表 3-53 冷轧管产品缺陷、产生原因及消除方法

缺陷类型	产生原因	消除方法
飞边压入 飞边 压入	1. 送进量过大或送进量不稳定，超出孔型所能包容的金属宽展量； 2. 上轧辊压下不足或孔型低于轧辊造成孔型间隙过大(指半圆孔型)； 3. 孔型设计不当，开口过小； 4. 管坯回转角度不当或未转动； 5. 孔型与芯棒尺寸配合不当，芯棒大头尺寸小于设计尺寸或孔型太深及孔型宽展与高度不相适应，造成金属局部集中压下； 6. 安全垫一侧变形造成孔型间隙不一致； 7. 孔型局部严重磨损，导致金属压下量增大； 8. 管坯偏心严重，造成一侧加工率过大	1. 正确设计孔型、芯棒，使之能相互匹配； 2. 正确调整管坯送进、回转机构； 3. 调整孔型间隙，检查工作锥体； 4. 经常检查孔型磨损情况，修理或更换已磨损的孔型，加强内外表面润滑

续表 3-53

缺陷类型	产生原因	消除方法
轧制裂纹 +ε c b_1 a b c_1 a b b a c −ε 前轧 回轧	1. 管坯挤压温度过低或退火不均，使管坯残余应力未彻底消除而导致管坯塑性降低； 2. 轧制加工率过大，送进量过大或送进量不均，降低了轧制过程的变形分散度； 3. 孔型开口过大或孔型错位，造成管坯延伸不均； 4. 芯棒选择不当或减径量过大，造成集中压下	1. 将管坯重新退火，提高退火温度或延长退火时间； 2. 重新制定工艺，合理控制加工率； 3. 减小和调匀送进量； 4. 设计合理的孔型开口尺寸； 5. 选择与孔型相匹配的合适芯棒，避免减径后出现瞬时加工率过大的现象。
压痕 辊型错位 孔型开口度小	1. 上下孔型错位，孔型边缘啃伤工作锥体； 2. 孔型开口太小，金属充满孔型开口后被孔型边缘啃伤； 3. 孔型边缘损坏或磨损严重； 4. 孔型不成对，导致孔型开口不对称； 5. 安全垫变形，使孔型间隙不一致，导致间隙大的一侧孔型金属过充满，间隙小的一侧孔型边缘移近轧制中心线而啃伤工作锥体	1. 调整孔型的位错，保证孔型成对并对正； 2. 合理设计孔型开口尺寸，保证孔型间隙一致
环状波纹 环形压痕 环形压痕	1. 孔型精整段开口不圆滑或过小； 2. 送进量过大； 3. 芯棒位置调整不合适，在管内啃出一个个圆环； 4. 芯棒尺寸选择不当或轧制时振动过大所造成	发现环状波纹应立即停机检查，适当减小送进量，合理的选择和调整芯棒的位置

续表 3-53

缺陷类型	产生原因	消除方法
竹节痕 竹节 定径段磨损严重 竹节 送进量过大或加工率过大	1. 送进量过大或加工率过大,导致精整段长度不足; 2. 孔型在定径段上尺寸磨损严重,使得定径段的孔径不均匀或孔型压下段向前移位,导致孔型精整段长度不够造成精整不足; 3. 孔型开口度过大或辊缝间隙大或回转机构调整不当	1. 适当减小送进量,合理的选择加工率; 2. 设计孔型时应合理分配孔型各段的长度及孔型开口; 3. 对出现问题的孔型及时修磨或更换
划 伤	外表面螺旋状划伤主要是由于成品卡爪不光洁,或卡爪表面粘有金属所致,这种划伤有规律的存在; 无明显规律的划伤多由上料槽、导套、导路、夹送辊、出料槽等不光洁,粘金属等造成; 管材内表面的划伤,主要是芯杆表面存在毛刺、表面不光洁或表面粘金属等	保持与管坯和成品接触的工具、导路、料槽表面清洁,除去毛刺及所粘金属
金属压入	管坯内外表面未清理干净、粘有金属,乳液太脏,芯杆表面或孔型磨损剥落的金属异物残留在管坯上	认真清理管坯内外表面,更换清洁乳液,清理和磨光芯杆和孔型表面
管材尺寸超差	1. 管坯本身偏心过大,经轧制后仍无法纠偏; 2. 孔型芯棒尺寸不合或位置不当; 3. 因送进量过大而引起的竹节痕; 4. 孔型磨损严重、孔型的椭圆度过大、孔型间隙不一致、回转角不合适等	1. 控制管材外径尺寸偏差和壁厚不均; 2. 检查轧制管坯壁厚偏心率是否符合要求; 3. 合理控制送进量;正确选择孔型、芯棒;合理调整芯棒位置、孔型间隙以及回转角度等

续表 3-53

缺陷类型	产生原因	消除方法
搭 接	1. 管坯弯曲、壁厚不均以及端头没切齐都可能造成在轧制时轴向力太大或芯棒的脱开力过大而产生搭接； 2. 成品卡爪的夹持力过紧或工作不正常也可引起前、后料的搭接	1. 对轧制管坯的壁厚和切口先行检查； 2. 发生弯曲的管坯应重新矫直； 3. 采用合适的润滑油及润滑方式； 4. 高速轧制时宜增加成品抛出机构

在实际生产过程中，有些缺陷之间并无明显的界限，如经轧制后的挤压夹灰或较深划沟所形成的缺陷往往和飞边相似，我们可以利用下述方法加以区别：一是从长度上看，飞边长度有限，一般不超过送进量×延伸系数的值，而夹灰长度远超过这一数值；二是从外形上看，飞边的边缘呈细小锯齿状，并顺着转角的方向侧向一边，夹灰则沿轴线方向呈一字形；三是用刮刀刮开检查，飞边一般较浅，刮开后内部较干净，而夹灰则比较深，由于包罗着氧化皮等脏物，刮开后里面较脏。再比如一些挤压裂纹往往在轧制过程中才暴露出来，比较常见的是横向裂纹，它的产生原因主要是挤压温度－速度控制不当引起的。

还有一些典型的缺陷，掌握以后可很方便地帮助我们鉴别与分析问题，如轧制 HSn70－1 等塑性较差的合金时，易出现与管材的轴线方向成 45°夹角或呈三角口状的裂纹，用手触摸会有凹凸感，经震动或存放一段时间后会开裂。出现这种情况是由于轧制过程存在着不均匀变形并因此产生附加拉应力所致，这时在工具完好的情况下只需减小加工率将送进量减小即可。

总之，在生产实际中，为了提高轧制产品的质量和生产效率应尽可能地避免或减少缺陷的产生，操作人员应经常地检查设备、管坯及工具等可能引起产品缺陷的因素，发现问题及时处理；同时不断提高自身的操作水平，避免误操作，这样才可以保证质量和效率的完美结合。

3.3.4.7 二辊周期式冷轧管设备

A 德国冷轧管机

德国自 1935 年发明“皮尔格”(即周期式)冷轧管机以来,至今已有八十多年的历史,其结构和性能已得到了很大地改进和完善。从最初的短行程半孔型冷轧管机发展到今天的长行程、环孔型、多线、高速冷轧管机,实现了回程,也实施变形,从而提高了轧机效率,使芯棒承受的压力降低,轧辊寿命增长,成品精度提高。设备的改进主要体现在以下几个方面。

为配合管材的盘法生产,轧机配备了在线自动盘卷装置。盘卷机的两个盘框布置在水平面内,当一根管轧完后,盘卷即自动回转 180°,一个盘卷,一个卸卷。在盘卷机的入口处,由两组直流电机传动的旋转夹紧辊保证匀速盘卷并与盘卷同步。由于轧制是周期进行,而盘卷是连续进行,所以在盘卷机前的入口槽是一个中部有一定宽度的弧形槽,允许轧出的管子在夹紧辊前形成一个自然小活套,以协调轧机与盘卷机的速度。此外,增减速的时间很短,管子转动是在 1/100 s 内完成的。管子的转动方向也和轧制直管时不一样,不能单方向转动,而要正反交替转动。由于轧后管子前端为非自由端,因此,对管子施加给进和转动的力相应要大一些。

冷轧管机机架方面的改进是由开口改为闭口,由此提高了机架的刚度和缩短了换辊时间。原来换辊需打开机架上横梁,从机架上方卸、装轧辊,每次换辊约需 2 h,而采用闭式机架后,用换辊小车从机架侧面将组装好的成套轧辊架装上即可,其耗时约半小时。机架形式与换辊装置示于图 3-21。

轧制工具如孔型、芯棒均采用计算机设计,用精度达 0.01 mm 的专用方形车床加工,热处理保证孔型和芯棒的硬度达到 HRC55~56,并采用精度达 2~3 μm 的高精度数控磨床精磨。孔型在心轴上的装、卸设有专门的感应加热装置。环孔型剖面示意图示于图 3-22。

图 3-21 机架形式与换辊装置

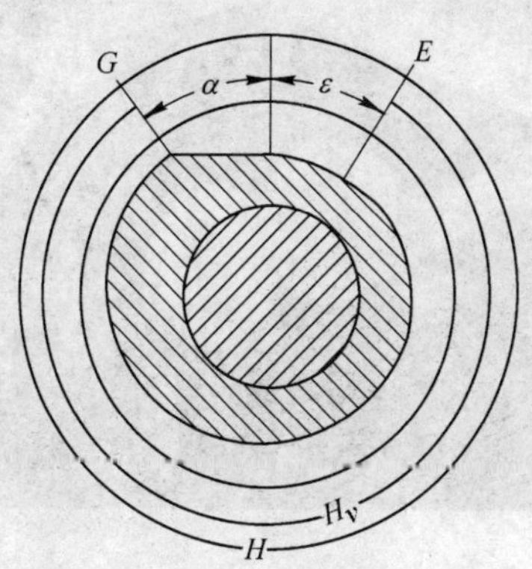

图 3-22 环孔型剖面示意图

G—喂入出口段 AT；E—喂入入口段 ET；

H 机架行程；H_v—轧制行程(压缩变形段)

近几年研制开发出 KPW50～75DMRK 新型冷轧管机，主要特点是：

(1) 带有水平轴的主传动装置具有合适的配重平衡系统。新旧型号轧机配重平衡系统示意图示于图 3-23。

(2) 地坑浅，曲轴传动装置布置在浅地坑里，如图 3-24 所示。

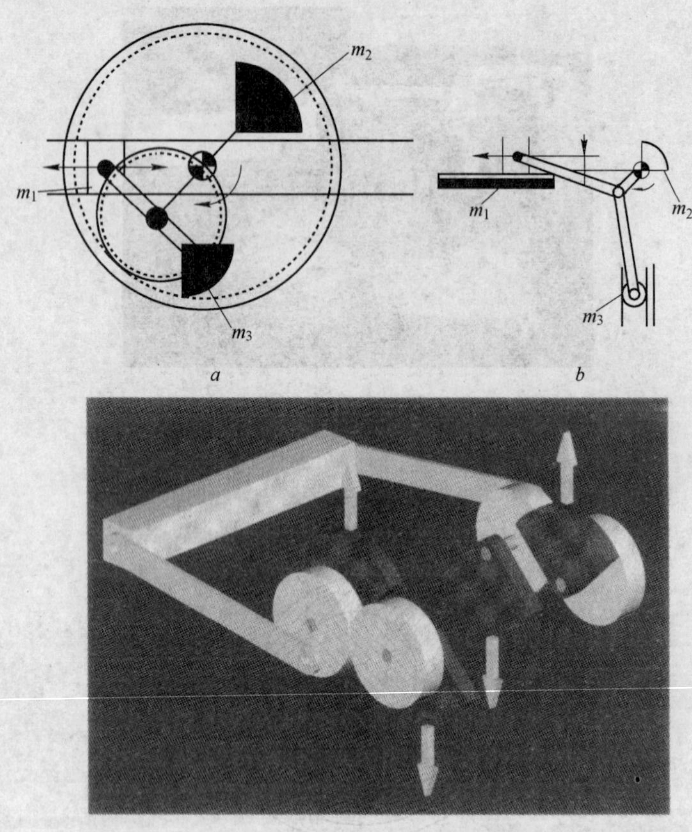

图 3-23　新旧型号轧机配重平衡系统示意图

a—新 HM 型；b—旧 HM 型；c—新 DM 型(双平衡块)

(3) 轧机机架位于曲轴传动装置前端,用连杆连接。

(4) 齿轮润滑剂完全与轧辊油/乳化液分隔。

(5) 机械开关装置采用多台电子同步直流电机驱动。

(6) 可采用机械方式支撑的侧面换辊装置。

表 3-54 列出了德国西马克米尔公司所生产的各类周期式冷轧管机的主要技术参数,表 3-55 列出了新旧型号冷轧管机的主要技术参数比较。

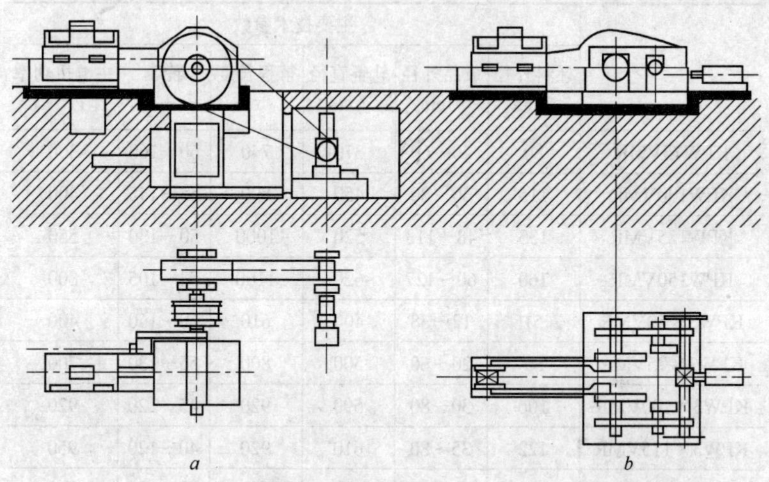

图 3-24 两种型号轧机安装图示

a—KPW50VMR 型轧机；*b*—KPW50DMRK 型轧机

表 3-54 各类周期式冷轧管机的主要技术参数

型号	主要技术参数					
	坯料外径 /mm	成品外径 /mm	轧辊直径 /mm	行程长度 /mm	转速 /r·min^{-1}	主电机功率 /kW
KPW50V	51	14～38	280	370	75～190	90
KPW75V	76	20～60	330	455	60～160	130
KPW100V	102	30～80	403	545	55～145	240
KPW125V	133	48～113	480	630	50～130	350
KPW175V	175	76～150	640	840	38～90	650
KPW225V	230	114～205	760	950	38～75	1200
KPW250V	260	140～230	800	950	20～45	1000
KPW25VMR	28	2～20	185	360	100～260	37
KPW25VMR	32	10～34	205	305	100～260	45
KPW50VMR	51	14～38	300	600	75～190	165

续表 3-54

型　号	主要技术参数					
	坯料外径/mm	成品外径/mm	轧辊直径/mm	行程长度/mm	转速/r·min^{-1}	主电机功率/kW
KPW75VMR	80	20～60	370	740	60～160	300
KPW100VMR	115	30～80	450	890	55～145	400
KPW125VMR	133	48～113	520	1000	50～130	550
KPW150VMR	160	60～127	620	1100	53～105	800
KPW3×50VMR	51	12～38	400	610	60～160	400
KPW3×75VMR	80	20～60	500	800	55～130	700
KPW3×100VMR	106	30～80	590	920	45～120	920
KPW3×115VMR	122	35～80	610	920	40～120	950
SKW50VMR	51	14～38	300	680	70～180	200
SKW75VMR	30	20～60	370	820	60～150	350
SKW100VMR	115	30～80	450	980	50～110	500
SKW150VMR	160	50～120	580	1100	40～100	960

表 3-55　新旧型号冷轧管机主要技术参数比较

技术参数	普通型			新型		
	KPW25 VMR	KPW50 VMR	KPW75 VMR	KPW25 HMRK	KPW50 DMRK	KPW75 DMRK
工作方式	间歇式	间歇式	间歇式	连续式	连续式	连续式
最大行程次数/次·min^{-1}	260	180	150	320	250	190
最大管坯直径/mm	32	51	85	33	51	85
最大成品直径/mm	23	38	60	25	38	60
最小成品直径/mm	8	14	20	8	14	20
轧辊直径/mm	205	300	375	208	300	375
行程长度/mm	411	862	1023	490	862	1023

B 俄罗斯冷轧管机

前苏联从1934年开始研制生产周期式冷轧管机,用于钢铁和有色等行业合金管材的生产。目前新型的XΠT双线冷轧管机有如下优点:

(1) 连续给料的双线冷轧管机的生产能力是单线机的1.95倍,轧制管材的精度与单线机相同,每条轧制线都是单独进行调整,相互无影响。

(2) 轧管机的配置是一根管子在上,另一根管子在下,两条轧制线处于同一垂直平面内。这种配置方式既便于操作,设备占地面积又小。

(3) 轧机使用环孔型,代替了原有的半圆孔型和马蹄形孔型,这种孔型是最先进的孔型类型,其工作区较长,整个孔型为一完整的弧形孔,从而使变形均匀稳定。

(4) 工作机座移动时惯性力和力矩能获得平衡,并且设备基础深度不超过1.5 m。

(5) 轧机在轧制过程中实现双回转,与单回转相比,能使成品管材的几何尺寸具有更高的精度。

(6) 给料机械化是由送进夹持器(也称管坯卡盘)完成的。凸轮夹住管材,一个周期只进行一次给料,在保证精确送进和高速送进的同时,使用两个交替工作的管坯卡盘保证连续给料,由此可使轧机长度缩短6~8 m。

(7) 轧机配有管材无屑旋切装置,可在轧制过程中不停机的状态下进行定尺切断。

(8) 由于配置有成品受料台,因而可轧制长度达250 m的长管。受料台大部分置于地面标高以下的位置,由此,显著降低了轧机的占地面积。

表3-56列出了XΠT40~350型冷轧管机的主要技术性能。

C 我国周期式冷轧管机

我国周期式冷轧管机的研制始于20世纪60年代初期,主要是消化吸收XΠT类型的冷轧管机,近10年来,国产周期式冷轧管

表 3-56　XIIT40～350 型冷轧管机的主要技术性能

技术参数	冷轧管机型号					
	XIIT40	XIIT60	XIIT150	XIIT200	XIIT280	XIIT350
管坯直径/mm	40	60	150	200	280	350
成品直径/mm	8～25	16～40	80～120	100～160	140～250	160～300
壁厚/mm	0.2～3	0.3～5	1.0～15	1.5～20	2～30	3～30
轧辊直径/mm	220	300	480	650	750	850
工作机座行程/mm	600	800	1200	1400	1480	1480
轧辊回转角度/(°)	327	316	338	330	300	300
送进量/mm	2～20	2～20	4～40	4～40	4～40	4～40
管材回转角度/(°)	53°×2					
垂直压力/kN	400	800	3000	5000	6000	7000
机座行程次数/次·min^{-1}	180	150	80	70		
电机功率/kW	100	150	450	900	900	1200
生产能力/m·h^{-1}	30～400	30～400	30～200	30～200	30～200	30～150

机在结构和速度上有较大的改进与提高。

a　周期式冷轧管机标准的制订

为配合和引导国产冷轧管机的研发和生产，我国先后制订了相关的技术标准，如 JB/T2477《二辊式冷轧管机　主要参数》、JB/T5786《冷轧管机》、JB/T9048《冷轧管机　噪声测量与限值》等。表 3-57 列出了二辊式冷轧管机的主要参数。

表 3-57　二辊式冷轧管机的主要参数

轧机规格/mm	成品管外径/mm
30	15～30
60	25～60

续表 3-57

轧机规格/mm	成品管外径/mm
90	50～90
120	80～120
180	110～180
250	170～250
450	240～450

b 国内周期式冷轧管机的研究与生产

洛阳矿山机器厂是国内第一家研制生产这种设备的厂家,也是原一机部的定点生产厂,30 多年来,该厂研制生产了近 10 种型号、近百台的冷轧管机。该厂生产的新型 GHL 系列高速冷轧管机特点是:采用动力平衡,实现高速轧制;采用环孔型,实现长行程轧制;采用不停车给料,实现连续轧制;采用 PLC 和编程及全数字式自动控制系统,实现自动化操作;还开发了管坯盘卷装置。

洛阳市双勇机器制造有限公司在消化吸收国内外 20 世纪 90 年代先进冷轧管机技术的基础上,在轧机设计中依据环孔型长行程轧制理论、采用国外最新直流数字调速系统,使轧机的轧制行程长、金属变形条件好、控制系统先进,实现了轧制工艺的双回转、双进给、不停机给料、连续轧制和在线卷取。该厂生产的 LGC 系列轧机结构与控制特点为:采用环孔型长行程,轧制有效工作长度分别为 1023 mm 和 1205 mm,明显地改善了金属的变形条件,提高了道次变形量,为提高成品管的产量和质量提供了保证。采用曲柄连杆带动工作机架,并将轧机主传动的电气控制定为准电流方式,该措施使曲柄齿轮系统在机架往复运动过程中,可适度地改变瞬时速度,从而减缓了冲击负荷,延长了该系统的使用寿命,与曲轴连杆带动工作机架相比减少了平衡装置。主传动采用平皮带传动,替代了复杂而易损坏、检修费用高的齿轮箱减速系统。电机负荷均匀,节约了能量。送进回转系统分别采用单独的直流调速驱动系统,彻底根除了传统的机械式结构所引发的故障率高、噪声大、维修保养不便等缺点。同时采用数控技术使得进给量均匀稳定,并方便地实现了双回转双进给工作制。采用了可以交替工作的两套芯杆卡盘和绳轮、链轮或夹送辊推料机构,实现了不停机连续给料的工作方式,提高了轧机的工作效率。轧机设置了交替工作的双小车送进、回转系统,实现了连续轧制。管坯卡盘由液压系统控制,可以在送进段任意位置夹持管坯,适应长度不等的管坯,提高了材料的利用率。轧机的工艺润滑特别是管坯内表面润滑采用了喷雾润滑方式,因此降低了生产成本,保证了生产现场的干净整洁。整机的程序控制采用可编程序控制器,保证从管坯上料到轧制成品管全过程的自动化操作。轧机设有在线卷取装置。该型号轧机的外形图示于图 3-25。

图 3-25　LGC 轧机外形图

温州永得利机械设备制造有限公司从 1997 年开始研制 LG-60-2H 型双线长行程冷轧管机,至今已生产出 7 种型号近百台轧机。该系列双线冷轧管机采用长行程环孔型、双复合曲线工模具,增强了变形能力,纠正偏心的能力可达 70%,成材率提高到 97%。2006 年新研发的 LG250-H 环孔型大规格冷轧管机通过了中国有色金属协会和浙江省科技厅的鉴定,国内首创。LG250-H 型冷轧管机的布置图和实物图分别示于图 3-26 和图 3-27。

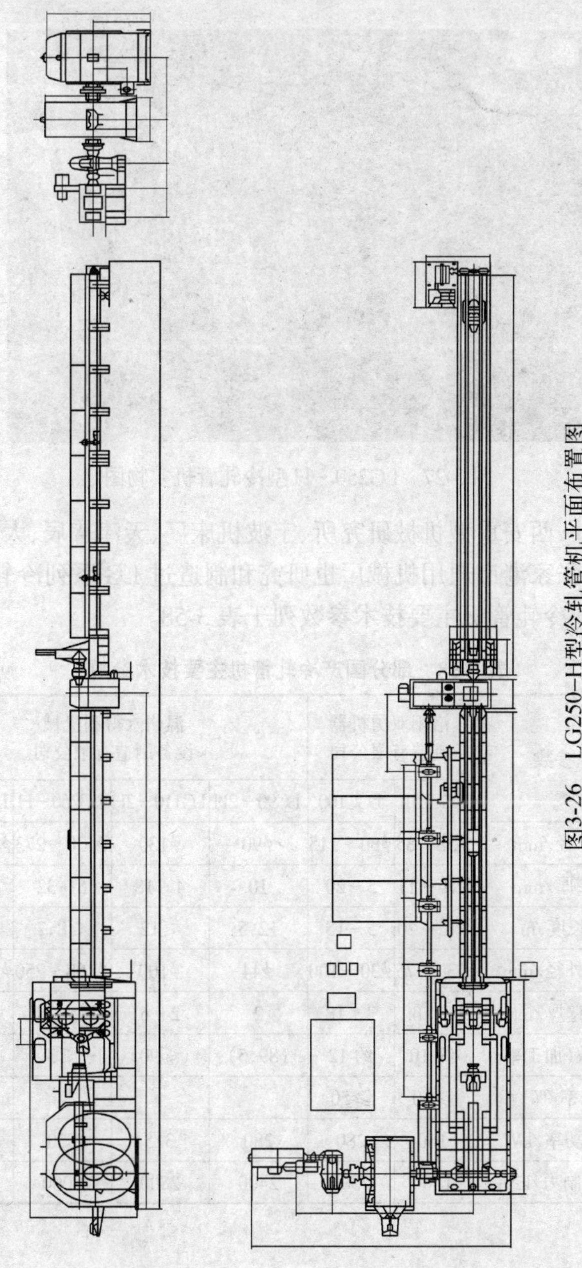

图3-26 LG250-H型冷轧管机平面布置图

图 3-27　LG250－H 型冷轧管机实物图

此外，西安重型机械研究所、宁波机床厂、天津普辰、太原重型机械厂、张家港市通用机械厂也研究和制造过 LG 系列冷轧管机。部分国产冷轧管机主要技术参数列于表 3-58。

表 3-58　部分国产冷轧管机主要技术参数

技术参数	洛阳双勇机器制造有限公司		温州永得利机械设备制造有限公司			
	LGC75II	LGC100	LG90－2H	LG110－2H	LG250－H	LG450－H
管坯外径/mm	ϕ38～85	ϕ80～115	ϕ90	ϕ130	ϕ130～273	ϕ250～480
管坯壁厚/mm	2.5～11	5～20	10	4～18	6～32	8～38
管坯长度/m	2.5～20	5～15	12.5	≤12	≤8.2	≤12
成品管外径/mm	ϕ30～75	ϕ30～100	ϕ44	ϕ100	ϕ108～250	ϕ219～450
成品管壁厚/mm	2～8	2～18	2	2～6	3～28	3～32
延伸系数(加工率)	约 10	约 12	(89.5)	(≤90)	≤3	≤3
纠偏率/%	≥50	≥50				
主电机功率/kW	160	280	280	315	550	950
最大轧制力/kN	1500	2300	2400	2800	8000	15000

续表 3-58

技术参数	洛阳双勇机器制造有限公司		温州永得利机械设备制造有限公司			
	LGC75II	LGC100	LG90－2H	LG110－2H	LG250－H	LG450－H
工作机架行程/mm	约 1023	约 1205.14	780	1100	1075	1208
工作机架双行程次数/次·min^{-1}	80	60～80	≤80	≤80	25～55	20～50
轧辊直径/mm	$\phi 370$	$\phi 450$	$\phi 370$	$\phi 530$	$\phi 780$	$\phi 780/1128$
轧辊回转角度/(°)	约 349	约 306				
送进量/mm·次$^{-1}$	4～20	2～20	2～15	2～10	2～12	2～12
送进电机功率/kW	2×22	2×22				
管坯卡盘回转电机功率/kW	19.5	19.5				
芯杆卡盘电机功率/kW	13.5	19.5				
成品卡盘电机功率/kW	7.5	7.5				
设备重量/t	75	155				

相对来说,德国西马格克米尔公司生产的周期式冷轧管机技术水平要高些,其第四代产品的设备布置紧凑、制造精度高、环孔型的角度大(工作行程大)、行程次数多送进量大、PLC 自动控制水平高、轧管质量好、生产效率高。俄罗斯研制的周期式冷轧管机总体水平比德国要差一些,但它有自己的特色,取消了曲柄连杆机构、主传动通过联结件直接带动机架往复运动;在主传动轴上采用扇形平衡锤,取消了大飞轮和复杂的地坑;根据产品要求可设置温轧装置。我国冷轧管机普遍结构简单、行程次数少,回转、送进部分与国外差距较大,但也有自己的特点,如储能器、飞轮的应用等,且设备价格具有优势。

3.3.5 拉伸

拉伸是冷凝管生产中不可缺少的重点工序之一。该工序的目的是使产品的尺寸达到要求的精度，改善制品的外观质量，提高力学性能，消除前道工序存在的轻微凹坑、划伤等缺陷。同时拉伸还可以部分地纠正管材偏心，对于油轮用大规格厚壁连接管也只有通过拉伸的生产方法获得。但是，拉伸过程应力与变形的特点决定了拉伸工艺的道次加工率小，金属两次退火间总变形量不够大，这就增加了拉伸道次和退火次数。因而，合理的冷凝管拉伸工艺设计应是通过改进工艺模具、加强润滑等一些能够减小拉伸力、增加道次加工率的措施，在保证产品质量的前提下降低成本、提高效率。

3.3.5.1 拉伸方法

冷凝管的拉伸以直条拉伸为主，小径薄壁的白铜管也可采用盘拉生产方式。

在直条拉伸中应用最广泛的有芯头拉伸(包括游动芯头、中式芯头和短芯头)、扒皮拉伸和空拉。黄铜冷凝管合金由于其加工硬化较快宜选择游动芯头、采用较大的道次加工率，经一道或二道拉伸后进行再结晶退火，之后再进行下一步加工。对于受设备或其他因素的限制，所提供坯料的径厚比较小，没有适当的减径量使用游动芯头时，可采用中式芯头或短芯头进行多道次的拉伸。白铜合金由于其良好的塑性可经 3～5 个道次的拉伸后再进行再结晶退火；如果拉伸管坯至成品的拉伸道次较少时可不进行中间退火。一直拉到成品在精整之后进行成品退火即可。

对于表面缺陷较多的管坯，在拉伸过程中可以增加一道扒皮工序，将管子表面的缺陷通过扒皮消除。扒皮的厚度一般在 0.10～0.15 mm 之间，缺陷较深一次扒皮扒不干净的还可进行二次扒皮，如有个别缺陷扒皮后不能彻底消除时，需要用人工进行修理。扒皮拉伸不仅增加了几何损失，还会导致成本和效率的浪费。所以，在生产中二次扒皮仅限于处理个案，而不能将其作为正常工艺，缺陷应尽可能消除在产生的环节。

冷凝管的成品拉伸一般情况下不允许使用空拉方法，特别是火力发电大型临界、超临界机组用冷凝管。空拉不仅使管材内表面状态恶化，还会使管材的尺寸精度和弯曲度变差。但在生产厚壁铜管或需要改制料时，可以通过空拉来调整外径和壁厚尺寸或将产品改拉到需要的规格，此时应注意空拉道次不应太多，每道次减径量也不要太大。

对于直径较大的大径冷凝管，一直采用 3500 t 以上的大吨位挤压机提供大规格管坯，之后采用扩径拉伸的方法生产，如高新张铜使用的目前国内最大的 5000 t 铜挤压机，提供白铜管坯的规格可达 ϕ198 mm×8 mm，所生产的大口径白铜管规格可达 ϕ(219～324)mm×(3～10)mm。

3.3.5.2 拉伸工艺参数的确定

A 拉伸道次

拉伸道次的确定主要根据提供坯料的规格、坯料的质量状况、合金性质和拉伸工具的配合；需要保证制品具有足够的拉伸变形量，才能使制品的尺寸、表面、组织和性能满足产品的质量要求。坯料一般有挤制管坯和轧制管坯两种形式，轧制管坯金属组织比较均匀、表面质量好、尺寸偏差小，经 1～2 个道次的拉伸即可成为成品，而对于挤制管坯，特别是挤压比较小时提供的管坯，则至少需要 3 个道次以上的拉伸方可对最终的产品质量有所保证。

表面质量差的管坯在确定拉伸道次时，还要考虑拉伸过程中进行扒皮、修理等的影响，一般经扒皮拉伸的料最好是再进行1～2道的拉伸才能够将扒皮过程中产生的扒皮痕迹消除，使管材的表面达到良好的状态。

采用游动芯头拉伸时，要考虑减径量与减壁量的合理配合。当没有足够的减径量与减壁量配合时，可考虑游动芯头与中式芯头或短芯头混合使用，以使工序更为合理。

B 变形量

在管材生产中，金属变形量的大小一般用延伸系数和加工率来表示，对于某些熟悉的产品有时也使用减径量和减壁量两个变形指数进行近似计算。

延伸系数用 λ 表示：

$$\lambda = \frac{(D_0 - t_0)t_0}{(D - t)t} \tag{3-19}$$

式中 D_0、t_0——分别为拉伸前坯料的外径、壁厚；

D、t——分别为拉伸后管材的外径、壁厚。

加工率用 ε 表示：

$$\varepsilon = \frac{L - L_0}{L_0} \times 100\% \tag{3-20}$$

式中 L_0——拉伸前坯料的长度；

L——拉伸后制品的长度。

二者关系：

$$\varepsilon = \frac{\lambda - 1}{\lambda} \tag{3-21}$$

$$\lambda = \frac{1}{1 - \varepsilon} \tag{3-22}$$

在确定变形量时，除考虑金属塑性、设备能力外还要遵循 $K>1$（K 为安全系数，是被拉伸金属抗拉强度与拉伸应力的比值）的原则，它是实现拉伸过程的必要条件，只有这样才能保证绝大多数的制品在工业化大生产中不被拉断，并具有良好的尺寸精度和表面质量。多道次拉伸时还要考虑经过前道拉伸变形后材料性能的变化，一般道次延伸系数随拉伸道次的增加而减小。成品拉伸时延伸系数可适当减小，以保证制品的尺寸精度和质量。游动芯头拉伸时的道次延伸系数大于中式芯头和短芯头。白铜合金虽具有良好的塑性但因其合金强度较高，在确定道次变形量时要充分考虑设备能力。铝黄铜的金属塑性可以承受较大的道次加工率和总加工率，但因其合金中含有 2% 左右的铝，在拉伸受热之后合金极易粘附在模具上，导致制品产生拉伸缺陷，因而不适宜将变形量确定到极限。冷凝管合金两次退火间的总延伸系数和道次延伸系数列于表 3-59。使用游动芯头拉伸时，道次延伸系数可选择上限，总延伸系数选择中下限；使用中式芯头或固定短芯头时反之。

表 3-59 冷凝管合金两次退火间的延伸系数

合金牌号	两次退火间		
	总延伸系数	道次	道次延伸系数
H68A、H85A、HAl77－2、HSn70－1 HSn70－1B、HSn70－1AB	1.70～3.30	1～2	1.25～1.80
BFe30－1－1、BFe10－1－1	1.65～3.50	2～4	1.18～1.90

C 拉伸力

冷凝管的生产企业都不同数量地配备有吨位各异的拉伸设备，在拉伸工艺设计时应充分考虑设备状况，分别对每一道次的拉伸力予以核定：一是确定某道次的拉伸应在多大吨位的拉伸设备上进行，保证所设计的生产工艺既不浪费设备能力又能充分发挥合金塑性；二是合理地分配工序与设备，以平衡设备之间的生产能力。此外，拉伸力的大小对产品的生产过程和产品质量也有着相当大的影响。当设备能力远大于所需拉伸力时，不仅导致了设备能力的浪费、增大能耗，也会对拉出产品的质量产生不利影响；当设备能力小于所需拉伸力时，工艺过程将无法进行。拉伸力的计算公式许多资料上都有介绍，需要时可以查询，这里介绍一种使用游动芯头拉伸时，拉伸力的简易计算方法，实践证明该方法简单、易行、准确度较高。

$$P=\frac{\sigma_{b}F(3.2+0.49R)}{28000}\times n \tag{3-23}$$

式中 P——拉伸力，kN；

σ_b——被拉金属拉后的抗拉强度，MPa；

F——被拉金属拉后的断面积，mm^2；

R——加工率，%；

n——拉伸设备线数。

D 拉伸润滑

拉伸润滑可以降低金属与工具接触面间的摩擦，防止金属粘结工具以及工具的磨损；可以减小拉伸力、降低能耗。有了充分的润滑可以采用较大的加工率，提高拉伸生产效率。润滑还能够改善制品表面质量、提高工具使用寿命等。冷凝管生产中采用的多为液体或半液体（也称半固体）润滑剂。主要种类列于表3-60。

表3-60　冷凝管合金拉伸润滑剂主要种类

分类		品种
液体润滑剂	油性润滑剂	植物油、矿物油、合成油
	水性润滑剂	乳液
半液体润滑剂		石蜡乳液

在上述润滑剂中，植物油含有丰富的脂肪酸，其活性较高，润滑性能较好且油膜在成品处理时易于清除，是管材拉伸一种良好的润滑剂。但植物油可以食用，工业生产中不适合大量使用。

矿物油是从石油中提炼出来的油品，来源广泛、价格适中，如机油、变压器油、合成锭子油、白油等。由于它们的润滑性能不如植物油且油膜耐压力不高，所以在冷凝管的生产中很少单独使用，常用来作为乳液的成分或添加在植物油中使用。

乳液是一种矿物油和水均匀混合的物质。油与水原本不相溶，为了使油能以微小的油珠悬浮于水中并减少油和水的分层及油珠的合并，需加入乳化剂使其乳化。乳化剂由具有易溶于油的亲油基和易溶于水的亲水基组成，这两种基因不仅具有防止油水两相互相排斥的功能，而且还具有把油水两相连接起来不使其分离的作用。因而，经过乳化的油水混合液被称为乳液。乳液不仅具有良好的润滑性能，还具有很好的冷却性能且易于清除。乳液价格便宜，并可循环使用，对管材的内外表面和模具有较强的润滑和冷却作用。但使用乳液润滑时，设备需要具有乳液循环系统、液压站等配置，另外对操作人员和生产现场的卫生有不良影响。某种乳液的配比与配制方法列于表3-61。另两种乳液的配比列于表3-62。

表 3-61 某种乳液的配比与配制方法

组　成	配比(质量分数)/%	配 制 方 法	要　求
机 油	85	1. 先把机油倒入搅拌槽中,用蒸汽加热到 60℃,加入油酸,进行充分搅拌,再加入三乙醇胺,继续搅拌 30 min; 2. 加水 50%,搅拌均匀即可	保持中性,不应有分层
油 酸	10		
三乙醇胺	5		

表 3-62 其他乳液配比(质量分数,%)

型号	机油	油酸	三乙醇胺	碳酸钠	白皂	水
1号	20～25	13～15	3～5	2～3		余量
2号	13	15			12	余量

石蜡乳液是以机油、固体石蜡、油酸为主要成分,经乳化配制成的一种半液体润滑剂,其特点是液体润滑、固体拉伸。石蜡乳液的润滑性能优于上述几种润滑剂,也具有很好的冷却性能,可以改善员工的劳动条件且成本低廉。但石蜡乳液一般在 40～60℃ 的温度条件下使用、温度过高或遇酸时极易分解成块,影响周边以及操作环境;最大的不足是成品处理时清除困难,需增加专门的脱脂工序。石蜡乳液的配比与配制方法列于表 3-63。

表 3-63 石蜡乳液的配比与配制方法

组　成	配比(质量分数)/%	配 制 方 法	使　用
机 油	13.3	将机油和石蜡混合倒入搅拌槽中,加热到 60℃,持续搅拌 1 h,加入油酸,继续搅拌 1 h,搅拌温度不低于 60℃。最后分三次加入浓度为 20% 的碳酸钠水溶液,边加边搅拌,温度仍保持 60℃。自然冷却即成乳膏	将石蜡乳膏按 10% 比例加水稀释。先将水加热至 50～60℃,将乳膏放入水中搅拌溶解,均匀为止
石 蜡	12.3		
油 酸	15		
碳酸钠	3.1		
水	余量		

3.3.5.3 拉伸工艺流程的编制

在对上述工艺参数作了充分的考虑和选择后,可以制定拉伸工艺流程。有时选择确定工艺参数和制定拉伸流程是相互交叉的,当某方面出现障碍或达不到期望值时,可以相互作出调整。

A　拉伸工艺流程编制步骤

拉伸工艺流程的编制步骤:

(1) 根据现有设备能力和已有的坯料系列确定坯料的规格;

(2) 计算总延伸系数和现场实际经验,确定拉伸道次和中间退火次数;

(3) 根据总减径量、总减壁量和拉伸道次确定各道次拉伸后的管子尺寸;

(4) 计算各道次的延伸系数,游动芯头拉伸时需要校核拉模和游动芯头尺寸是否能够顺利穿芯杆及拉伸时无过模现象的要求,必要时可进行部分调整;

(5) 计算拉伸力,校核拉伸应力。

B　坯料长度的确定

一般情况下,在编制完毕拉伸流程后都要进行所需坯料长度的计算,坯料长度可能会涉及到几个相关的过程,比如拉伸管坯、轧制管坯、挤压管坯直至铸锭长度。计算过程一般是根据成品的长度和每个工序的延伸系数自后向前反推,分别加上各经过工序几何损失的总和。各工序的几何损失因生产方式、设备、人员的操作水平等因素的不同而各异。

拉伸坯料长度可以用下式计算:

$$l_0 = \frac{Nl + l_1}{\lambda_\Sigma} \tag{3-24}$$

式中　l——制品定尺长度, mm;

l_0——坯料长度, mm;

l_1——成品锯切时切头、切尾长度, mm;

N——锯切成品根数,取整数。

λ_Σ——总延伸系数。

坯料在拉伸过程中,一般都要经过多次锯切、中断,可依据式3-24逐道次向上类推,算出坯料长度。

C　拉伸流程编制示例

例 1：制定 HSn70－1 ϕ25.4 mm×1.15 mm×13120 mm 冷凝管的游动芯头拉伸流程。

解：(1) 根据已有挤压管坯系列，选择 ϕ52 mm×3.5 mm 规格的管坯；

(2) 根据成品、坯料尺寸算出总的延伸系数 $\lambda_{\Sigma}=6.09$；

(3) 根据总延伸系数：

$$确定拉伸道次：n_{道}=\frac{\lg 6.09}{\lg 1.8}=3.04，取4道$$

$$确定退火次数：n_{退}=\frac{\lg 6.09}{\lg 3.0}=1.64，取2次；$$

(4) 根据总减径量 26.6 mm 和总减壁量 2.35 mm，按 4 个拉伸道次确定各道次拉伸后的尺寸；

(5) 计算各道次的延伸系数，确定退火工序；

(6) 根据各道次拉伸后规格校核拉模和游动芯头尺寸是否符合顺利穿芯杆及拉伸无过模现象的要求，有出入时进行调整；

(7) 根据道次加工率或总加工率在相关资料上查出该合金的抗拉强度，按式 3-23 计算出每道次的拉伸力，校核拉伸应力是否小于许用应力。

计算结果列于表 3-64。

表 3-64　拉伸流程计算结果

道 次	拉伸后规格 /mm×mm	延伸系数 λ	拉模尺寸 /mm	游芯尺寸 /mm	许用应力 /MPa	拉伸应力 /MPa	拉伸力 /kN
管 坯	52×3.5						
1	42×2.45	1.75	ϕ42	38.5/42.5	635	549	167.0
	退火						
2	36×1.60	1.75	ϕ36	32.8/37.0	635	549	95.0
	退火						
3	30×1.30	1.48	ϕ30	27.4/31.3	570	388	45.4
4	25.4×1.15	1.34	ϕ25.4	23.1/26.2	670	658	57.6

例 2: 半连续铸锭,采用挤－轧－拉法生产 300MW 机组用 BFe30－1－1 冷凝管,规格为 ϕ28 mm×1 mm×11200 mm,冷轧机供坯规格为 ϕ42 mm×2 mm,编制拉伸流程。

解:(1) 根据成品、坯料尺寸算出总的延伸系数 $\lambda_{\Sigma}=2.96$。

(2) BFe30－1－1 半连续铸锭、脱皮挤压,管坯的表面质量有可能存在一定的缺陷,应在拉伸过程中增加扒皮工序,扒皮厚度为 0.15 mm。扒皮工序前合金应经过一定的变形,以增加其强度和硬度,使扒皮能够顺利进行;扒皮后为保证最终产品的质量,安排 2 个道次的拉伸。这样由管坯至成品共安排 4 个道次,其中一道扒皮。

(3) 确定中间退火次数,BFe30－1－1 具有较高的塑性,在轧制管坯经完全退火后至成品总延伸系数 2.96,扣除扒皮损失总延伸系数为 2.67,未超过其允许值,所以,可不进行中间退火。

(4) 分配道次加工率,确定各道次规格。

拉伸流程计算校核结果列于表 3-65。

表 3-65 BFe30－1－1 拉伸流程

道 次	拉伸后规格 /mm×mm	延伸系数 λ	拉模尺寸 /mm	游芯尺寸 /mm
管 坯	42×2.0			
1	37×1.6	1.41	ϕ37	33.8/36.8
2	36.7×1.45		ϕ36.7 刃模	
3	32.5×1.2	1.36	ϕ32.5	30.1/33.0
4	28×1.0	1.39	ϕ28	26/28.8

D 典型产品工艺流程

典型产品工艺流程如下:

(1) 立式半连续铸锭——穿孔挤压——冷轧——拉伸工艺流程(表 3-66)。

表 3-66 立式半连续铸锭——穿孔挤压——冷轧——拉伸工艺流程

合金牌号	成品规格/mm×mm	挤制规格/mm×mm	轧制规格/mm×mm	拉伸流程
H68A 锡黄铜系	28×1.0	52×3.5		43×2.5—△—37×1.7—△—32×1.3—△—28×1.0
	25×1.0	65×5.0	36×1.6	30×1.25—25×1.0
H85A HAl77-2	42×2.0	74×7.0	56×3.0	48×2.4—△—42×2.0
	19×1.0	63×6.5	42×2.0	35×1.55—△—30×1.2—△—24×1.1—19×1.0
BFe10-1-1	20×1.0	68×6.0	38×1.9	31×1.55—30.7×1.35—25×1.15—20×1.0
BFe30-1-1	25×1.5	81×8.0	42×2.2	36×1.9—35.7×1.75—30×1.6—25×1.5

注:表中带下划线为扒皮工序;△为中间退火工序。

(2) 水平连铸空心铸锭——挤压——拉伸工艺流程(表3-67)。

表 3-67 水平连铸空心铸锭——挤压——拉伸工艺流程

合金牌号	成品规格/mm×mm	铸锭规格/mm×mm	挤制规格/mm×mm	拉伸流程
H68A 锡黄铜系	25×1	116×42	46×2.15	38×1.75—32×1.45—31.8×1.25—△—25×1.0
	28×1	116×42	46×2.15	41×1.75—35×1.45—34.8×1.25—△—28×1.0
	19×1	116×42	46×2.15	38×1.75—32×1.38—31.8×1.18—△—25×1.08—19×1.0
	25×1.5	116×42	46×2.5	38×2.2—32×1.9 31.8×1.7—△—25×1.5
BFe10-1-1	25×1	126×43	46×2.15	38×1.8—35×1.5—34.8×1.3—△—32×1.2—25×1.0
BFe30-1-1	28×1	126×43	47.8×3.1	44×2.5—41×2.1—38×1.75—37.7×1.55—△—35×1.15—28×1.0

注:表中带下划线为扒皮工序;△为中间退火工序。

3.3.5.4　拉伸工具

拉伸工具主要指的是拉模和芯头。

A　拉伸模

冷凝管拉伸普遍使用的是锥形模，如图 3-28 所示，其模子结构可分为 4 部分：润滑区、压缩区、定径带和出口带。

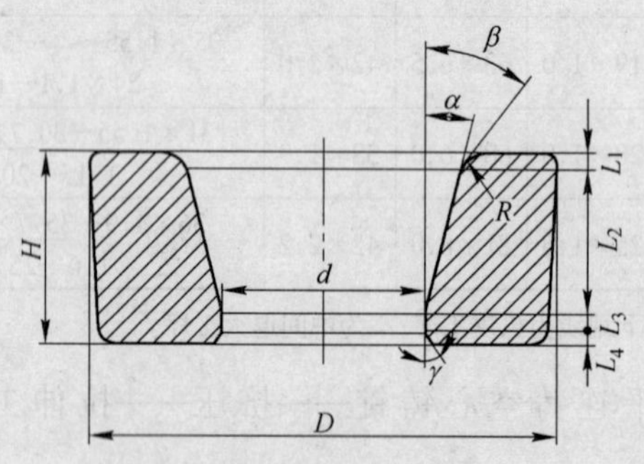

图 3-28　拉伸模结构示意图

拉伸模各部分结构与作用。

a　润滑区

润滑区也称润滑带，作用是在拉伸时便于润滑剂进入模孔，保证制品得到充分的润滑，减少摩擦，并且带走金属由于变形和摩擦所产生的部分热量，同时还可以防止划伤坯料。

润滑锥角的选择应适当，角度过大，润滑剂不易储存，造成润滑不良；角度过小，拉伸中产生的金属屑、粉末不易随润滑剂流出而堆积在模孔中，导致制品表面划伤，严重时导致拉断。实际生产的经验，锥角 β 一般为 40°～60°，其长度 l_1 可取定径带直径的 0.6～1.0倍。对不同材质的模子 β 值也有变化，一般硬质合金拉模 β 值取下限，钢模的 β 值取上限。

b　压缩区

压缩区也称变形区，是金属实现塑性变形的主要部分，该区域可使制品获得所需形状与尺寸。生产冷凝管使用的拉伸模由于变形区较长其形状多为锥形。

压缩区的模角 α 是拉模的主要参数之一。α 角过小将使坯料与模壁的接触面积增大，从而使摩擦力增大，拉伸力增大；α 角过大也不利，这将使金属在变形区中的流线急剧转弯，导致附加剪切变形增大，同样使拉伸力增大。同时模角 α 越大，单位正压力也越大，润滑剂很容易从模孔中被挤出，使润滑条件恶化。实际上拉模模角 α 存在着一最佳区间，在此区间内拉拔力最小。根据现场经验，生产冷凝管的最佳模角为 $\alpha = 12° \sim 15°$。一般模角的最佳区间随着变形程度的增加模角值增大。

压缩区长度 l_2 可用下式计算：

$$l_2 = \frac{d\sqrt{\lambda} - l}{2\tan\alpha} \tag{3-25}$$

式中 l_2——压缩区长度，mm；

d——制品或定径带直径，mm；

α——拉模角度，(°)；

λ——延伸系数。

实际生产中一般取 $l_2 = (0.7 \sim 1.0)d$，并使工作锥延伸至模子后部与润滑区边缘圆滑过渡，而润滑区在模孔入口处作一适当圆角。

c 定径带

定径带的作用是使制品进一步获得精确的形状与尺寸，并延长模子的使用寿命。定径带直径 d 的确定应考虑制品的公差、弹性变形和模子的使用寿命，其实际尺寸应比拉模名义尺寸稍小。定径带适宜的长度应保证制品尺寸精确、模子耐磨、寿命长、拉断次数少以及拉拔能耗低。定径带太短，则难以保证制品尺寸的精度，同时缩短模子的使用寿命。定径带太长，由于摩擦力增大，则使能耗增高；在使用较大延伸系数时，如果定径带太长，不仅不能保证制品的精度，还会由于拉伸力增大，位于定径带中的制品的直径会减小，以致不完全与模壁接触，使制品的尺寸产生较大的偏差。冷凝管生产中，使用游动芯头拉伸时适宜的定径带长度 l_3 应为其直径的 0.1～0.15 倍；使用中式芯头拉伸时适宜的定径带长度 l_3 应为其直径的 0.2～0.4 倍。

d 出口带

出口带也称出口锥。出口带的作用是防止金属出模孔时被划伤和模子定径带出口端因受力而引起的剥落。出口带锥角 $2\gamma=60^\circ\sim90^\circ$。出口锥长度 l_4 一般取 $(0.2\sim0.5)d$。

模子各部分的过渡交接区域应圆滑且研磨光洁，以防制品通过时，因弹性变形或拉拔方向与拉模中心线出现偏差而刮伤制品表面。

e 拉伸模厚度

拉伸模的厚度为上述各区域长度之和，即 $H=l_1+l_2+l_3+l_4$。

f 拉伸模外圆直径

拉伸模的外圆直径应保证模子具有足够的强度，可根据制品尺寸由经验公式确定：

$$D=(1+K)d \tag{3-26}$$

式中 D——拉模外圆直径，mm；

d——拉模定径带直径，mm；

K——系数，当 $d\leqslant60$ mm 时，$K=1\sim3$；$D>60$ mm 时，$K=0.5\sim0.8$。

正常情况下，企业生产的产品规格很多，一般都将模子的外圆直径按规格的大小分成几个系列，以方便生产和管理。

硬质合金拉模，因其价格昂贵加之合金性质较脆，一般采用将模芯镶套后使用，一则减少工具成本，二则提高拉伸模的使用寿命。

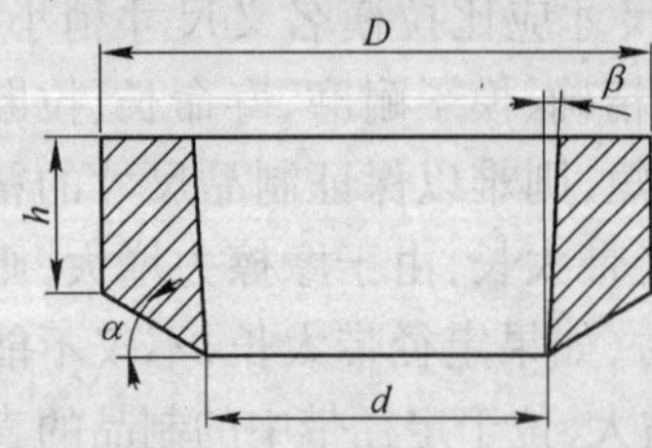

图 3-29 扒皮模结构示意图

B 扒皮模

为消除管坯表面存在的缺陷，在拉伸工艺中安排扒皮工序。扒皮模的结构如图 3-29 所示。

扒皮模的主要参数是刃口的角度 α，其值为 18°～21°，模孔内

角 β 为 2°～5°。扒皮模的材料一般选用硬质合金。

C 拉伸芯头

拉伸芯头有游动芯头、固定短芯头。各种芯头的结构如图 3-30 所示。

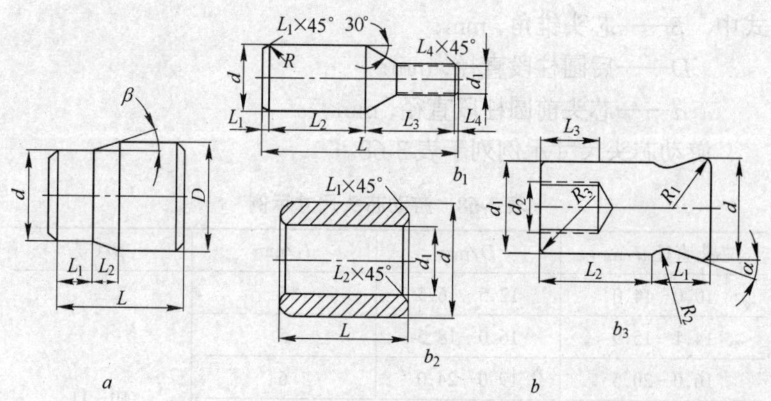

图 3-30 拉伸芯头结构示意图

a—游动芯头；*b*—固定短芯头（b_1—实心；b_2—空心；b_3—中式芯头）

a 游动芯头

游动芯头拉伸时不需芯杆固定，游动芯头工作中的稳定性取决于作用在芯头上轴向力的平衡，保证实现稳定拉伸的条件是芯头锥角 β 小于拉伸模角 α。冷凝管拉伸时的最佳配合角度为拉伸模角 $\alpha=12°\sim15°$；游动芯头锥角 $\beta=9°\sim11°$。

芯头前圆柱部分直径 d，根据拉制管材内径及公差要求，并考虑制品拉出模孔后的弹性恢复来确定，长度 l_1 通常在拉伸模定径段长度的基础上加 6～10 mm。

芯头后圆柱段直径 D，应比拉伸模孔的内径大 0.5 mm 以上，以防芯头随管子一起拉出模孔。为顺利穿管，其直径应比将要拉制的管坯内径小 0.5～2.5 mm。后圆柱段长度无统一要求，对于直条管拉伸来说适当加长对拉伸的稳定性有利，一般稍大于圆锥段长度。

芯头圆锥段长度应比管坯内表面与芯头锥面接触长度稍长，一般大于拉伸模变形区的长度，可用下式计算：

$$l_2 = \frac{D-d}{2\tan\beta} \tag{3-27}$$

式中　β——芯头锥角，mm；

D——后圆柱段直径，mm；

d——芯头前圆柱段直径，mm。

游动芯头尺寸示例列于表 3-68。

表 3-68　游动芯头尺寸示例

芯头直径 d/mm	D/mm	l_1/mm	β/(°)
10.0～14.0	12.5～16.5	5	10～11
14.1～15.9	16.0～18.5	5	
16.0～20.5	19.0～24.0	6	
20.6～22.5	24.0～26.0	7	
22.6～24.5	26.0～28.0	7	
24.6～26.0	28.0～30.0	8	

b　固定短芯头

固定短芯头在直条管的拉伸中有着广泛的应用，芯头形状较多，图 3-30*b* 中列出的是常用部分。

实心固定短芯头一般用于拉制直径在 15 mm 以下的管材，芯头直接用螺纹拧在芯杆上。空心固定短芯头用于直径大于 12 mm 的管材，芯杆头部的螺杆穿过它的内部，用螺母固定在芯杆头部的螺纹上。中式芯头一般用于定径带较长的拉伸模，拉伸过程比较稳定，便于控制制品尺寸，但所需拉伸力较大，芯头制造比较复杂，适合小径薄壁管材的拉制。

固定短芯头工作部分的形状有圆柱体，也有带 0.2 mm 左右锥度的近似圆柱体，带有锥度的芯头可以在模孔中调整前后位置，使拉制管材的壁厚能在 0.05～0.1 mm 内变化。芯头直径是根据拉制管内径的尺寸、允许偏差和制品的弹性恢复量来确定，工作区长度一般取 25～50 mm。空心芯头可以调头使用以提高使用寿命。实心短芯头、空心短芯头、中式芯头尺寸示例分别见表 3-69、表 3-70、表 3-71。

表 3-69 实心短芯头尺寸示例(mm)

芯头直径 d	d_1	l_1	l_2	l_3	l_4	R	标准螺纹
8～10	6	5	30	32	1.5	1.5	M6×0.7
10.1～13.0	8	5	30	32	1.5	1.5	M8×1.0
13.1～18.0	10	5	30	32	1.5	1.5	M10×1.0
18.1～24.0	14	5	35	40	1.5	1.5	M14×1.5
24.1～32.0	18	5	35	40	1.5	1.5	M18×1.5
32.1～41.0	24	7	35	40	2.0	2.0	M24×2.0

表 3-70 空心短芯头尺寸示例(mm)

芯头直径 d	d 偏差	d_1	d_1 偏差	l	l_1	l_2
12～14	±0.01	8	+0.05 +0.15	25	1.5	1.0
14.1～16.0	±0.01	9	+0.05 +0.15	25	1.5	1.0
16.1～20.0	±0.01	10	+0.06 +0.18	30	1.5	1.0
20.1～25.0	±0.01	12	+0.06 +0.18	30	2.0	1.5
25.1～30.0	±0.02	16	+0.06 +0.18	35	2.0	1.5
30.1～35.0	±0.02	18	+0.07 +0.21	35	2.5	1.5
35.1～40.0	±0.02	22	+0.07 +0.21	40	2.5	1.5
40.1～45.0	±0.02	24	+0.08 +0.25	40	3.0	2.0
45.1～50.0	±0.02	30	+0.08 +0.25	45	3.0	2.0

表 3-71　中式芯头尺寸示例

d/mm	d_1/mm	d_2/mm	l_1/mm	l_2/mm	l_3/mm	R_1/mm	R_2/mm	R_3/mm	α/(°)
7～4	0.3～0.5	2.8～4.0	10～16	20～25	10～15	2	8～10	1.5	10～13
14～8	0.7～1.0	4.2～8.0	14～18	25～30	14～20	2	10～12	1.5	12～15
24～15	1～2	7～15	16～20	25～30	14～20	3	10～12	2.0	13～16
25～30	2～3	15～20	15～20	30～35	15～18	3	12～14	2.0	15～18

D　拉伸工具的材质与制作

a　工具材质

冷凝管用拉伸工具的材质主要是硬质合金。硬质合金硬度高,有着良好的耐磨性、可抛光性和抗腐蚀性能,使用寿命较长。使用较多的硬质合金材质是 YG8,对于需要更高韧性的工具时可选用 YG15 材料,YG15 因成分中含钴量高,硬度和韧性都较好,但价格高于 YG8。但对于特殊、不经常生产的规格或改制料时可用工具钢制作的工具。常用的钢号为 T8A、T10A,热处理后硬度达到 HRC 58～65,为了降低工具表面粗糙,提高工具的使用寿命,还可在工具表面镀 0.02～0.05 mm 厚的铬,镀铬的工具使用寿命可以提高 4～5 倍。

b　工具的制作

硬质合金工具一般按使用规格直接采购工具毛坯,毛坯的尺寸比所使用的尺寸大(或小)0.5～1.0 mm,留出磨削加工余量,使用时按要求尺寸进行磨削和抛光即可。硬质合金模芯需用热压配合的方法镶入由 45 号钢制作的模套中,模套内径比模芯的外径小 1%,热压时先将模套加热到 750～800℃,然后压入模芯,在空气中缓冷至室温。

工具钢模具的制造工序:

坯料准备→切削加工→初磨→热处理(淬火、回火)→精磨→镀铬→抛光

技术要求如下:

(1) 材质:T8(T10);

(2) 热处理硬度:HRC 58～62;

(3) 工作面镀铬层厚度0.02～0.05 mm；

(4) 各区段过渡要均匀、圆滑，尖角处进行倒角；

(5) 表面粗糙度为0.1 μm。

E 生产中工具的配置

冷凝管产品的规格尺寸较多，为保证在所生产的规格范围内工具能够满足使用要求，合理的工具配置是必要的。冷凝管产品的外径规格一般为负公差，壁厚则为正负公差，所以新的拉伸模应按外径公差的下限制作，以延长工具的使用寿命，尺寸超差后可改制下一规格。芯头与模子的变化正好相反，初次制作时应按壁厚公差下限配置。

3.3.5.5 拉伸缺陷及防止方法

拉伸缺陷及防止方法列于表3-72。

表3-72 拉伸缺陷及防止方法

表现形式		产生原因	防止方法
尺寸公差不合	外径或壁厚止、负向超差	1. 拉伸模定径带尺寸选择不当； 2. 定径带与拉伸模工作锥过渡带圆角过小； 3. 定径带长度过短易超正公差； 4. 芯头位置过前或位置过后； 5. 道次延伸系数过大导致拉伸力过大； 6. 减壁量过大； 7. 芯头未衬上，形成空拉段	1. 重新选择拉伸模； 2. 适当放大定径带与拉伸模工作锥过渡带圆角半径； 3. 加长定径带长度，调节芯头的位置； 4. 合理设计拉伸工艺，减小道次延伸系数，充分润滑，降低拉伸力； 5. 合理选择工艺参数，适当减少减壁量
	管材内外径或壁厚不均沿铜管轴向时大时小	1. 拉伸力过大； 2. 小车钳口或模口未对正拉伸轴线； 3. 拉伸过程中固定芯头窜动形成空拉段； 4. 来料壁厚或性能不均； 5. 润滑不良、拉伸时有抖动现象	1. 合理选择道次延伸系数； 2. 调整设备，使小车钳口或模口对中； 3. 合理配模和上杆，避免空拉段； 4. 保证来料尺寸和性能； 5. 保持良好润滑，调整好芯杆位置，平稳拉伸

续表 3-72

表现形式		产生原因	防止方法
表面缺陷	表面裂纹（有横向、纵向、45°方向）	1. 拉伸润滑不良，润滑剂选择不当、不干净、变质等，没有起到润滑效果； 2. 模具设计不合理，模角偏大、工作带过长，苏式外模定径带过长，表面光洁度低或有损伤、裂纹、粘铜等缺陷； 3. 延伸系数过大或减径量与减壁量配合不当； 4. 管坯表面有裂纹、夹杂、夹灰等，或杂质含量偏高，铜管偏硬塑性差； 5. 加工率大或厚壁管空拉减径量大未及时退火； 6. 模座或模具装配不正	1. 合理选择、及时更换润滑剂； 2. 合理设计工具，减小模角防止纵向裂纹； 3. 经常检查制品和工具，及时更换和修理有缺陷的工具，提高工具的光洁度； 4. 改善管坯质量，消除表面缺陷，降低杂质含量，提高材料塑性； 5. 合理设计退火工艺或增加退火次数； 6. 减少空拉次数，合理设计空拉减径量； 7. 调整模座或模具装配平整
	表面夹渣、夹灰、针眼、麻点、起皮	1. 管坯存在表面夹渣、夹灰、针眼、麻点、起皮等缺陷； 2. 制品转序过程中防护不当产生的严重磕碰并夹带脏物，在拉伸时形成缺陷； 3. 润滑剂不干净有金属颗粒或杂物等； 4. 工具表面粘铜； 5. 中间退火管坯氧化，酸洗不干净，附着在表面	1. 加强管坯检查和制品在转序过程的防护； 2. 拉伸时经常检查工具的使用情况，及时抛光或更换粘铜或破损工具； 3. 加强润滑剂的保管和使用防护，及时检查和更换润滑剂； 4. 控制退火氧化，充分酸洗
	扒皮痕	1. 扒皮模设计不合理，如扒皮模刃角、模角等； 2. 扒皮时拉伸设备吨位小，拉伸力不够； 3. 来料软硬不均或过硬； 4. 扒皮量过小或过大	1. 合理设计扒皮摸，选择合适的模角和刃角； 2. 控制好扒皮量，大小适宜； 3. 控制好管坯扒皮前的加工率； 4. 选择大吨拉伸设备

续表 3-72

表现形式		产生原因	防止方法
表面缺陷	划伤、粗拉道、纵向线形伤、跳车环、表面橘皮	1. 减径量和减壁量不匹配，加工率过小，拉伸芯杆调整过后或过前； 2. 中间退火温度过高导致晶粒粗大，拉伸后制品形成橘皮状的粗糙表面； 3. 管材壁厚不均，偏心过大，润滑剂选用不当或润滑不充分； 4. 游动芯头设计和道次延伸系数选择不合理； 5. 酸洗不彻底，氧化铜粉末冲洗不干净； 6. 冷轧的坯料竹节、环状痕过大拉伸无法消除	1. 合理确定减径和减壁量，选择适当的加工率，拉伸过程中调整好芯杆前后位置； 2. 控制中间退火温度，避免晶粒粗大； 3. 加强管坯的检验，改善润滑条件； 4. 合理设计游动芯头和道次延伸系数； 5. 及时检查、更换和修理工模具； 6. 酸洗要充分、干净； 7. 加强制品存放、运输管理，防止制品出现划伤
	表面麻点	1. 管坯热加工或中间退火温度过高，出现脱锌； 2. 过酸洗，出现了腐蚀斑点	1. 控制热加工和中间退火温度，避免脱锌； 2. 配制适当浓度的酸洗液，控制酸洗时间

3.3.5.6 拉伸设备

在冷凝管合金中，除低镍白铜和部分黄铜可采用盘拉生产方式外，大部分是采用直拉方式生产。盘拉设备已在《现代铜盘管生产技术》一书中有介绍，本书就不再赘述。

A 连续式直线拉拔机

目前较为先进的直拉设备是用两台或多台连拉机组成串列式(图 3-31)或并列式(图 3-32)或串并列结合(图 3-33)的整条直拉生产线，它能够充分利用直线拉伸对管材质量产生的良好影响，这种生产设备的配置对于可以采用盘式拉伸的合金或可以承受多道次拉伸而无需中间退火的合金而言应相当适合。

连续式直线拉拔生产线是将一根管子同时通过几台拉拔机并在每台机内进行铜管断面减缩加工，拉拔机的速度经过相互匹配，

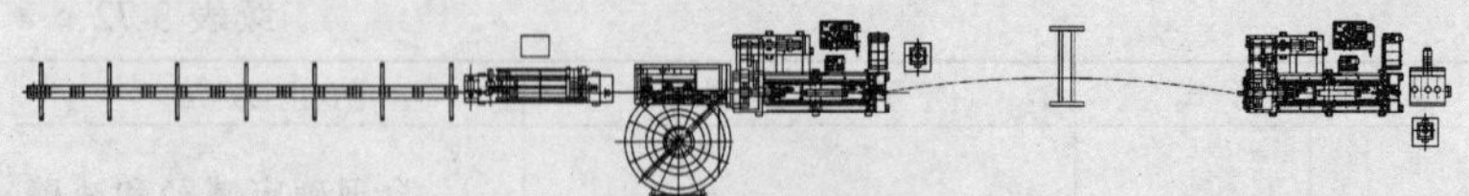

图 3-31　串列式连拉机组

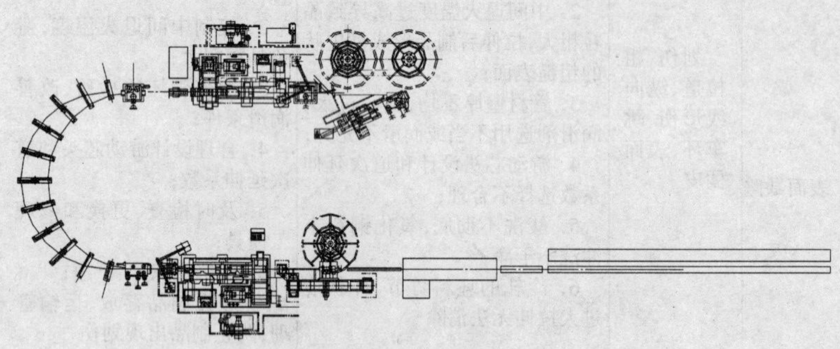

图 3-32　并列式二连拉机组

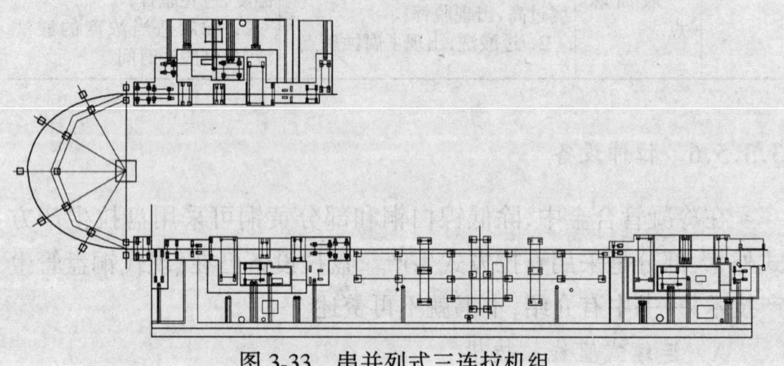

图 3-33　串并列式三连拉机组

使得各个拉拔机的秒流量都是一样的，正常拉拔过程中后面拉拔机的拉伸速度总是高于前面的设备。

拉拔穿管过程，当前面的拉拔机已连续送管时，后面的一台却在几个行程中用第一个夹口非连续地夹送管子，直到管头被第二个夹口夹住。因此，在拉拔机之间出现一段过长的管子，必须在两台设备之间安装一个活套，一旦管头到达下一个拉拔机的拉模，活套架从横向伸出将管子弯成弧形，从而抵消多余的长度。即使在穿管之后，管子在连续运行中仍保持为弧形，由一个探臂进行检查控制。使用直流传动设备可以很准确地控制拉拔机之间可能出现的速度偏差。

这种连续拉拔的一个重要前提条件是原料管的准备。管头的加工必须保证可以穿入一组拉拔机中最后一台拉拔机的拉模，所以各级游动芯头必须在第一次拉拔前放入管内，见图 3-34。当管子穿入第一台拉拔机之后，最后的芯头被卡在相应的拉模处，而另两个较小的却随着管子一起被拉过去。在拉模后面有一个自动压槽装置，在管子上压出两个相对应的槽。这是为了保证将余下的芯头送到下一个拉拔机，并在那里再一次重复这项工作。

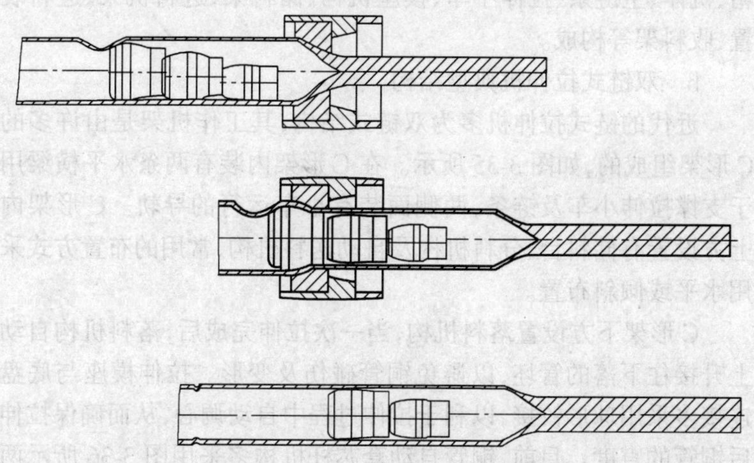

图 3-34 三连拉机组管内游动芯头在第一道次之前和之后的位置

在第一台拉拔机前有一自动工作的穿管装置，目的是尽量缩短前一根管子的尾部与下一根管头部相隔的时间。当一根管子正在拉拔的期间，另一根管子被放置在拉拔中心线上方的穿管夹口装置内，操作工用定位板将管头定位并用一个开关发出夹紧指令。然后操作人员便可以开始准备下一根管，因为下面的工作全部是自动进行的。一旦管子尾部离开拉模，穿管夹口即将新管头移至拉拔中心线并在一个滑动小车上向拉模方向移动。管头被送入拉模，第一组夹口的穿管夹紧钳抓紧管头，开始穿管工作。

这组生产设备，从铜管穿入第一台拉拔机的拉模至管材在卷取机卷入料盘内，整个生产过程全部实现了自动化。

B 链式拉伸机

老式的直拉伸设备有链式、液压式、履带式、齿条式等，目前仍被广泛使用的是链式拉伸机，主要形式有单链式和双链式。

a 单链式拉伸机典型结构

单链式拉伸机机构简单、制作成本低廉、操作维护简单，是中、小企业运用最为广泛的管棒型材拉伸设备，主要由电动机、减速箱、机体、主链条、拉伸小车、模座机构、储料架、进料机架、进料装置、收料架等构成。

b 双链式拉伸机典型结构

近代的链式拉伸机多为双链式结构，其工作机架是由许多的C形架组成的，如图3-35所示。在C形架内装有两条水平横梁用于支撑拉伸小车及链条，两侧面装有小车运行的导轨。C形架内上方设置有储料台、分料机构及自动送料机构，常用的布置方式采用水平或倾斜布置。

C形架下方设置落料机构，当一次拉伸完成后，落料机构自动上升接住下落的管坯，以避免铜管碰伤及变形。拉伸模座与底盘连接多采用球形铰接，以利于拉伸过程中自动调心，从而确保拉伸后铜管的直度。目前，铜管自动套芯杆机构多采用图3-36所示两种机构。图3-36*a*是采用滚筒180°来回回转的方式，图3-36*b*是采用液压油缸驱动机架升降的方式，而穿模机构均在尾端使用长行程的油缸进行推动。

c 链式拉伸机主要技术参数

链式拉伸机在拉伸前须制夹头，同时在拉伸过程中使管材在30～60 m的整体长度上受到拉伸力的影响，并且在松开夹头时会产生噪声与变形。单链拉伸机的主要技术参数列于表3-73。

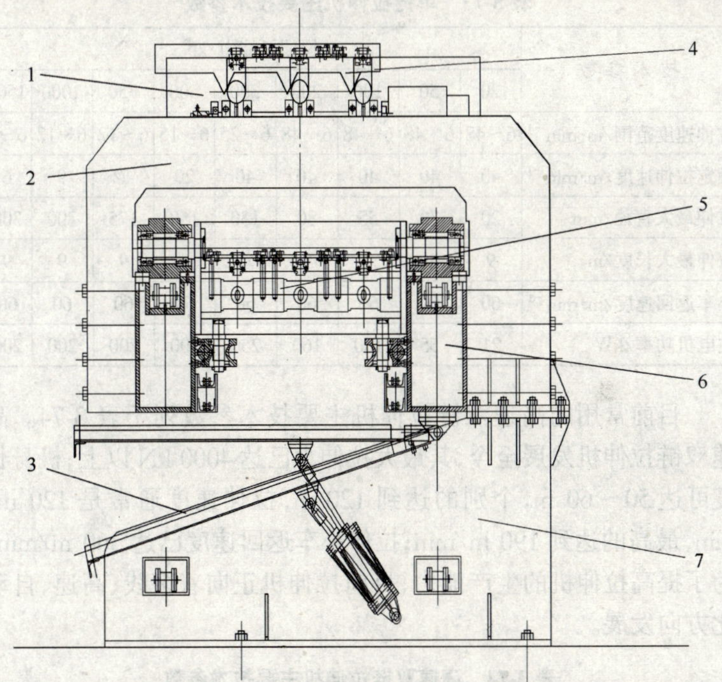

图 3-35 双链式拉伸机机构示意图

1—上料机构；2—C 形支架；3—落料架；4—分料器及滑板；

5—拉伸小车；6—横梁；7—主机架

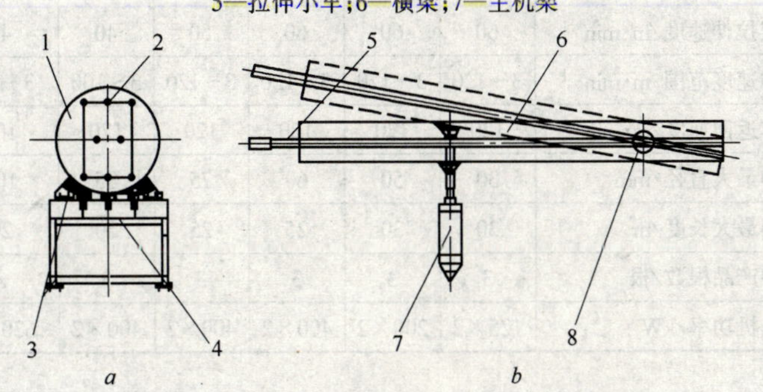

图 3-36 拉伸机铜管自动套芯杆机构示意图

a—滚筒 180°来回回转方式；*b*—液压油缸驱动机架升降方式

1—滚筒；2—固定芯杆；3—支撑辊；4—机架；5—固定芯杆；

6—机架；7—驱动油缸；8—回转中心轴

表 3-73　单链拉伸机主要技术参数

技术参数	拉伸机能力/kN								
	20	50	100	200	300	500	750	1000	1500
拉伸速度范围/m·min^{-1}	6～48	6～48	6～48	6～48	6～25	6～15	6～12	6～12	6～9
额定拉伸速度/m·min^{-1}	40	40	40	40	40	20	12	9	6
拉伸最大直径/mm	20	30	55	80	130	150	175	200	300
拉伸最大长度/m	9	9	9	9	9/12	9	9	9	9
小车返回速度/m·min^{-1}	60	60	60	60	60	60	60	60	60
主电机功率/kW	21	55	100	160	250	200	200	200	200

目前常用的高速双链拉伸机主要技术参数列于表 3-74。高速双链拉伸机发展至今,其最大拉伸力已达 4000 kN 以上,机身长度可达 50～60 m,个别的达到 120 m,拉伸速度通常是 120 m/min,最高的达到 190 m/min;拉伸小车返回速度已达 360 m/min。为了提高拉伸机的生产能力,目前拉伸机正向着多线、高速、自动化方向发展。

表 3-74　高速双链拉伸机主要技术参数

技术参数	拉伸机能力/kN					
	200	300	500	750	1000	1500
额定拉伸速度/m·min^{-1}	60	60	60	50	40	40
拉伸速度范围/m·min^{-1}	3～120	3～120	3～120	3～120	3～100	3～100
小车返回速度/m·min^{-1}	120	120	120	120	120	100
拉伸最大直径/mm	30	50	60	75	85	100
拉伸最大长度/m	30	30	25	25	20	20
拉伸产品根数/根	3	3	3	3	3	3
主电机功率/kW	125×2	200×2	400×2	400×2	400×2	630×2

3.3.6　热处理

冷凝管生产过程的热处理方法主要有中间退火、成品光亮退火和消除内应力退火。中间退火是消除拉伸过程产生的加工硬化，通过金属的充分再结晶，使铜管软化，恢复其塑性。成品光亮退火主要是改变加工组织和得到所需要的性能，并使产品具有光亮的表面状态，满足产品的使用要求。消除内应力退火主要是消除加工过程产生的内应力，大多数产品正常生产时可由成品光亮退火替代，但对于拉伸流程中采用空拉、生产总加工率和道次加工率较小的厚壁铜管、改制料以及使用加工率控制最终产品力学性能的情况，则需及时进行消除内应力退火，以杜绝应力开裂的情况发生。

3.3.6.1 退火设备的选择

冷凝管退火采用的主要设备类型有通过式退火炉、卧式真空炉和箱式退火炉，其中通过式退火炉有辊底式和网链式；卧式真空炉和箱式退火炉设备简单、投资较低，但由于无法保证其产品性能的一致性，在规模化的生产企业中已很少使用。盘式法生产的白铜盘管的退火一般在罩式炉中进行。

A 设备组成及特点

现代辊底式退火炉由加热炉体，前、后换气室，缓冷区和冷却区，传动系统，电控系统等组成。炉壳采用钢板焊接而成，炉内选用耐热钢板和硅酸铝纤维保温层炉衬，内壁采用轻质渗碳砖。炉内传动托辊选用不锈钢材料，两端使用特殊轴承，并设有变频电机、涡轮减速器和链轮机构，以实现炉内辊道的传动。加热元件采用电辐射管，提高了换热效率，减少设备故障及便于维修与更换。炉内设有搅拌风扇保证炉内各部分温度的均匀。缓冷区防止冷风对热端产生影响，避免铜管因急冷产生的变形，利于得到优质的产品。电控部分实现全过程的动作控制，控制回路设有安全连锁装置，具备系统故障、安全连锁、过载报警等功能。温度控制采用数字化智能控温系统，能直接驱动单相或三相负载中的控制元件，并具有自整定 PID 参数功能，将炉温控制在工艺设定的范围内。各控温区设有记录、超温、报警等功能。

网链式退火炉炉体结构是采用马弗罐的形式，只有进口与出口与外界相通,且相对开口度小,所以炉体密封性好;但因马弗罐的体积不可能无限增大,因而与辊底炉相比其生产能力受到限制。辊底式与网链式退火炉特点比较列于表3-75,退火炉技术参数及设计特点列于表3-76。

表3-75 网链式与辊底式退火炉特点比较

序号	比较内容	辊底式	网链式
1	适用产品	各品种、规格的直条管、盘管、蚊香盘管	各品种、规格的直条管、蚊香盘管
2	生产能力	高	较低
3	炉体结构与密封性	炉体为耐火材料,炉顶有风机,辊子传动侧通过炉墙,进、出口开口较高,所以密封性较差。为改善炉子的密封性能,部分设备在炉子的进、出口内侧都增加了真空锁气室,使炉体的密封性大大提高	炉体为马弗罐结构,仅进、出口与外界相通,炉口开口低,密封性好
4	传动与控制	链条带动辊子传动,自动控制要求高	链轮带动网带移动,自动控制较简单
5	退火质量	由于风机气氛可循环,温度均匀性好,如采用真空锁气室,盘管加上内吹扫,所有适用的产品都会有很好的退火质量	由于每炉退火数量的限制,在所适用的产品范围内,退火质量良好
6	保护气氛	需要保护气体的量大,特别是在无真空锁气室的情况时	由于炉膛空间小,较小量的保护气体则可保证退火质量
7	设备造价	高	较低

表3-76 退火炉技术参数及设计特点

设备类型		辊底式	网链式
工艺参数	合金种类	紫铜、黄铜、白铜	紫铜、黄铜、白铜
	规格范围/mm×mm×mm	$\phi(6\sim50)\times(0.5\sim3)\times18$	$\phi(6\sim50)\times(0.5\sim3)\times18$
	使用温度/℃	400~900,偏差≤±5	400~800,偏差≤±5
	保护气氛	清洁、光亮、金属本色	清洁、光亮、金属本色

续表 3-76

设备类型		辊底式	网链式
设备技术参数	电源	380 V,50 Hz,三相	380 V,50 Hz,三相
	额定温度/℃	600,最高 900	350~800
	额定功率/kW	280	180
	控温区/个	5	4
	加热元件	电热管	电阻带,整体插入
	传送速度/$mm \cdot min^{-1}$	100~1000 变频可调	100~700 变频可调
	加热区尺寸/mm×mm×mm	8500×1100	6000×900×120
	缓冷区尺寸/mm×mm×mm	3500×1100	2000×900×120
	风冷区尺寸/mm×mm×mm	7000×1100	13700×900×120
	排气区尺寸/mm×mm×mm	3500×1100	前 1000×900×120
	炉子总长/m	75	57
	工作面标高/mm	920	920
	炉壳表面温升/℃	≤50℃	≤50℃
	水耗/$t \cdot h^{-1}$	60~70	60
	水压/MPa	0.1~0.2	0.1~0.2
	生产能力/$kg \cdot h^{-1}$	1500	800
设备结构		前辊道料台、前换气室、加热区、缓冷区、冷却区、后换气室、后辊道出料台;传动系统、电气系统、保护气氛	前辊道料台、前换气室、加热区、冷却区、后换气室、后辊道出料台;传动系统、电气系统、保护气氛
设计特点		电热管加热,热效率高、节能;进料多层耐热挡气软帘,减少热能和保护气消耗;全过程 PLC 控制;缓冷区双层水冷结构,风冷区带导风装置;有过载报警;配备保护气氛	传动系统 PLC 控制;冷却区双层水冷结构;设有耐热挡气帘;配备保护气氛

B　使用前的烤炉

辊底式退火炉内壁采用耐火材料砌成,因而在使用前需要烤炉,烤炉的工艺参数可参考图 3-37 进行选择。

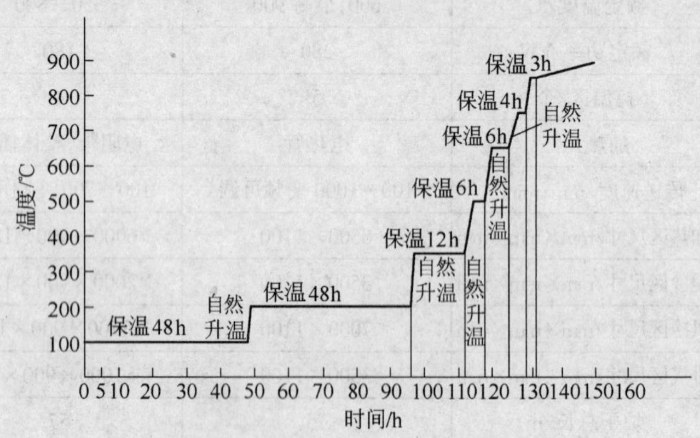

图 3-37　辊底式退火炉烤炉曲线

3.3.6.2　冷凝管合金力学性能与退火温度的关系

冷凝管合金力学性能与退火温度的关系分别见图 3-38～图 3-43。

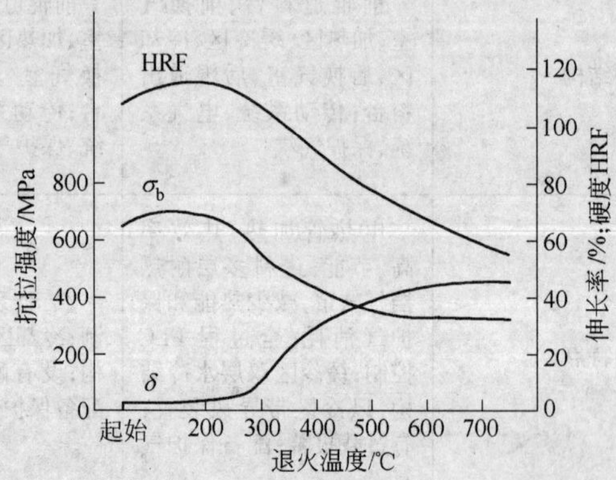

图 3-38　H68 黄铜力学性能与退火温度的关系(保温 60 min)

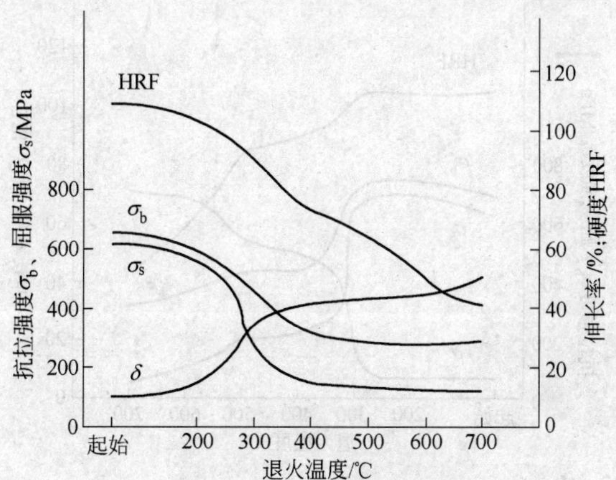

图 3-39 H85 黄铜力学性能与退火温度的关系(保温 60 min)

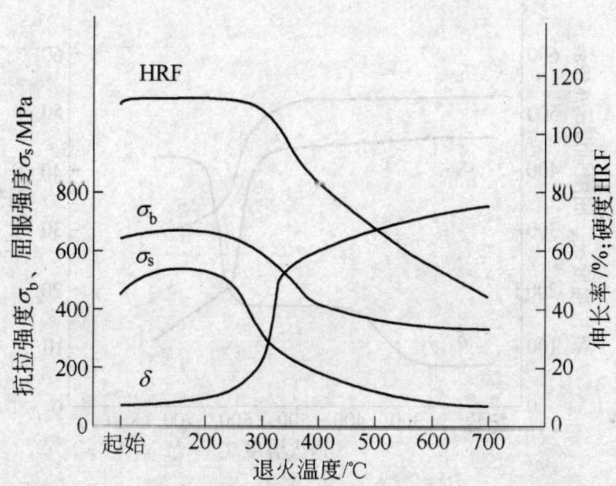

图 3-40 锡黄铜力学性能与退火温度的关系(保温 30 min)

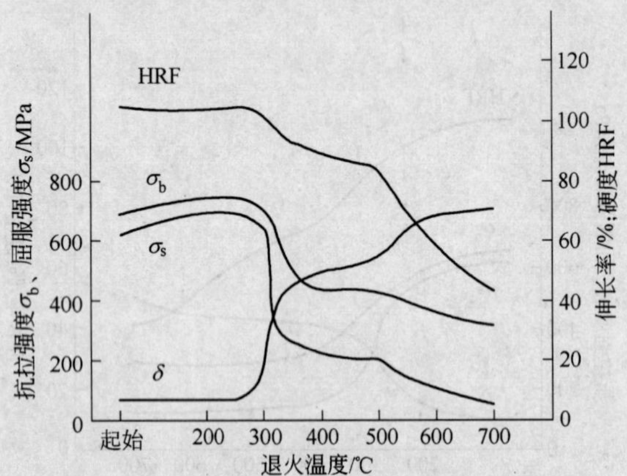

图 3-41　铝黄铜力学性能与退火温度的关系(保温 30 min)

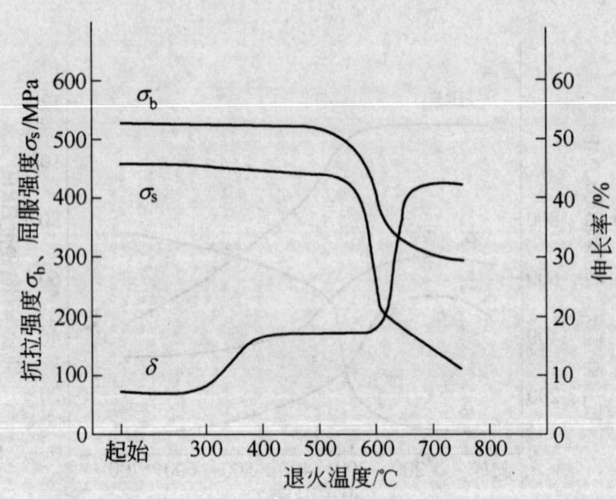

图 3-42　90/10 铜镍合金力学性能与退火温度的关系(保温 30 min)

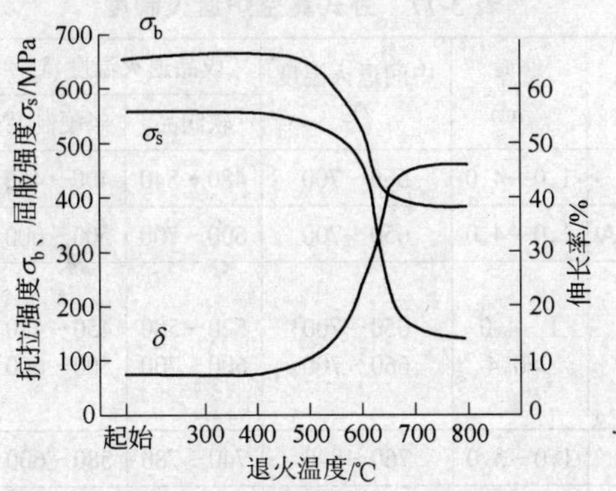

图 3-43 70/30 铜镍合金力学性能与退火温度的关系(保温 30 min)

3.3.6.3 退火工艺参数

高温、快速退火在管材内部得到细小的再结晶组织，是减小残余应力、增强抗腐蚀能力的关键措施，在选择退火工艺参数时应注意。退火工艺参数主要有温度和速度（或保温时间)。退火温度和保温时间应根据合金的软化曲线和制品的技术性能要求，并结合生产和设备的具体情况确定。通过式退火炉的温度与速度、炉体加热区的长度关系密切，企业应根据自身设备状况制定工艺制度，书中所列数据仅供参考。表 3-77 列出了卧式真空炉冷凝管合金中间退火及成品退火的部分工艺参数；表 3-78 和表 3-79 分别列出了辊底式退火炉中间退火和成品退火的部分工艺参数，表 3-80 列出的网链炉退火制度的部分工艺参数，仅供参考。

通过式退火炉的辊速大部分是通过频率的调节来控制,也有通过电压或其他方式控制。某辊底式退火设备频率与辊速的关系见图 3-44。其他退火设备也可根据设备制造商提供的关系图来确定辊速与频率(或其他参数)的对应数据,以方便人员操作。

表 3-77　卧式真空炉退火制度

合金牌号	壁厚/mm	中间退火温度/℃	成品退火温度/℃		保温时间/min
			软制品	半硬制品	
H68A	1.0～4.0	560～700	480～540	400～450	40～60
HAl77-2、H85A	1.0～4.0	650～700	600～700	500～600	
HSn70-1 HSn70-1B HSn70-1AB	1～4.0 >0.4	650～700 660～700	520～580 600～700	450～480 500～600	
BFe30-1-1	1.0～3.0	760～840	740～780	580～600	
BFe10-1-1	1.0～3.0	730～790	680～720	510～600	

表 3-78　辊底式退火炉中间退火制度

牌　　号	炉温/℃			辊速/m·min⁻¹
	壁厚/mm			
	≤1.0	1.0～2.5	>2.5	
H68A	560～580	600～660	660～700	1.1
HAl77-2、H85A	580～600	600～690	680～700	1.1
HSn70-1 HSn70-1B HSn70-1AB	580～600	600～680	660～700	1.1
BFe30-1-1	760～780	780～830	780～840	1.0
BFe10-1-1	730～750	750～770	760～790	1.0

表 3-79　辊底式退火炉成品退火制度

牌　　号	状　态	炉温/℃		辊速/m·min⁻¹
		壁厚/mm		
		0.75～1.0	>1.0～2.0	
H68A	Y_2	500～520	540～560	1.0
	M	540～560	570～590	1.0

续表 3-79

牌　号	状　态	炉温/℃		辊速/m·min^{-1}
		壁厚/mm		
		0.75～1.0	>1.0～2.0	
H85A	Y_2	420～440	430～450	1.0
	M	460～490	470～500	0.9
HAl77－2	Y_2	600～620	620～630	1.0
	M	660～680	680～700	1.0
HSn70－1 HSn70－1B HSn70－1AB	Y_2	520～540	540～560	1.0
	M	580～600	600～640	1.0
BFe30－1－1	Y_2	630～650	650～670	0.9
	M	740～750	740～790	0.9
BFe10－1－1	Y_2	540～560	560～580	1.0
	M	680～700	720～750	1.0

表 3-80　网链炉退火制度

牌　号	规　格 /mm×mm	状　态	退火温度 /℃	网链速度 /mm·min^{-1}
HSn70－1 HSn70－1B	(32～38)×(1.45～19.00)	半成品	710～730	260～400
	(15～28)×1.0	Y_2、M	630～650	300～400
BFe30－1－1	38×(1.7～2.6)	半成品	780～800	240～300
	(10～28)×(1.0～1.5)	Y_2	620～650	230～280
	(10～28)×(1.0～1.5)	M	720～730	220～300
BFe10－1－1	32×1.2	半成品	710	240～300
	(20～28)×1.0	M	710	240～300

3.3.6.4　退火工序操作要点及注意事项

退火工序操作要点及注意事项如下：

(1) 黄铜管应力开裂倾向严重，管材应在拉伸后 48 h 内进行

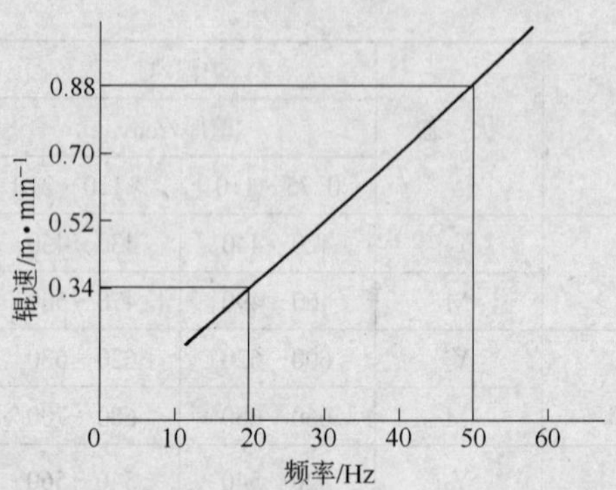

图 3-44 辊底式退火炉频率与辊速关系

退火,特别是进行空拉后。

(2) 为使管材退火后具有良好的表面,成品退火前应将管材外表面擦拭干净。

(3) 采用箱式电炉、卧式真空炉退火时,应根据管材规格大小确定装炉量、退火温度和保温时间。管材装炉量多、壁厚较厚时,退火温度应取上限,保温时间也应相应延长。

(4) 使用箱式电炉、卧式真空炉退火进行黄铜管退火时,在700℃以上退火后仍出现抗拉强度较高时,应延长保温时间,而不应再盲目提高退火温度,以避免黄铜出现脱锌。

(5) 通过式退火炉退火,应根据加热区的长度确定炉温和速度,保证管材通过加热区的时间。

3.3.6.5 光亮退火的保护气氛

A 保护气氛

保护气氛是冷凝管退火后是否光亮的关键,目前绝大多数的企业采用氮气作为保护气体的主要成分,配以氢气调节气氛的还原性强弱。一般微还原性气氛适用于白铜管的退火;而黄铜管则根据设备配置的不同配置还原性或微还原性气氛。常见保护气氛的组成列于表 3-81。

表 3-81 常见保护气氛的组成

合金种类	气体性质	露点/℃	气体组成(体积分数)/%	
			N_2	H_2
黄 铜	还原或微还原	-65	余量	5~25
白 铜	微还原			0.5~5

B 保护气体发生设备

早期的保护气体发生设备大多是通过甲烷、煤气、煤油等燃料的燃烧制取气体的装置。这种装置的原理是通过调节空燃比来控制生成气的组成,以适应不同产品对保护气氛性质的要求,如微氧化性气氛、中性气氛、还原性气氛等。以煤油燃烧制取氮气为例,此装置的完全燃烧反应是:

$$2C_{12}H_{26} + 37O_2 + 139\ N_2 = 24CO_2 + 26H_2O + 139N_2$$

但这种理想化的燃烧反应在生产中是无法达到的,装置所产生的混合气体远不止反应式中所列出的几项,其中还有未完全燃烧的不饱和烃 C_nH_m、残留的 O_2、未来得及完全反应的 CO 和 H_2 等,其成分较为复杂。然而,精确控制上述反应,保证气氛的准确程度确有相当的难度。由于受技术的限制,装置的调控范围、控制精度、稳定性也都存在许多不完善之处,无法按照产品的特性任意调整气氛性质,达不到铜合金管材表面光亮的要求,因而逐步被其他气体生产方式取代。

目前国内保护气体成套设备的制造和使用已较为成熟,呈现出设备种类多元化,运作模式专业化的发展趋势。设备种类如膜分离制氮、变压吸附制氮(PSA)、液氮蒸发制取氮气等,配以氨分解制氢或甲醇裂解制氢,可满足不同气氛的要求。设备也可根据不同的用途合理配置,可控程度高,气氛任意调节,供客户的选择空间较大。使用方式也可以多种多样,可以自行采购,安装设备;也可租用设备,由承租方负责设备的安装、维护、检修及消耗品的运输与保障等事项,省去了使用方设备维护保养、检修、运输的麻烦。灵活的操作方式和不断提高的服务质量给了企业较大的便利。

目前使用较为普遍的是变压吸附制氮(PSA)配以氨分解制氢的混合气体作为铜合金管退火用保护性气氛。保护气体成套设备由压缩空气装置、压缩空气净化装置、变压吸附制氮装置、氮气纯化装置、氢气发生装置、氢气增压装置、氢氮配比装置、备用氮气系统等设备组成。成套设备的配置见图 3-45，设备主要性能列于表 3-82。

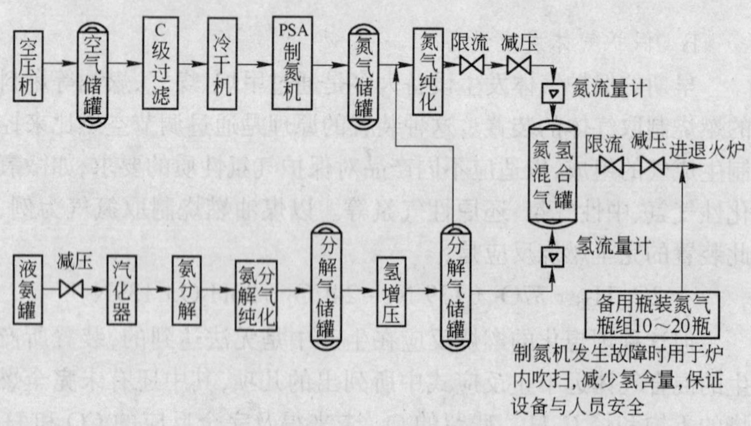

图 3-45　铜及铜合金管光亮退火保护气体配置简图

表 3-82　设备主要性能

主要技术指标		性能参数
制氮	制氮能力(标态)/$m^3 \cdot h^{-1}$	350
	氮气纯度/%	99.999
	氧含量/%	$\leqslant 5\times10^{-4}$
	露点/℃	$\leqslant -65$
	出口压力/MPa	0.05～0.5(可调)
制氢	制氢能力(标态)/$m^3 \cdot h^{-1}$	200
	露点/℃	$\leqslant -65$
	氧含量/%	$\leqslant 5\times10^{-4}$
	残氨/%	$\leqslant 5\times10^{-4}$
	出口压力/MPa	$\leqslant 0.05$

续表 3-82

主要技术指标		性 能 参 数
氢氮配比	氢气/%	3～25(可调)
	混合气体进炉压力/MPa	≤0.05

3.3.7　辅助工序

3.3.7.1　制头

为了方便铜管放入拉伸模孔内，铜管在拉伸前要制作夹头，即先将坯料一端的断面减小到能顺利穿过模孔。坯料经过 n 遍的拉伸，即形成实心头后又要重新制作夹头。夹头长度为拉伸机床头板厚度加 50～100 mm，一般为 150～250 mm，随着规格的减小而减短。夹头过渡处要求圆滑，无明显凸起、无毛刺、棱角及开裂。制作的夹头要和管材中心线基本一致，避免拉伸时因受力不均而导致拉断。使用卧式挤压机挤压的管坯第一次制头时，头应制在管坯尾部，以减少成品管材中挤压缺陷的机会；使用轧制管坯生产直条铜管第一次制头时，头应制在管坯的头部和尾部，这样轧制管坯的头尾部可不进行锯切，减少生产过程的几何损失。一次制头的拉伸次数原则上无限制，可以到实心头为止。

制作夹头的方法有碾头、锻头、旋转打头、液压送进缩口等方法。所用设备有旋转锻造机、液压制头机、空气锤、冲床等。旋转锻造机可以将夹头做成空心，这样酸洗时就不必将夹头切除，有利于减少生产过程的几何损失，但目前国产的此类设备规格较小且工作时噪声较大。旋转锻造压头机的结构见图 3-46。

液压制头机是通过液压缸的移动带动模块移动把管头压出所需形状。单缸压头机是一个液压缸推动四个模块依次滑动而使它们中间的间隙变小进行压头。单缸压头机由于其力量较小一般不适于规格较大的直条合金铜管的制头。三缸压头机是三个液压缸分别带动三个模块，先是左、右两个动作把管头压扁，之后上缸带

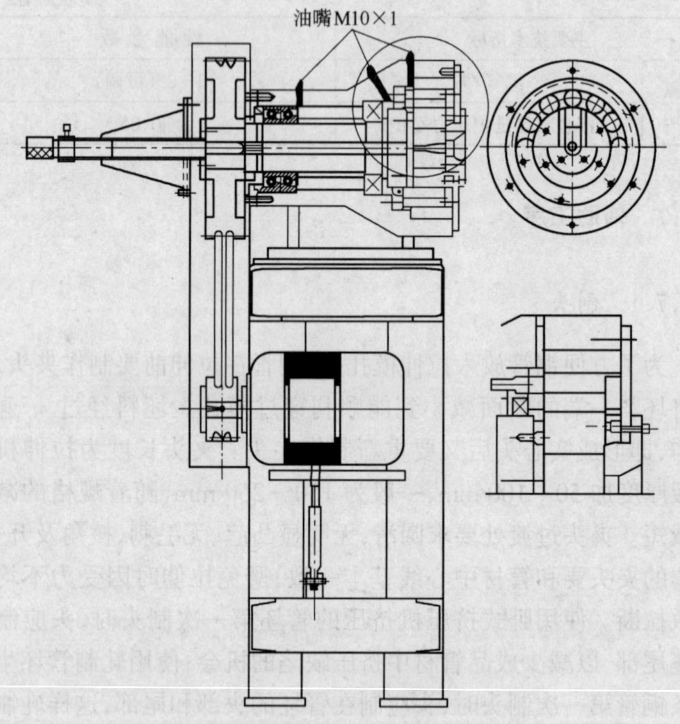

图 3-46 旋转锻造压头机结构图

动模块向下压和固定不动的下模块一起把扁头压成 8 字形圆头。四缸压头机是四个液压缸同时移动进行制头，由于其力量大，可用于制作大径厚壁的合金管夹头。三缸、四缸液压制头机的设备外形图分别见图 3-47 和图 3-48。液压制头机所做夹头规范均匀，但生产效率较低且设备价格较高。

空气锤与冲床价格低廉、使用灵活，在设备功率允许的情况下，可通过更换带有不同规格或形状的砧子来制作所需要的夹头，但需要有一定操作经验的员工才可做出合格的夹头，此外空气锤使用时噪声较大，据测量，轧头时的噪声至少在 96 dB 以上，需要采取一定的消音措施。

图 3-47 三缸液压制头机外形图

图 3-48 四缸液压制头机外形图

3.3.7.2 酸洗

挤压或中间(无保护气氛)退火后,管坯的内外表面都会产生不同程度的氧化,进行继续加工前要除去氧化层,目前解决这一问

题的方法是酸洗。对于黄铜,一般采用浓度在8%~15%范围内的硫酸,浸泡5~30 min。其化学反应为:

$$H_2SO_4 + Cu_2O \longrightarrow Cu + CuSO_4 + H_2O$$

$$H_2SO_4 + CuO \longrightarrow CuSO_4 + H_2O$$

对于白铜,由于其成分中含有Ni、Fe、Mn等元素,氧化皮组成比较复杂,相对氧化皮也比较厚,氧化亚铜等氧化物酸洗时在酸液中的溶解速度比较缓慢,因此,为加速白铜酸洗时的溶解过程,除将酸液浓度提高至13%~18%外,还需在硫酸液中加入强氧化剂,如硝酸、双氧水等。但因硝酸对环境污染严重,现基本上已不再使用,使用较多的是加入3%~5%双氧水来加速酸洗过程。化学反应为:

$$Cu_2O + H_2SO_4 + H_2O_2 \longrightarrow 2Cu_2SO_4 + 3H_2O$$

使用双氧水有利于保护环境,但它的化学性质不稳定、易挥发,因此,最好是集中使用。

酸洗工序流程为:酸洗→一次漂洗→二次漂洗→水冲洗

为了保护环境,酸洗后pH值小于6的酸性较高的水以及水中铜离子含量超过0.5 mg/L的水,不允许直接排放,需经中和处理合格后排放。

酸洗液的成分与酸洗时间列于表3-83。

表3-83 酸洗液的成分与酸洗时间

牌 号	酸液成分(质量分数)/%			酸液温度/℃	酸洗时间/min
	硫酸	双氧水	水		
BFe30-1-1、BFe10-1-1	13~18	3~5	余量	室温	10~60
H68A、H85A、HAl77-2、HSn70-1 HSn70-1B、HSn70-1AB	3~15		余量	室温	5~30

当酸洗液中硫酸的含量低于6.0%及铜离子含量高于25 g/L时,应更换酸液;当铜离子含量低于25 g/L时,可以继续按规定的成分加酸使用。

配制酸液时,应先往酸槽中注入水,然后加酸。因为酸液在水中溶解时要产生大量的溶解热,硫酸的密度比水大,若把水倒入酸中,水浮于酸液之上,大量的生成热会使水沸腾飞溅,甚至引起爆炸。反之,将酸倒入水中,酸会下沉向水中溶解,不会产生上述现象。冬季酸液产生冰冻时,严禁注入热水解冻,须待酸液正常溶化后使用。新配制酸液时,通过计算确定加酸量;也可使用波美计直接测定密度,得到酸液浓度。密度与浓度换算列于表 3-84。

表 3-84 硫酸水溶液的密度及浓度

酸液密度 /g·cm^{-3}	密度 (波美度)	硫酸含量 /g·(100 g)$^{-1}$	硫酸含量 /g·L^{-1}	酸液密度 /g·cm^{-3}	密度 (波美度)	硫酸含量 /g·(100g)$^{-1}$	硫酸含量 /g·L^{-1}
1.070	9.4	10.19	109.0	1.120	15.5	17.01	190.6
1.080	10.7	11.60	124.8	1.130	16.6	18.31	200.9
1.090	11.9	12.99	141.6	1.140	17.1	19.61	223.9
1.100	13.1	14.35	157.9	1.150	18.8	20.91	240.4
1.110	14.3	15.70	174.4	1.160	19.9	22.19	257.4

酸洗设备一般由酸洗槽、一次漂洗槽、二次漂洗槽、水洗槽等组成。所用材料主要有:耐酸不锈钢、耐酸塑料、花岗岩、耐酸青石、耐酸水泥等。酸洗槽的尺寸根据产品和工艺确定。花岗岩、耐酸青石与耐酸水泥耐酸性能良好、不易变形、寿命长、价格适中,但搬迁麻烦,适于用做酸洗槽和一次漂洗槽;耐酸不锈钢耐酸性能较好、比较灵活,但价格高昂、易变形,可以用做各种酸洗槽;耐酸塑料耐酸性能较好、价格便宜,但易变形和老化脆裂。

3.3.7.3 矫直

矫直是对弯曲的制品在各个不同方向上施加外力,使之在一定压力的作用下经过反复弯曲而达到矫直的目的。所施加的外力必须达到被矫直制品的屈服极限,使之处于弹塑性变形状态并发生微量的变形,方可使管材得到矫直。矫直后制品尺寸会发生变化,变化量的大小与矫直前管材的弯曲程度有关。

A　矫直过程管材的应力变化

冷凝管生产过程中的矫直是一必要的工序，使用最多的设备是辊式矫直机。通过合理调整矫直辊的位置，使管材得到适宜的轴向反复弯曲变形量，通过相对夹持辊的压下量使管材的圆周产生椭圆变形。管材在剧烈地旋转变形中矫直其局部椭圆度，随椭圆度的消除，管材局部弯曲也得到矫正。在矫直过程中，管材一边旋转，一边前进，在管材表面留下与辊接触的螺旋压痕，因集中载荷的作用，在管材与辊面接触部位变形较大，外表面承受较大的压应力。当旋转到 90°方向又承受拉应力，应力周期性变化曲线如图 3-49 所示。内表面的受力情况恰恰相反。这样，在管材外表面受到较大的压缩变形，内表面受到较大的拉伸变形，因而产生较大的周向残余应力。通过试验和测试得出：冷拉伸管材存在弯曲，且管材弯曲大的部位管径椭圆度也较大。而矫直操作可使管材产生高达 130～160 MPa 的残余应力。管材在放置过程中，极易因径向应力产生纵向裂纹。另外，管材表面存在的矫直痕也易引起应力裂纹，其螺纹有一定的间距，这些螺纹状裂纹恰位于因矫直工艺不当而产生的压痕处，这显然与压痕处局部冷加工造成残余应力较高和应力集中有关。在较高倍光学显微镜下或在扫描电镜下，这种应力裂纹多垂直于矫直痕或与矫直痕成一定角度，且裂纹多起始于矫直痕底部。

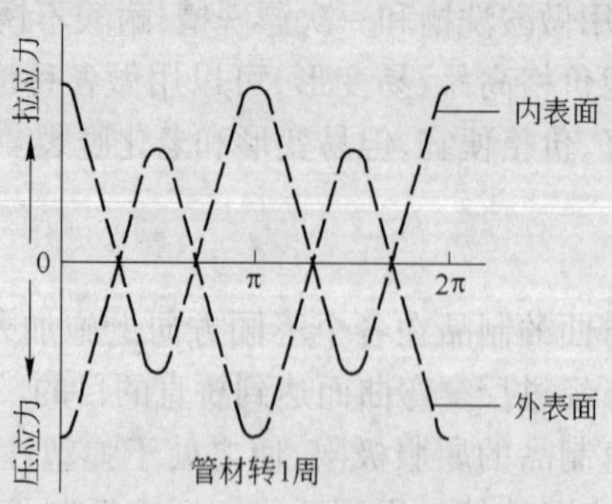

图 3-49　管材应力周期性变化曲线

因此,在操作过程中必须注意,选择合理的矫直参数对保证产品质量至关重要。一是尽量控制对辊压下的变形量;二是矫直后的黄铜管材应尽快进行退火,避免因在车间放置时间过长而产生裂纹。为减小管材矫直引起的残余应力,选择回转矫直机、全主动辊或多主动辊矫直机将有明显的效果;此外,在保证管材弯曲度合格的前提下,尽量减小对辊压下变形量,增大反复弯曲变形量,以减小管材矫直后的残余应力。

B 矫直设备

冷凝管生产使用较多的是斜辊式矫直机,此类设备可分为多斜辊矫直机和回转式矫直机。

多斜辊矫直机一般使用较多有六辊、七辊、十辊对辊式,多辊复合辊系式,多辊非对辊式,可调辊距式等,其辊子排列示意图见图 3-50。对辊矫直机多用于直条管材的成品矫直,根据不同精度的要求,选择不同的辊数。一般精度范围内(如不小于1 mm/m)多采用六辊对辊式、七辊对辊式或十辊对辊式。对精度要求较高的情况,采用特殊的辊系配置和设置更多的辊数。经多斜辊矫直后的金属表面有明显的肉眼可观测到的螺旋线痕迹,但可以做到没有任何手感。多斜辊矫直机主要技术性能列于表 3-85。

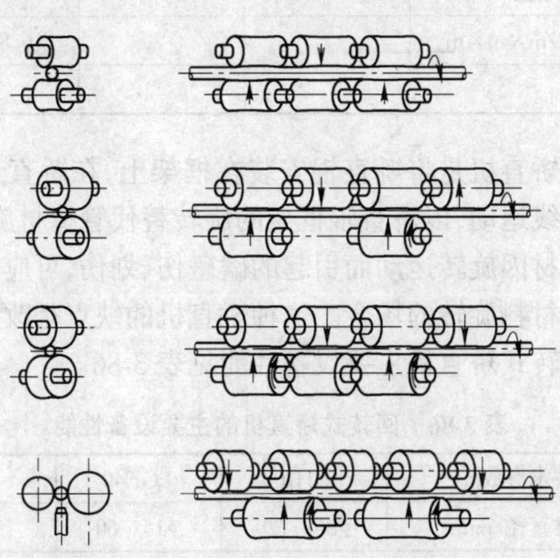

图 3-50 多斜辊矫直机辊子排列示意图

表 3-85　多斜辊矫直机的主要技术性能

设备性能	矫直机型号		
	BJ40－10	BJ30－10	9417
矫直管材的直径/mm	ϕ10～40	ϕ10～30	ϕ15～79
矫直制品的长度/m		≥1500	≥2000
矫直管弯曲度/$mm\cdot m^{-1}$		≤30	
矫直后管弯曲度/$mm\cdot m^{-1}$		≤1	
矫直辊的 $\sigma_{0.2}$/MPa	≤500		≤275
矫直辊辊数/个	10	10	7
主动辊辊数/个		10	2
矫直速度/$m\cdot min^{-1}$	5～30	30	14.7、16.6、29.6、33.4
主动辊调整角度/(°)			28°～31°50′
被动辊调整角度/(°)			28°～32°45′
辊子最大调整行程/mm			60
辊子转速/$r\cdot min^{-1}$			
辊子回转角/(°)			
主电机功率/kW			14/20
主电机转速/$r\cdot min^{-1}$			730/1470
设备外形尺寸/m×m×m			16.8×2.7×1.4
设备总质量/t			12.0

回转式矫直机是将矫直辊安装在框架上，在矫直过程中被矫管棒材为直线运动，以矫直辊框架的旋转替代管棒材旋转，有效地防止了管棒材因旋转运动而引起的磕碰伤、划伤，可应用于超长管棒和不允许材料旋转的场合。这种矫直机的缺点是改变规格时调整困难。回转式矫直机主要设备性能见表 3-86。

表 3-86　回转式矫直机的主要设备性能

主要技术参数	LGH100	LGH40	LGH20
矫直管材直径/mm	ϕ80～120	ϕ15～60	ϕ8～30

续表 3-86

主要技术参数	LGH100	LGH40	LGH20
矫直管材壁厚/mm	0.8～12.0	0.5～5.0	0.35～3.00
矫直管材长度/m	3～15	≥3	≥3
矫直管材强度/MPa	≤380	≤380	≤380
矫直管弯曲度/$mm·m^{-1}$	≤30	≤30	≤30
矫直速度/$m·min^{-1}$	5～15	5～25	5～25
矫直后管弯曲度/$mm·m^{-1}$	≤1	≤1	≤1
矫直可调角度/(°)	30±5		
主电机功率/kW	30	22	15
主电机转速/$r·min^{-1}$	810～80	132～1320	125～1250
送进与引出电机功率/kW	3	3×2	2.2×2
送进与引出电机转速/$r·min^{-1}$	1250～125	1000	1000
矫直机操作中心高度/mm	850	850	850
进出料架长度/m	12		
设备外形尺寸/m×m	35×3(长×宽)		

3.3.7.4　锯切

锯切用于生产过程中的中断、切死头、切头尾、切定尺、切取试样以及切掉管坯或成品上的局部缺陷等。随着产品使用要求的提高,某些高质量产品的锯切精度已提高到 1 mm 以内。成品切口的切斜度以及切口毛刺在标准中都有相应的规定,锯切时应予注意。半成品(如挤、轧制管坯或中断时)锯切后,应将留在管内壁上的锯屑清理干净,避免后序加工时锯屑压入管内壁形成金属压入或凹坑。

锯切设备一般采用各种型号圆盘锯,成品长度公差要求严格时,最好使用移动锯,以保证产品精度;挤压或轧制管坯也可采用砂轮锯。砂轮锯的主要技术性能列于表 3-87、轻型圆锯的主要技术性能列于表 3-88。

表 3-87 砂轮锯主要技术性能

名称	技术性能				
	电机		锯片		
	功率/kW	转速/r·min^{-1}	线速/m·min^{-1}	材质	规格/mm×mm×mm
砂轮锯	5.5 4.5	1440 1440	1810 2960	A(GZ) A(GZ)	400×25×4 400×25×4

表 3-88 轻型圆锯主要技术性能

电机		锯片		锯切规格		备注
功率/kW	转速/r·min^{-1}	规格/mm×mm×mm	材质	外径(不大于)/mm	壁厚(不大于)/mm	
4.0	1440	ϕ320×32×5	W18Cr4V	100	7.5	镶齿
4.0	1380	ϕ320×32×5	W18Cr4V	100	7.5	镶齿
2.5	1440	ϕ200×32×3	W18Cr4V	35	3.0	
1.5	1440	ϕ110×32×1.5	W18Cr4V	25	2.5	

3.3.7.5 脱脂

冷凝管加工过程中使用的润滑剂,会部分残留在铜管的内外表面,经最终退火后在管材的表面形成碳膜。早在 20 世纪 80 年代,许多业内专家就针对冷凝管的表面碳膜做了大量的研究,提出碳膜会对冷凝管的使用寿命产生不利影响。虽然此后就碳膜对铜管使用寿命的影响程度以及碳膜影响的定量指标没有最终的结论,但碳膜有害这一点却早已达成共识。为消除管材表面的碳膜,减少表面残碳,脱脂成为冷凝管生产工艺中不可或缺的工序。

脱脂工序可以采用将铜管在脱脂剂中浸泡的方式,也可使用易挥发的溶剂或清洗剂对铜管进行人工擦拭。常用脱脂剂的主要成分及配比列于表 3-89,使用时加水配制成浓度为 5% 左右的脱脂液即可。擦拭使用的溶剂有煤油和酒精,酒精擦拭后的管材退火后对表面颜色有影响,使用煤油无其他不良影响。一些有条件的生产厂,专门从国外进口了大型的清洗设备,使用有机溶剂对管材进行清洗,效果良好。使用清洗设备时,清洗剂的选择十分重要,应尽可能选择无毒、无污染的有机溶剂,以利于环境保护。

表 3-89 脱脂剂的主要成分及配比(质量分数,%)

烷基醇酰胺	脂肪醇聚氧乙烯醚	烷基酚聚氧乙烯醚	油酸三乙醇胺皂	苯骈三氮唑	水
12	10	15	43	0.1	余量

3.3.7.6 包装

直条冷凝管的包装一般采用可以循环使用的铁箱或一次性使用的铁木结构箱。火力发电机组凝汽器用管材一般情况下直接由制造厂发往电厂建筑安装工地,产品的验收在安装现场进行。每台机组需用冷凝管的数量因机组型号不同或生产厂商不同而有差异,但对同一型号机组来说有一个定数,如东方汽轮机厂生产的某型号 300 MW 机组凝汽器,需用铜管 160 t,其中:黄铜管 140 t,共 23129 支;白铜管 20 t,共 3125 支。上海动力设备有限公司生产的某型号 300 MW 机组凝汽器,需用冷凝管 150 t,其中:黄铜管 135 t,共 17968 支;白铜管 15 t,共 1952 支。订购时,在实际安装需要数量外还会增加 5%左右的备品。根据冷凝管安装使用的特殊要求,为方便产品现场验收及安装,包装箱最好设计成一端端板可以打开的结构,每箱的装箱支数也应统一,这样,在现场验收时便于清点数目。箱单一般一式三份,箱内一份、箱外贴一份、另一份寄给订货方。为防止箱外贴的箱单在运输过程中被雨淋湿,应做防水处理。箱单内容除填写标准要求的内容外,还应注明总箱号、分箱号以及是否备品。包装材料的选用应以保证运输、搬运、贮存过程中管材不发生损坏或腐蚀为依据,一般箱内壁采用泡沫板铺垫,其上再垫上气相防锈纸;对于气候比较潮湿的地区或雨季,在泡沫板和气相防锈纸之间还应增加一层塑料薄膜。对于大型临界或超临界机组用超长冷凝管,包装箱的标志中还应标明箱子重心及起吊位置。

3.3.8 冷凝管挤轧法生产过程的质量控制

3.3.8.1 影响质量的主要因素

冷凝管的质量要求是多方面的,但就其影响安装、运转和使用寿命几个方面来说,其主要影响因素有以下 10 个方面:

(1) 冷凝管的化学成分有着严格的要求,因为有些杂质会对管材的耐腐蚀性能和加工性能产生不利影响。相反,添加某种微量元素,则可改善和提高管材的部分性能。

如锡黄铜 HSn70-1 中,当锡含量在 0.91%~1.27%、杂质铅含量在 0.033%~0.048%范围时,热加工过程中易出现裂纹;相同的锡含量,而杂质铅含量在 0.017%~0.028%范围时,即使热加工温度和速度选择上限时,也不会出现裂纹的情况。

通过对铝黄铜 HAl77-2 挤压管坯裂纹的分析发现:由于杂质锡含量的不同,其挤压过程也有不同的表现。当铝含量为上限、杂质锡含量在 0.05%~0.55%时,在同一工艺条件下,挤压难度将有所增加,热加工塑性范围变窄。经多方面的分析鉴定,当 HAl77-2 材料中锡含量超过 0.05%时,不仅影响该合金的工艺性能,而且还会降低该合金的耐腐蚀性能。据报道,铝黄铜中的锡会使铜管在使用过程中产生溃疡腐蚀。

而在锡黄铜 HSn70-1 中添加微量硼元素,则可提高材料在污染或含盐分过高水质中的耐腐蚀性能。

(2) 管材的力学性能除满足标准要求外,还要求批与批之间具有较小的性能波动,有条件的情况下应针对用途的不同提供具有性能差异的产品。对于火电机组用铜管,根据多年现场安装使用的经验,以伸长率超出标准规定值的 25%左右为宜。而对用于制作冷却器,高、低压加热器以及进行翅片加工的铜管,其抗拉强度适宜在不大于标准值的 20%范围。

(3) 晶粒度应均匀适中。晶粒过大,使用时易产生晶间腐蚀;晶粒不均,使用时会产生不均匀腐蚀或点蚀。我们曾将国内外一些企业生产的冷凝管晶粒度做过比较,发现国内产品在晶粒的均匀程度上国内产品与国外产品存在差异。

(4) 产品(特别是黄铜)出厂前应做消除应力处理,并经氨熏24 h检验合格,满足电力安装技术规范要求。同时在产品包装上采取相应的措施,避免或减少产品在运输过程中产生磕碰或机械损伤,从而减少铜管新应力的产生机会。

(5) 管材的弯曲度要小,达到或高于标准要求,即管材任意3 m长度的弯曲度不大于12 mm。对于使用长度较长的大型机组,由于中间管板数量多,如管材弯曲度太大,特别是出现多方向的弯曲,会给穿管造成困难,即使最后借助外力穿进管板也会因管材变形产生应力,影响使用效果。

(6) 管材的内外表面应清洁光亮,表面皮膜致密、完整。铜管表面皮膜的破坏是导致早期腐蚀的元凶;光滑、致密、完整的表面皮膜是提高冷凝管使用寿命的先决条件。

(7) 管材端口的毛刺在锯切后应清除干净,一是便于进行涡流探伤;二是减少产品在生产和运输过程中的划伤。

(8) 涡流探伤设备性能应符合检测设备准用要求、自动分选。按相关标准调整和使用仪器,检验过程中按规定时限检查测试。复检误报、漏报率应小于1%。

(9) 管材内外表面的碳膜,尽管标准中未对此项指标做出量化的规定,且到目前为止国内还没有一个多方公认的、操作性强的分析方法供检测,但客户都会要求在生产过程中对该项目采取相应的措施加以控制,并在有疑问时采用自己的方法进行鉴别。

(10) 冷凝管的使用要合理,根据不同水质选择不同合金牌号的管材,并随水质的变化改换材质,如黑龙江的某电厂,使用松花江上游江水作为冷却水,20世纪50年代末建设时,凝汽器铜管采用的是未加砷的普通H68黄铜管,使用了近二十年。而在20世纪80年代更换铜管时则根据当时的冷却水质情况选用了加砷的锡黄铜管。

3.3.8.2 生产过程的质量控制

为使产品质量得到有效的保证,应根据影响质量的因素对生产过程加以控制。

A 原料管理

有色金属原料是生产冷凝管的基础,是影响出厂产品质量稳定和决定产品成本的关键。为此,企业应制定相应的管理规定、条例或标准,对原料的采购、验收、贮存和使用,供方的选择,采购文件等方面提出具体要求。以确保原料的来源可靠、使用合理,为保证产品的优良品质奠定基础。

B 铸棒质量要求

a 尺寸及允许偏差

尺寸及允许偏差列于表 3-90。

表 3-90 铸棒尺寸及允许偏差

外径/mm	允许偏差/mm	长度/mm	允许偏差/mm	断面斜度/mm
φ120～200	+0 -4	200～300 300～500	±3 ±4	≤5
φ200～300	+1 -5	<300 300～500	±6 ±8	≤8
φ300～400	+1 -7	<350 250～600	±8 ±10	≤10

b 技术条件

技术条件有以下几条:

(1) 铸棒的化学成分应符合相应的标准规定。炉前分析待全部炉料加完、熔化、升温并充分搅拌后,在液面下 150 mm 深处取样,炉前分析合格后方可出炉。若炉前分析合格后因故 2 h 内不能出炉,需重新取样检验。炉前分析合格后,在液面下 150 mm 深处取样做炉后分析,试样所对应的铸棒在炉后分析并复查不合格时,则该炉报废。

(2) 铸棒表面要求:不应有裂纹、夹渣、气孔、结壳、冷隔以及严重的成片麻子和影响后序加工产品质量的其他缺陷。因拉漏造成的飞边必须铲除干净。铸棒表面深度较浅的局部缺陷可以进行修理,缺陷应修理成无裂纹和夹渣并且表面光洁的局部缓坡形,修理后的深度不大于1~3 mm。

(3) 铸棒断面要求:不应有气孔、夹渣、裂纹及缩孔等缺陷,距周边3 mm范围内存在上述缺陷的可单独编批、跟踪使用。白铜铸棒应逐根进行宏观检查,宏观检查的试片上不得有气孔、裂纹、夹渣等缺陷,但距周边3 mm范围内的上述缺陷按上述方法处理。

(4) 检查、验收、贮存和运输。铸棒应逐炉取样进行化学成分的分析检验;尺寸及表面按铸棒逐根进行检查;断面质量及尺寸按锭坯逐根检查;宏观检验试片应在每根铸棒的任意部位切取,并按相应的检验方法进行检验。检验应由专人负责,在检验合格锭坯的文件上签字后,锭坯方可转入下道工序。合格的锭坯应存放于适宜的料筐中,保证在搬运、输送过程中安全并不会造成损伤。不能即时使用的锭坯应做好标识,存入在干净有序、不会对锭坯造成损害的地方。

C 挤压管坯质量要求

在生产中为便于管理,挤压管坯的尺寸一般按成品的规格和生产工艺形成系列。

a 管坯尺寸及允许偏差

管坯尺寸及允许偏差列于表3-91。

表3-91 管坯尺寸及允许偏差

外径/mm	公差/mm	壁厚及允许偏差/mm							
		3.0	3.5	4.0	4.5	5.0	6.0	7.0	8.0
60~90	−0.5 +1.5	+0.35 −0.50	+0.45 −0.50	+0.50 −0.60	+0.55 −0.70	+0.65 −0.85	+0.75 −1.00	+0.80 −1.10	+0.90 −1.20

挤-轧-拉法生产时,管坯的平均壁厚允许为名义壁厚的+10%。

管坯外径椭圆度的检查，其短轴尺寸不应小于名义直径的98%，如外径为 ϕ82 mm，其短轴尺寸不应小于 ϕ80.36 mm。

b 表面要求

黄铜管坯的内外表面不得有裂纹、起皮、气泡以及其他金属或非金属氧化物；不得有皱折、明显的波浪及带毛刺的划沟、擦伤及磕碰伤。允许有轻微的、局部的、不超出壁厚公差范围的划沟、擦伤及磕碰伤。但属于带毛刺的划沟、擦伤在转入下道工序前需经人工修理，修理后的表面应是呈缓坡状的过渡，不得有突棱尖角。

白铜管坯的内外表面不得有裂纹、大折皮、金属或非金属压入物以及通过冷加工不能消除的其他缺陷。

c 锯切要求

管坯的锯切长度按照工艺计算的下料长度，其长度偏差控制在30 mm以下，一般长度不应小于2 m。管坯两头锯切，端部应锯切整齐，切后的端面毛刺应予以清除，并将锯屑吹扫干净。

d 弯曲度的规定

管坯的弯曲度以不影响下道工序套管为原则。其弯曲度每米不大于8 mm，总弯曲度不超过30 mm。高精度冷轧管机使用的管坯矫直后每米的弯曲度应小于1 mm。

e 验收规则

挤压管坯的检验可由生产部门进行自检，质量部门抽检。管坯表面的局部缺陷可以进行人工修理，缺陷的修理应达到具有平滑光洁表面，与周边形成局部缓坡形，修理后的深度不应超出管坯所允许的公差范围。自检或抽检的比例可根据各企业的具体情况确定，不合格的不准转序。

f 标识、储存和转序

管坯验收合格后，检查人员应在合格管坯的文件上签字并做好标识，批次之间分开放置。生产、储存和转运过程应严格按照产品可追溯性原则保持产品标识的唯一性并保证管坯无其他损伤。

D 冷加工过程的质量控制

冷凝管生产的冷加工过程包括冷轧管、拉伸、退火、酸洗、制头、矫直、精整等多道工序，应对与产品质量密切相关的重要工序加强质量控制。

a 冷轧管

轧制管坯尺寸及允许偏差列于表3-92。

表3-92 轧制管坯尺寸及允许偏差

品种	外径及允许偏差/mm		壁厚及允许偏差/mm	
	外径	允许偏差	壁厚	允许偏差
黄铜、白铜	38～45	+0.2	1.6～3.0	±0.2

管坯的内外表面不得有裂纹、起皮、氧化以及其他金属或非金属氧化物压入；不得有皱折、飞边、竹节痕、搭接及带毛刺的划沟、擦伤及磕碰伤。允许有轻微的、局部的、不超出壁厚公差范围的划沟、擦伤及磕碰伤。表面油污严重的管坯应擦拭干净方可转序。管坯的弯曲度以不影响下道工序套管为原则，其弯曲度每米不大于5 mm，管坯任意3 m长度的弯曲度不大于12 mm。

b 拉伸

游动芯头中间道次拉伸的外径偏差以不影响下道工序穿芯头为准；壁厚偏差不应超出拉伸流程名义壁厚的±5%；配模精度要求拉出产品的平均壁厚与名义壁厚的差值小于0.04 mm。成品拉伸的外径偏差按合同标准规定的中、下限控制；壁厚偏差按合同标准范围控制；配模精度要求拉出产品的平均壁厚与名义壁厚的差值小于0.01 mm。拉伸管材的弯曲度不大于管坯弯曲度要求。

拉伸制品的表面应清洁光滑，不应有划伤、压坑、磕碰、扒皮痕、跳车环等拉伸环节产生的缺陷；铜管表面不应有严重的油污。

c 成品退火

成品退火是保证出厂产品力学性能、工艺性能以及金相组织的关键，因而应将该工序作为重点控制。成品退火后的管材表面应清洁、光亮，保持金属本色，其各项性能应满足合同标准的要求。对于通过式退火炉，检验试样的抽取可在工艺参数不变的情况下按批抽取，批重符合相应标准的要求。而对于箱式炉、卧式真空炉等按炉进行退火的设备,其检验样品应按炉抽取;如装炉量大于标准要求的批重,则应按多批抽取。用于进行内应力检验的样品,最好采用锯切方式,不可人为掰断或折断,导致检验结果判定不准确。

出炉后的产品应直接包装,尽可能地减少搬运过程。

E　成品检验与出厂检验

a　成品检验

按照冷凝管的产品检验项目,合理的检验可以分为两个时段:一是在除成品退火外所有的生产工序全部进行完毕时,这一时段的检验项目有尺寸及公差(包括不圆度、直度、管端口切斜度、锯切毛刺等)、表面状态、涡流探伤(或水压、气压试验)等。检验方法及其他相关内容根据企业的检验规程进行。在成品退火前进行这些项目的检验是避免退火后在材料强度下降的情况下对铜管造成损伤,保证产品的完好交付。

成品退火后进行产品第二时段的检验,检验内容有:力学性能、工艺性能、内应力、晶粒度;同时对产品尺寸、表面质量进行抽查,以防止退火过程中出现的缺陷漏网。

b　出厂检验

出厂检验一般根据企业管理制度的规定进行,大多数情况为抽检。除抽查成品检验的内容外,还应重点对成品检验未包含的内容进行检查,如产品包装、储存、搬运、标识、应必备的软件(产品合格证、产品说明书、箱单、箱件清单等)等环节进行检查,以保证给客户提供最优质的产品和服务。

3.4　其他生产方式简介

3.4.1　水平连铸－行星轧制法

近几年来,水平连铸－行星轧制的生产方法在制冷空调用管的生产上取得了可喜的成果,生产效率、综合成品率等指标都有了较大幅度的提高,而制造成本和综合能耗有所下降。铸轧法生产方式的广泛应用极大地刺激了部分企业以及相关的科研单位对铜合金管铸轧法生产技术的研究与开发，并取得了成效。工艺概述如下：

合金熔炼后经水平连铸铸出管坯，对管坯进行铣面加工，将铣面后的管坯加热后送入三辊行星轧机轧制，轧制在再结晶温度以上进行。BFe10－1－1的轧制温度可达850°C，使轧制出的管坯达到完全再结晶状态。行星轧制后的管坯根据需要进行直拉或盘拉伸至成品，经精整后达到所需的规格或尺寸，或直条或成盘。最后进行成品退火以保证产品的性能符合要求。

铸轧法生产过程的注意事项：

(1) 部分黄铜管在行星轧制时，由于其耐受急速冷却的能力较差，不能采用乳化液快速冷却，只能采取缓冷方式；

(2) 试验表明，黄铜合金在行星轧制的过程对芯棒的要求远比紫铜合金苛刻的多，因而，为避免或减少因芯棒粘铜而影响质量，设备应配备芯棒冷却系统并使用具有高温工作能力的芯棒材料；

(3) 盘拉过程的中间退火应选用在线感应退火，退火过程管材应处于氮气保护环境中；

(4) 黄铜管的盘拉一般经两个道次后就必须进行中间退火，而对于白铜合金则可进行多道次拉伸，如BFe10－1－1行星轧制后规格为ϕ48 mm × 2.3 mm，可以一直盘拉到ϕ9.52 mm × 0.5 mm而不需要进行中间退火。

到目前为止，这种新的生产方式还未投入规模化生产，工艺技术和设备、工模具等方面还需一个成熟过程。

铸轧生产方法，由于水平连铸更换合金牌号困难，适用于具有较大产量的规模化生产，而对于多牌号、小规模的产品可能会得不偿失。此外，由于该生产方式生产设备和工艺技术的限制，所能生产的产品规格受到一定的局限，如石油化工、油轮等行业或部门使用的大规格厚壁管则无法生产；而对于海水淡化用的小规格超长冷凝管，这种生产方法不失为一个好的选择。

3.4.2 水平连铸－冷轧法

为了降低冷凝管的制造成本，也有一些企业进行了水平连铸－冷轧法生产方式的探讨。该方法是采用水平连铸方式生产出小规格管坯，直接上皮尔格冷轧管机进行轧制，之后经拉伸、退火、精整至成品。目前这种生产方法也提供部分产品，但由于该工艺是将铸造管坯直接进行冷加工，因而为使合金的组织与性能达到冷凝管较高的质量要求，至少需要进行两次以上的退火工序并保证由铸造管坯到成品留有足够的加工余量。这种生产方式是在质量与成本之间找到一个平衡点，增加加工余量，工序会增加，质量能够提高，但随之而来的是成本的上升；反之，又很难保证最终产品的质量。目前该生产方式也正处于探索、试制阶段，还没有批量产品投放市场，特别是使用在一些高端的冷凝管用户，产品还未得到客户的检验与认可。此外，由于受设备能力和制造成本的限制，该方法所能够生产的冷凝管应在中、小规格范围，无法生产规格较大的冷凝管产品。

3.4.3 焊接铜合金冷凝管

3.4.3.1 概述

采用铜合金带材通过焊接的方法生产热交换器用铜管在国外已有多年的应用，而国内焊接方法生产的有缝管材仅在钢管或不锈钢管中广泛使用，焊接铜管仅用于部分黄铜装饰管，而冷凝管极少采用。20 世纪 90 年代，某企业曾进行过焊接冷凝管的尝试，试验产品经各项检测合格后，安装在某电厂 50 MW 火力发电机组凝汽器中进行实地运转试验。

就冷凝管用铜合金来说，最适于焊接方法生产的要数白铜合金，几乎所有的焊接技术都适用于铜镍合金材料。这些方法包括钨极氩弧焊（GTAW 或 TIG）、高频感应焊接（HF）、气体保护金属极焊接法（GMA）、等离子弧焊接（PAW）和电条电弧焊（SMAW）。

最常用的焊接方法有钨极氩弧焊和高频感应焊接。

含镍10%～30%的铜镍合金,它所具有的导热和导电性能与钢铁差不多,焊接时无需预热。铅、磷、硫等杂质元素存在于铜镍合金中,会对其焊接性能产生不利影响,使之对热裂十分敏感。为了确保焊接质量,一般应将铅、磷、硫在合金中的含量分别控制在0.01%、0.02%和0.01%左右,这些杂质元素含量过高有可能导致热效应区发生晶间裂纹。

焊接冷凝管使用的原料带材是用半连续铸造的扁铸锭经热轧、冷轧、中间退火,然后纵剪和卷取的方法制成。其带材的各项指标应满足相关的带材标准。

3.4.3.2 铜镍合金不同焊接方法工艺参数

铜镍合金气体保护金属极焊接工艺参数列于表3-93,钨极氩弧焊接工艺参数列于表3-94,电条电弧焊工艺参数列于表3-95。

表3-93 铜镍合金气体保护金属极焊接工艺参数

材料厚度/in	进料速度/in·min^{-1}	氩气流速/ft·h^{-1}	电压/V	电流/A
1/4	180～220	20～30	22～28	270～330
3/8	220～240	20～30	22～28	300～360
1/2	220～240	20～30	22～28	350～400
3/4	220～240	30～50	24～28	350～400
1	220～240	30～50	26～28	350～400
>1	220～260	30～50	26～28	270～420

注:1 in=0.0254 m;1 ft=0.3048 m。

表3-94 铜镍合金钨极氩弧焊接工艺参数

材料厚度/in	电极直径/in	焊丝直径/in	氩气流速/ft·h^{-1}	电流/A
1/16	1/8	1/16	15～20	100～140
1/8	1/8	1/8	15～20	140～200
1/4	1/8	1/8、3/16	20～30	180～260

续表 3-94

材料厚度/in	电极直径/in	焊丝直径/in	氩气流速/ft·h^{-1}	电流/A
3/8	1/8	1/8、3/16	20～30	260～320
1/2	1/8	1/8、3/16	20～30	320～400

注：1 in＝0.0254 m；1 ft＝0.3048 m。

表 3-95 铜镍合金电条电弧焊工艺参数

板厚/in	焊接预备形式	位置	电极尺寸/in	焊缝间距/in	电流/A	焊道数
1/4	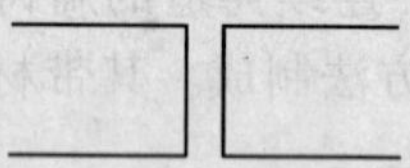	向下	1/8	1/8	115～120	2
	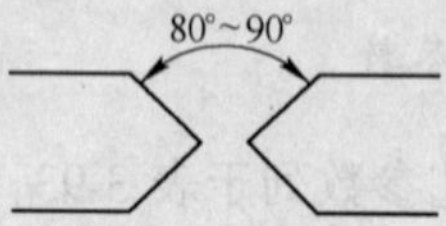 80°～90°	垂直向上	3/32	3/32～1/8	85～90	2
	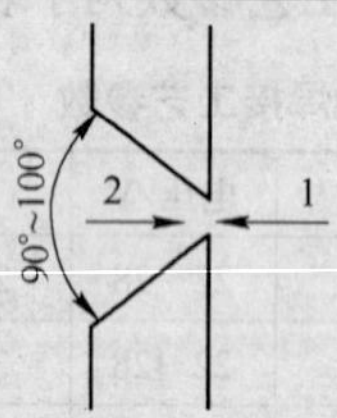 90°～100° 2 1	水平	1. 3/32 2. 1/8	1/16～1/8	1. 110 2. 100	2
	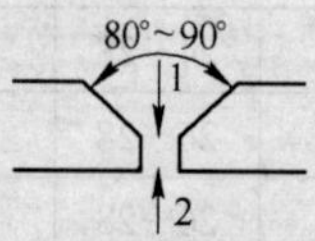 80°～90° 1 2	对焊铆焊	1. 1/8 2. 3/32	3/32～1/8	1. 110～115 2. 95～100	2
	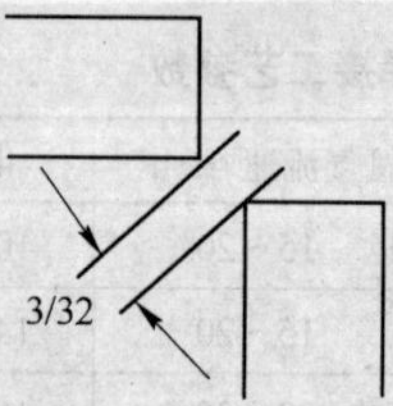 3/32	垂直向上	3/32	3/32	85	1

注：1 in＝0.0254 m。

电极要小心控制，通常采用迂回焊道和清洗，以确保满意的焊道，但其迂回宽度不得超过焊线直径的3倍。如果需要，焊接时的直后拖量或排成行的焊道应有最小的迂回量，这可用于深焊接坡口。

3.4.3.3 铜镍合金的高频感应焊接

电磁感应定律、全电流定律以及表面效应、邻近效应与环路效应现象是高频感应焊接工艺的基础。在高频直缝焊管生产过程中，焊缝的形成过程是利用高频电流的邻近效应和集肤效应所产生的电阻热将管坯边缘加热到熔融状态，经挤压辊的顶锻作用，实现了焊接过程。

带材坯料成形为圆柱形管坯，带材两端间成形后形成V形缝隙。由管坯外部环状感应线圈向弯成圆柱形焊接带材两端通高频电流；在管坯两端接触点达到很大的密集度。

为使焊管形成强度好的优质焊接结合，焊接机对辊压缩加热合金铜带的对接边部。高能量集中度可使焊接工艺参数在很大范围内变化，这是其他焊接方法不能达到的。高频感应焊接方法在焊接过程的电量比任何其他管材焊接方法都小。

在焊接过程中管坯缝口端部熔化的金属有很小一部分以微小颗粒溅出物形成由焊接区除去，并因此清除了金属表面的沾污及氧化膜，管坯对接缝口端部在焊接机压缩时内外表面挤出金属形成的焊瘤可由装置清除。

焊接好的管坯可以进行继续加工，如在圆盘拉伸机上进行盘拉、在皮尔格冷轧管机上进行轧制、在其他减径机上加工等。焊接管坯加工到成品尺寸的管材，经热处理后，焊缝的强度及金属组织与基体金属无差异，成品管材完全符合无缝管的质量要求，且几何尺寸及其公差还优于普通无缝管。

A 焊接工艺过程概述

将原料带材用剪切机切去前部端头，在对焊机上用氩弧焊或冷焊方法进行焊接，焊成连续的带材。为给予带材必要的张力，带材通过S形辊张力装置缠绕于带材储料器受料卷筒上。带卷合并机组在合并带卷范围内为连续焊接形成相当大的带材储备。在合并带卷的同时实现原始带材坯料的质量检查,在需要时可剪去带材缺陷部分,并将其端头进行对焊。

合并的带卷在对焊机上与已引入焊接机组的带材进行焊接对接,或在焊接机组上无带材时,将带材重新引入焊接机组的工作机组。

当带材进入成形机时,带材通过两组S形张力机,保证带材从开卷机均匀地开卷,并在成形机入口处造成带材恒定的调节张力。成形机保证有三种带材成形方案的可能性:非传动辊、传动辊或一组辊;任何一种制度的可调压力辊或各机架成形辊位于严格的固定位置。此外,成形机具备两种工作程序:调整和工作。

在成形的出口处,带材经变形两侧边之间形成窄缝的管材进入结合缝导向机架,该机架保证在支撑-焊接机得到严格的对接结合方向,支撑-焊接机焊接辊提供必须的可调压力。

焊接装置的组成有去除内外表面焊瘤装置、冷却装置以及实现管材焊接操作的其他机构。定径牵引机保证管材有高度稳定的移动速度和必须的牵引力,以及补偿支撑-焊接机的延伸量,定径牵引机可以自动调节牵引辊压力。

焊接后的管材可在矫正装置上进行矫正。在直条管生产时,飞锯可在操作手的控制下将焊接进行中的成品管材切成一定的尺寸,也可用于切除有缺陷的管段。有缺陷的管段将被抛入废料箱,而成品管材将被放入成品管箱。

当焊接盘卷管材时,管材由盘管卷取机进行卷取。盘管卷取机有拨料机,在完成焊接及盘管清洗后,拨料机将盘卷拨到受料装置之中。

B 用高频感应焊接的方法生产汽车用白铜刹车管工艺实例

工艺流程:铜镍合金带→高频焊接→圆盘拉伸管

原料带由210 mm×275 mm×1600 mm的半连续扁锭经铸锭加热,热轧到8.4 mm,铣去两面,然后在有中间退火的条件下冷轧到1.7 mm厚，再使用121 mm宽度进行纵剪并卷取。表3-96和表3-97分别列出了焊接用铜镍合金带材的化学成分和力学性能。

表3-96 焊接用铜镍合金带材的化学成分(质量分数,%)

合金牌号	Ni	Fe	Mn	Cu
C70600	90.0～11.0	1.0～1.6	0.5～0.9	余量

表3-97 焊接用铜镍合金带材的力学性能

合金牌号	屈服强度/MPa	抗拉强度/MPa	伸长率/%	硬度HV20
C70600	390	430	20	130

a 焊接工艺

卷取后的带材长度为200 m,重约350 kg。焊接之前把10～15个带卷用冷焊法将其焊接起来,并卷成重约5000 kg的卷料。高频感应焊管机的布置示于图3-51,而其各部分情况将在下面做进一步说明。

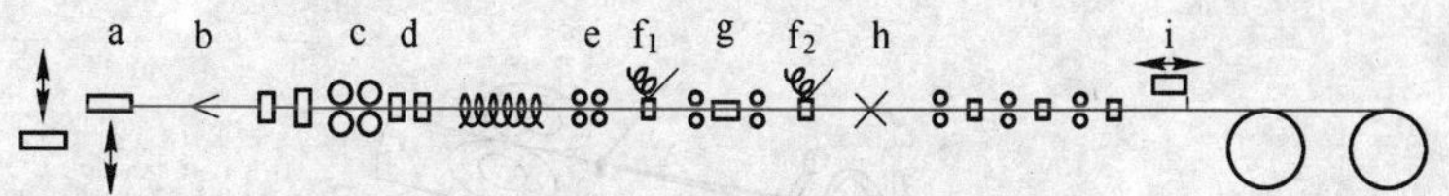

图3-51 高频感应焊管机的布置图

b 高频感应焊管机焊接生产过程

将需要焊接的带卷送入卷轴(a)上,而后开卷,以使材料通过机列。机列有两个卷筒,一个可以上卷,另一个处于开卷的工作状态。带材两侧边必须事先进行修整,使之具备正确的尺寸和形状,这些工作由侧刀(b)完成。带材在机列上逐步卷曲成具有小狭缝的管(见图3-52),这项工作由两类成形辊(c)进行,几对卧辊先把带材边部弯曲,最后由竖辊完成管的形状。在感应线圈前有两对刀辊(d),它可以调节缝的宽度。

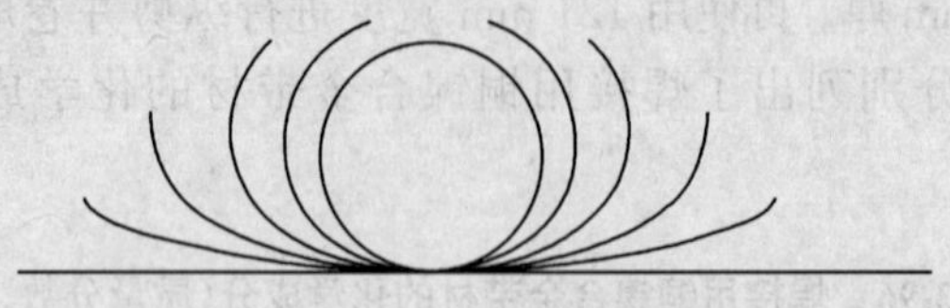

图 3-52　带材弯曲成管示意图

机组焊接部分(见图 3-53)由一套感应线圈和一对压力辊(e)组成。这个感应线圈产生管内二次电流,使边部加热到熔点。电流在管中的流动情况示于图 3-54。在压力辊的挤压下管内外两面凸出焊接金属,同时将两边焊合在一起。外面的凸出金属通过两段整平工序来去除。第一段铲平(f_1)是初步的,可消除大部分焊疤;第二段(f_2)为整平工具,消除所有焊瘤。焊缝是通过装在两个外表面整平工具之间的检测器(g)进行涡流探伤。管内侧焊瘤也用同外侧一样的方法去除,只是粗精刮削工具(h)装在一起。最后,焊合的管材在机列的末端被卷取机(i)收卷成盘。机列末端还设有一飞剪,可在卷管重约 1200 kg 时将管子切断,而后将卷管放入料框中输送到盘拉机。焊接管的规格为 ϕ37 mm×1.7 mm。

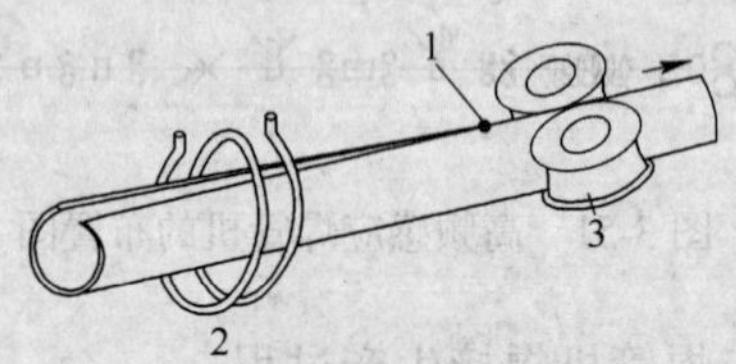

图 3-53　感应线圈焊接示意图

1—焊接点;2—感应线圈;3—压力辊

焊接过程最低速度为 70 m/min。焊热影响区的范围较小,焊接过程中未发生铁的沉淀,而是某些在带材生产中形成的富铁沉淀反而发生了溶解。电子显微镜观察表明,焊接区镍的偏析为 9±4%,稍高于冷轧带 9.4±2%的偏析。焊接管表面质量比挤压

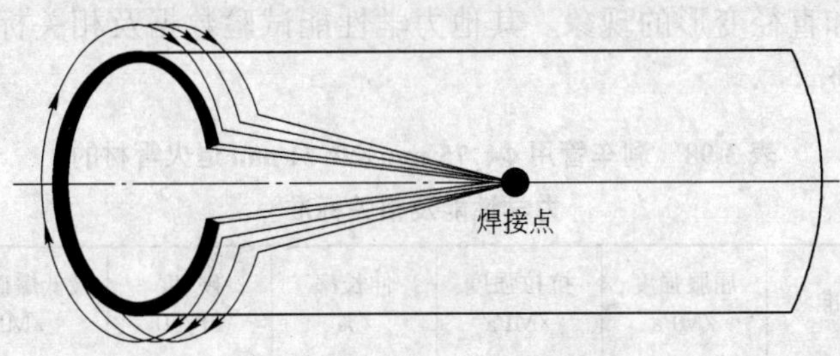

图 3-54 焊接时的电流

管材好得多,这是因为在带材生产过程中消除了热加工的组织状态并经过铣面和冷加工得到了优良的表面质量,而且均未发现挤压管常见的起皮、分层等缺陷。

圆盘拉伸在倒立式盘拉机上进行,使用硬质合金拉伸模和游动芯头,模子角度在 12.5°~14°之间,模子和芯头之间的角度差为 1.5°~2°。道次加工率为 30%,总加工率 90%,一直拉伸到 ϕ8 mm×1 mm,无需中间退火。

退火可采用两种方式:一是在炉子静态退火;二是使用通过式感应退火。两种方式都需要保持 750℃以上的温度和退火后快速冷却,这是防止缺陷沉淀所必须的。一次退火既不能达到焊接组织的均匀化,也不能得到产品所需要的力学性能和晶粒度。因此,焊接后的管材经冷加工到成品必须经过二次退火。首先是中间退火,以消除大部分组织上的差别,其次是拉伸至成品时的最终退火,消除残余应力和使管材具有所需要的性能,如汽车用刹车管,拉伸至 ϕ10 mm×0.85 mm,在通过式感应退火炉中进行中间退火,之后再加工至最终尺寸 ϕ4.75 mm×0.71 mm,在电炉中进行静态退火。这种生产工艺的结果,是使制品整个断面的组织非常均匀,看不出焊接的痕迹。

c 材料性能

对高频焊接→再加工→中间经两次退火的铜镍合金管材进行了涡流探伤和静压力渗漏试验(压力大于 40 MPa),没有发现任何渗漏和直径变形的现象。其他力学性能试验数据及相关标准见表3-98。

表3-98 刹车管用 ϕ4.75 mm×0.71 mm退火管材的力学性能及相关标准

标 准	屈服强度/MPa	抗拉强度/MPa	伸长率/%	硬 度 HV50	最低爆破压力/MPa
Granges	130	330	35	85	115
VOLVO	130	330	35	85	90
实 测	135	340	45	85	

扩口试验：扩口率30%，检验合格；晶粒度检测为0.021 mm。

管材尺寸完全满足规定要求，其中偏心率5%，仅为标准要求的一半。

将该产品与挤压法生产的管材一同进行了海水加速腐蚀试验，内容包括：耐腐蚀、间隙腐蚀、热点腐蚀等，经过一个多月的暴露试验表明，在上述腐蚀性能方面，焊接管和无缝管之间未发现任何差别。暴露48～168 h后进行了应力腐蚀试验，未发现应力腐蚀开裂。

C 发电机组凝汽器用高频焊接白铜管

a 产品及使用设备

合金牌号：BFe30－1－1

产品规格：ϕ25 mm×1 mm×8500 mm

状　　态：Y_2(半硬)

使用设备：ϕ50 mm高频直缝焊管机组。机组主要设备组成为：悬臂吊、开卷机、矫平机、剪切对焊机、水平式螺旋活套、成形机组、焊接机组、冷却水套、定径机组、涡流探伤装置、直流伺服控制装置的定尺飞锯、平头倒棱机组、矫直机、打包机、输送辊道、台架、拔管机等设备以及相应的液压系统、电控系统和润滑系统等。主要技术性能及设备参数列于表3-99。

表 3-99 ϕ50 mm 高频直缝焊管机组主要技术性能及设备参数

带材宽度/mm	60～160	开卷机卷筒规格/mm	最小 546,最大 650
带材厚度/mm	1.5～4	开卷机卷筒胀缩量/mm	104
带卷外径/mm	800～1500	矫平机矫平速度/$m\cdot min^{-1}$	15
带卷内径/mm	650	带卷剪切对焊形式	CO_2 气体保护电弧焊
成品外径/mm	20～50	焊接速度/$m\cdot min^{-1}$	30～100
定尺长度/mm	5000～7000	挤压辊数量/个	2
作业线长度/m	约 90	外毛刺收集机卷取速度/$m\cdot min^{-1}$	20～120
成形机组传动电机功率/kW	55	冷却方式	水淋式
定径机组传动电机功率/kW	55	设备重量/t	约 90

b 焊接工艺

带坯采用半连续铸造－热轧－冷轧以及中间退火的生产方式至所需厚度,然后经纵切和卷取成 110 mm×1.3 mm 的带坯。带坯的化学成分、尺寸及其偏差、力学性能及工艺性能等技术指标满足 GB/T2059《铜及铜合金带》标准。

确定给定材料的加工工艺参数特性,在焊接过程中调节这些工艺参数以使焊接质量稳定。焊接过程对管材进行连续涡流探伤检测。检测合格的管材进行焊缝内毛刺的去除处理,之后进行退火－拉伸至成品,最后进行精整和成品退火。成品管材按 GB/T8890 标准进行出厂检验,符合标准要求的为合格产品。

用光学显微镜对管材横截面焊缝的金相组织进行了全过程的跟踪观察，管材焊接后焊接区的显微组织、焊缝的特点是典型的铸造组织。管材经冷拉和退火后，其铸造组织逐渐转化。在经过一定的加工变形和二次退火后，其焊缝的组织基本与基体组织融合。在成品扩口、压扁的工艺试验中，焊接区以及焊缝处未出现裂纹。在专门对焊缝进行压扁试验时也未出现裂纹，但管材焊接后不进行加工和热处理，进行压扁试验时则会出现开裂现象。

D 高频接触焊质量保证

为了得到高质量的焊接产品,就应保持理想的高频接触焊焊接工况,因此,必须满足以下两个基本条件:

(1) 尽量多的高频电流通过V形口;

(2) V形口的管坯边缘尽可能平行。

满足基本条件(1),取决于接触块和放在管内的电流阻抗装置的设计和放置位置等电学因素,而这些因素又受到成形机的结构、挤压辊形式的影响,此外还受到V形口的尺寸、张开度的影响。尽管(1)基本是电学因素,但与机械因素有着密切的联系。

满足基本条件(2),则完全取决于机械因素。重要的因素发生在V形口上,在V形口上产生的任何情况都会影响焊接的质量和速度。这些因素有:

(1) V形口的长度;

(2) 张开的角度;

(3) 带材边缘离挤压辊中心线开始接触的距离;

(4) V形口处带材边缘的形状;

(5) 带材边缘接触形式;

(6) V形口处管子的形状;

(7) V形口的全部参数,包括长度、张开角、边的高度和厚度;

(8) 接触块放置位置;

(9) 当带材边缘汇合时互相是否对准;

(10) 多少熔融金属被挤出;

(11) 定径量的多少;

(12) 向V形口注入的冷却液量以及冲击速度是多少;

(13) 冷却液是否干净;

(14) 带材是否干净;

(15) 有无异物存在,如铜屑、碎片、毛刺等;

(16) 管坯的质量及性能;

(17) 成形机组的速度是否均匀。

只有对上述因素进行严格控制,才能最终保证焊缝质量,从而获得高质量的焊接管材。

E 高频焊管设备的主要技术参数

较为先进的高频焊管设备可远距离控制各机械装置、主要工艺操作实现自动控制并设有设备安全操作的保证设施,如:收集操作者及端头对焊工作地点的飞溅物及气体;装有违反工作制度时使用的事故信号装置;事故发生时使用的连锁装置等。

主要技术参数如下

(1) 带材坯料尺寸。

宽度:50～180 mm;厚度:1.0～2.5 mm;带卷重量:≥2 t。

(2) 焊接性能。

调整速度:10 m/min 以下;焊接工作速度:10～120 m/min;单位生产能力:2.4 t/h;

高频焊接机组:BUC－400/0.22;振荡功率:400 kW;工作频率:220 MHz。

(3) 焊管尺寸。

管材外径:15～50 mm;管材切断长度:6～9 m;管材锯切长度公差:±50 mm;

盘卷外径:1200～1800 mm;允许盘卷卷取最大管径:40 mm。

(4) 电机功率。

直流电机:200 kW;交流电机 400 kW。

(5) 耗水量:13 m^3/h。

(6) 缩空气消耗量:7.5 m^3/h。

(7) 液压站:生产能力:320 L/min;标准压力:5 MPa。

(8) 润滑系统:耗量 60 L/min。

(9) 机组重量及外形。

设备重量:100 t;设备外形尺寸:50 m×8 m×4 m;地坑深度 4 m。

3.5 铜合金冷凝管的安装及注意事项

3.5.1 产品安装现场的检验与验收

冷凝管安装现场的验收除清点支数外,还要进行装机之前质量验收,验收的依据是DL5011《电力建设施工及验收技术规范(汽轮机组篇)》的施工验收标准和DL/T712《火力发电厂凝汽器管选材导则》。

一般按要求抽取安装总数5%的铜管进行涡流探伤检测,检测中如不合格管材达到1%时,则应进行全数检验,检验方法按DL/T561标准进行。

抽查铜管安装总数的0.1%进行残余应力检验,检验方法按DL/T561标准进行,氨熏24 h,铜管无裂纹;当样品出现不合格时,对不合格批的铜管,应在装机前全部进行消除应力处理。消除应力的方法可采用电厂汽轮机出口的蒸汽对铜管进行蒸汽退火,退火温度应为300~350℃,保温时间根据材质和现场试验确定,一般为4~6 h,如罐内蒸汽温度能够始终保持350℃时,保温时间可为60 min。

抽取管材总数的0.05%~0.1%进行扩口、压扁工艺性能检验。扩口试验采用45°车光锥体,扩口率30%;压扁至短径相当于原铜管直径的一半,试样无裂纹或其他损坏现象。如上述试验存在不符合时,可在铜管的胀口部位进行400~450°C的退火处理。

铜合金管表面膜,特别是残碳膜,一般情况下要求供方在生产工艺过程中加以控制和清除。但在安装使用前,对怀疑有残碳膜的管材,需方可采用俄歇能谱分析法或ESCA(化学分析光电子能谱法)进行鉴别。

其他的检验项目,如化学成分、尺寸及其偏差、表面状态、力学性能等,均按相应的国家或行业标准进行。

铜管力学性能的检验是通过拉力试验测得。拉力试验属破坏性试验,需要在被检验的管材上根据规格的不同取长短不一的一段,一般在220~250 mm之间,在拉伸试验机上进行拉伸。然而,无论何种用途的冷凝管绝大多数都为定尺管材,取下一段后该支产品已无法使用,只能作为残料处理。为了减少顾客的损失,我们曾探索采用检验硬度值的方法来替代拉伸试验,作为产品现场复验时,判断其是否符合标准的依据。硬度值的检验较拉力试验更为简便并节约试样,其结果经实践证明行之有效。BFe30 - 1 - 1冷凝管力学性能间关系的实验结果如图3-55所示。GB/T8890—1998《热交换器用铜合金无缝管》标准中,该产品的力学性能列于表3-100。

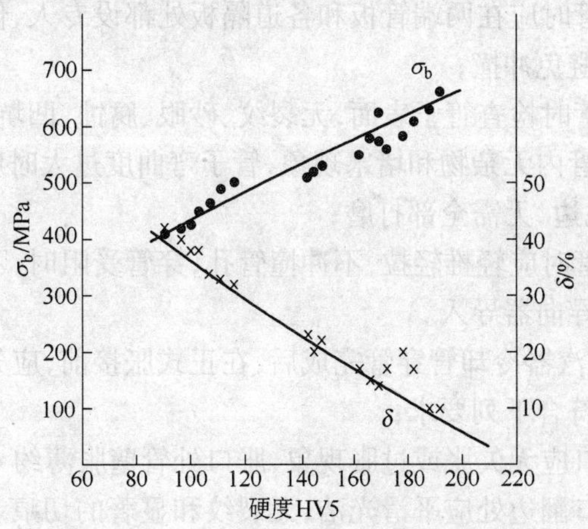

图 3-55 BFe30 - 1 - 1 冷凝管力学性能间关系

表 3-100 GD/T8890 1998 力学性能要求

合金牌号	状 态	抗拉强度/MPa	伸长率/%
BFe30 - 1 - 1	Y_2	490	6
	M	370	25

若使产品的力学性能满足标准中的要求,其维氏硬度(5 kg 负荷)则需满足:

半硬(Y_2)状态:硬度值大于 120 MPa,小于 200 MPa;

软(M)状态: 硬度值大于 110 MPa,小于 130 MPa。

使用这种方法在安装现场复验产品的力学性能省时、省力,并可节约大量的贵重有色金属。

3.5.2 安装注意事项

安装注意事项如下：

(1) 凝汽器穿冷却管应符合下列要求：

1) 穿管工作应在无风沙、雨雪侵袭的条件下进行；

2) 穿管时应在两端管板和各道隔板处都设专人，使穿管对准各道管孔，避免冲撞；

3) 穿管时检查管子表面，无裂纹、砂眼、腐蚀、凹坑、毛刺和油垢等缺陷，管内无杂物和堵塞现象，管子弯曲度过大时应矫直。管口应清理毛边，无需全部打磨；

4) 穿管时应轻推轻拉，不冲撞管孔，穿管受阻时，不得强力猛击，应使用导向器导入。

(2) 凝汽器冷却管穿管完成后，在正式胀接前，应先进行试胀工作，并应符合下列要求：

1) 胀口应无欠胀或过胀现象，胀口处管壁胀薄约4%～6%；

2) 胀口翻边处应平滑光洁，无裂纹和显著的切痕。翻过角度一般为15°左右；

3) 胀口的胀拉深度一般为管板厚度的75%～90%，但扩胀部分应在管板壁内不少于2～3 mm，不允许扩胀部分超过管板内壁；

4) 胀接工作应在整洁、干燥的环境下进行，气温应保持在0℃以上，在厂外胀管时，四季都应搭建工作棚，避免风沙和气温剧变影响施工质量。

(3) 凝汽器冷却管胀接应达到下列要求：

1) 凝汽器壳体应垫平垫稳，无歪扭现象，若壳体组合后经过搬运，在穿胀管子前应先将壳体重新垫平，并使端板和隔板的管孔中心线达到原始组合状态；

2) 管子胀接前应在管板四角及中央各胀一根标准管，以检查两端管板距离有无不一致和管板中央个别部位有无凸起，造成管子长度不足等情况，管子胀接程序应根据管束分组情况妥善安排，不得因胀接程序不合理而造成管板变形；

3）正式胀接应先胀出水侧，同时在进水侧设专人监视，防止冷却管从该端旋出损伤；

4）正式胀接工作按试胀要求进行；

5）胀接好的管子应露出管板 1～3 mm，管端光平无毛刺；

6）管子翻边如无厂家规定时，一般在循环水入口端进行 15°翻边；

7）冷却管尺寸不够长时，应更换足够尺寸的管子，禁止用加热或其他强力方法伸长管子。

4　不锈钢冷凝管

4.1　概述

近几年来,不锈钢焊接冷凝管以其优良的耐腐蚀性能以及保障发电机组长期连续、满负荷运行的能力被广泛地采用,成为铜合金冷凝管最大的替代产品。目前凝汽器存在的主要问题是冷凝管泄漏和使用寿命短,其中主要原因之一是冷却管系材料问题所造成。通常情况下,凝汽器管板采用普通低碳钢,与铜合金冷凝管在物理、力学以及化学性能上存在着一定的差异,这些差异在机组运转过程中有可能对管材的使用寿命产生一些不利影响。而选择铜合金管板则会大大增加设备制造的材料成本。不锈钢冷凝管则将这些差异大大缩小,提高了机组的正常运转期限,这一点对发电机组特别是大型机组来说非常重要。

不锈钢顾名思义就是不容易生锈的钢,系指在大气及弱腐蚀介质中具有良好抗腐蚀性能的钢材。一般认为腐蚀速率小于0.01 mm/a 的,为“完全耐蚀”;腐蚀速率小于 0.1 mm/a 的,为“耐蚀”。据分析研究,因为不锈钢中含有的铬在其表面形成很薄的铬膜,这层铬膜隔离开了钢与外界的氧气,从而大大减少了因氧气的侵入而引起的材料腐蚀。如果这层铬薄膜被破坏,钢中的铬可以与大气中的氧重新生成这种钝化膜,继续起保护作用。据研究,为了保持不锈钢所固有的这种耐腐蚀性能,钢中的含铬量必须达到12%以上。由于不锈钢材具有优异的耐蚀性、成形性、相容性以及在很宽温度范围内的强韧性等一系列特点,所以在工业、生活用品以及建筑装饰等行业中获得广泛应用。

不锈钢的种类可以按用途、功能、化学成分以及金相组织等形式来大体划分，应用最广的是按室温下的组织结构进行划分，可分为奥氏体不锈钢、铁素体不锈钢、马氏体不锈钢、双相不锈钢和沉淀硬化不锈钢五种。虽然不锈钢及其焊管产品的种类很多，但能够在电力系统应用的品种却很少。在淡水和微咸水中常用的只有奥氏体不锈钢管，合金牌号为 304 和 316 L 型；在微咸水和咸水中常用的仅有 317L 型不锈钢管。虽然双相不锈钢管如 2205 型使用不多，但其强度高，耐蚀性较好，因此常用于凝汽器汽侧冲击严重的区域。

4.2 不锈钢冷凝管的生产

4.2.1 生产方式

目前我国不锈钢冷凝管的主要生产方式是钨极氩弧焊。

钨极氩弧焊是将焊枪所夹持的钨极与被焊工件之间通电产生电弧，电弧所在空间通以惰性气体氩气，使电弧在惰性气体的环境中燃烧。氩气原子在焊接过程中与钨极、焊件、填充焊丝不发生任何化学或冶金作用。钨极氩弧焊的显著特点是电弧燃烧稳定，能够有效地隔绝周围空气，使熔池、填充焊丝不受氧化和氮化，从而获得高质量的焊缝，且能进行全位置焊接。钨极氩弧焊接示意图见图 4-1。

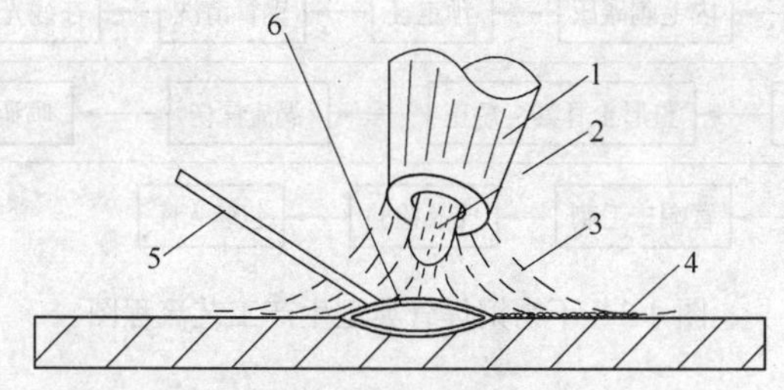

图 4-1 钨极氩弧焊接示意图

1—喷嘴；2—钨极；3—气体；4—焊缝；5—填充焊丝；6—熔池

钨极氩弧焊的生产特点：

(1) 母材金属加热特点(主要指能量密度和热功率大小)介于气焊和焊条电弧焊之间,加之在很小的焊接电流(≤10 A)下,电弧仍可以稳定燃烧,特别适用于焊接薄件或超薄件奥氏体不锈钢材料。

(2) 焊接过程中能清晰地观察到焊接熔池和熔透情况,因此,在要求保证焊透及反面又有一定成形要求的情况下,单面焊采用内壁(或背面)通氩气的钨极氩弧封底焊的方法被普遍采用。

(3) 钨极氩弧焊采用的填充焊丝为裸焊丝,在施焊过程中不会产生飞溅、焊缝成形美观,焊缝上不存在渣壳,无需清理。

(4) 钨极氩弧焊电弧的热功率低,所以,焊接速度相对其他电弧焊而言比较低。焊接同样厚度的实型钢材,钨极氩弧焊的速度仅为焊条电弧焊速度的1/2～1/3。

4.2.2 生产工艺

4.2.2.1 工艺流程

不锈钢焊管典型的生产工艺流程见图4-2。

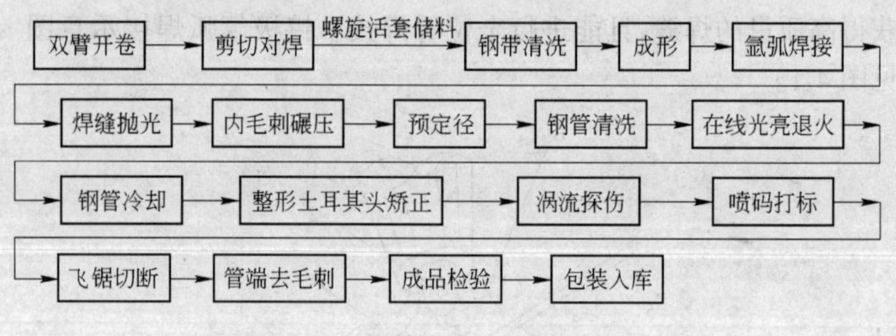

图4-2　不锈钢焊管典型生产工艺流程图

4.2.2.2 成形

机组成形部分一般分为粗成形和精成形。初成形：四架平辊装置,五架立辊装置;精成形：三架平辊装置,三架立辊装置。成形一般采用的是双半径综合弯曲成形法(见图 4-3),这种成形方法是以成品管半径为边缘弯曲半径,将带材边缘弯曲到一定的变形角,并在后面的各成形架次基本保持不变,而带材中间部分的弯曲成形则按圆周弯曲法进行变形分配。上述成形方法同时具有边缘弯曲和圆周弯曲的优点,变形均匀,成形过程稳定,边缘相对伸长小,成形质量好。

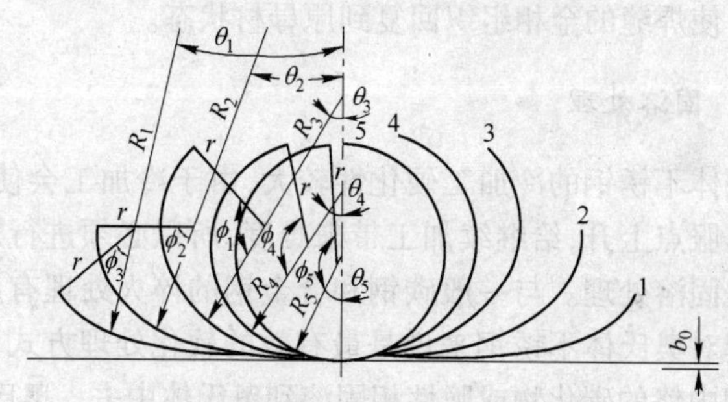

图 4-3 双半径综合弯曲成形示意图

b—带材厚度;$R_1 \sim R_5$—圆周弯曲半径;r—边缘弯曲半径;
$\theta_1 \sim \theta_4$—各道次圆周变形角;$\phi_1 \sim \phi_3$—各道次边缘变形角;1~5—成形道次

4.2.2.3 焊接

不锈钢薄壁小直径焊管焊接一般采用的是钨极氩弧焊自动焊接成形。钨极氩弧焊是以氩气作为保护气体的电弧焊(TIG),焊接过程中钨极不熔化(不向带材过渡),借助于产生在钨极与带材之间的电弧,加热并熔化带材,进而形成熔池来进行焊接。钨极和电弧区及熔化带材均处在氩气保护下而不发生氧化,保护效果好,合金过渡系数比较高,焊接成分易于控制,这就保证了焊接过程的稳定性和较高质量的焊缝。由于 TIG 焊没有电极金属的过渡问题,电弧现象比较简单,焊接工艺过程的再现性强,焊接质量稳定,是不锈钢管材的主要焊接方法。

采用 TIG 焊接不锈钢的焊接过程是在热源加热下形成熔池并连续熔化、连续结晶的过程。焊接区的温度梯度很陡,加热熔化与冷却结晶速度均很快。由于结晶速度快,柱状晶粗大,方向性鲜明,在没有通过焊后热处理加以细化的情况下,焊缝金属的塑性、韧性都很低。同时,快速结晶的结果使熔池中某些非金属氧化物和硅酸盐类熔渣微粒来不及上浮而进入熔池,在枝晶之间形成夹杂。这种情况不仅降低了焊缝的力学性能,也成为孔蚀和应力腐蚀破裂的源点,所以焊接后的不锈钢管一般都需要进行退火(即固溶)处理,使焊缝的金相组织回复到原母材状态。

4.2.2.4 固溶处理

奥氏体不锈钢的冷加工硬化性较大,由于冷加工会使不锈钢材料的屈服点上升,给继续加工带来难度,所以必须进行退火,其实质就是固溶处理。与一般碳钢和合金钢的淬火处理有所不同,固溶处理对奥氏体不锈钢来说是最有效的软化处理方式,是通过加热使钢中铬的碳化物或脆性相固溶到奥氏体中去。奥氏体不锈钢管固溶处理的目的,不仅要消除冷加工后的应力,降低硬度和改善加工性能,还要使钢管获得符合标准的力学性能、耐蚀性能并细化晶粒、改善组织。经固溶处理后的不锈钢管塑性好、韧性高,可继续进行再加工。

4.2.3 典型规格的生产工艺参数

4.2.3.1 焊接工艺参数

常用规格的不锈钢钨极氩弧焊管焊接工艺参数列于表4-1。

表4-1 焊接工艺参数

牌 号	规 格 /mm×mm	速 度 /m·min^{-1}	电 流/A		
			一枪	二枪	三枪
TP304	$\phi25\times0.5$	4	70	84	53
		5	82	93	57
		6	94	103	62

续表 4-1

牌号	规格 /mm×mm	速度 /m·min⁻¹	电流/A		
			一枪	二枪	三枪
TP304	ϕ25×0.7	2.8	76	89	69
TP304	ϕ25×1.0	1.8	82	93	71
TP316L	ϕ19×0.5	5	83	92	56
		6	92	101	60
TP304	ϕ19×0.5	5	80	92	55
		6	91	99	62

4.2.3.2 固溶处理工艺参数

常用规格的不锈钢钨极氩弧焊管固溶处理工艺参数列于表 4-2。

表 4-2 固溶处理工艺参数

牌号	规格/mm×mm	退火温度/℃	钢管速度/m·min⁻¹
TP304	ϕ25×0.5	938～1050	4
		938～1050	5
		938～1050	6
TP304	ϕ25×0.7	938～1050	2.8
TP304	ϕ25×1.0	938～1050	1.8
TP316L	ϕ19×0.5	988～1100	6
TP304	ϕ19×0.5	938～1050	6

4.3 关键设备及主要技术参数

不锈钢焊接生产线主要设备有带材开卷机、卷曲成形机组、钨电极氩弧焊接机、在线固溶处理设备、涡流探伤设备、定尺锯切设备、精整设备，其中的关键设备是卷曲成形机组、钨电极氩弧焊接机、在线固溶处理设备。钨电极氩弧焊机组示意图见图 4-4。

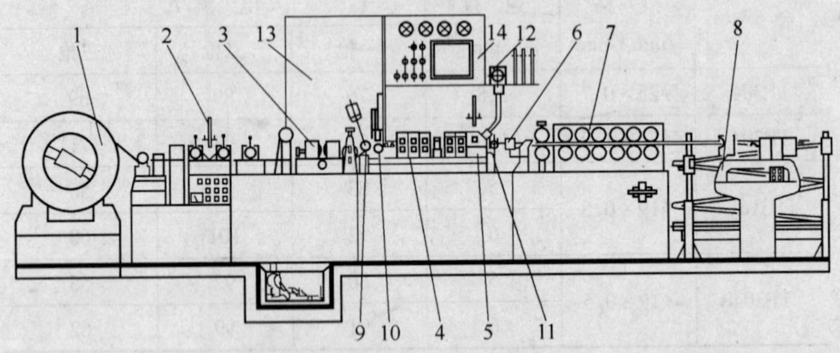

图 4-4 钨电极氩弧焊机组示意图

1—开卷机;2—对接焊装置;3—圆盘剪;4—成形机列;5—焊接装置;6—冷却装置;7—定径机列;8—收盘卷取装置;9—速度测量装置;10—测厚仪;11—热流传感器;12—目测检测仪;13—电控柜;14—微处理机显示器

4.3.1 卷曲成形机组

卷曲成形机组一般由以下 3 部分组成:

(1) 前部变形由开口成形段的四架水平主动辊和五架被动立辊组成,主要作用是对带材进行粗成形;

(2) 后部成形是由闭口成形段的三架水平主动辊和三架被动立辊组成,它可使粗成形带材由开口孔顺利进入闭口孔成形;

(3) 抛光部分由两个交错成 45°角的抛光机组成,每个抛光机由独立的交流电机驱动抛光轮,手动调节每个抛光轮的切削深度,其粉尘由除尘系统处理后外排。

其主要技术参数如下:

水平驱动辊轴直径	25 mm
被动立辊轴直径	20 mm
成形中心轴线高度	850 mm
成形机组速度	最大 12 m/min

4.3.2 焊接设备

4.3.2.1 焊接机构的组成部件

焊接机构是由焊接夹紧辊、上压轮、焊枪、焊枪移动机构、氩气保护装置、电弧稳定控制系统、水冷装置等组成。该焊接机构应能实现良好的焊接,能保证焊接质量和管材形状等。

不锈钢薄壁管一般选用三枪或万能枪氩弧焊进行施焊。三枪装置由 3 个电源、水冷系统、高频起弧器、操作台、三枪和枪三维调整的支撑——枪的快速进给、焊接箱等组成。焊接箱内由两部分组成一个焊靴(挤压导套)。调整螺杆即可调整两焊靴(挤压导套)之间的距离,使钢管在没有焊接前的焊缝处在最佳状态。

焊接机是三阴极系统,它有 3 个氩弧焊焊枪。焊枪由喷嘴、钨极夹持装置、导线气水输送胶管、启动开关与零部件等组成。第一焊枪有弧偏差为加热焊管边部,第二焊枪是实际焊接焊枪,第三焊枪有电弧振动,为平滑焊接表面,焊枪头被安装在三轴可调节的支架上。主控制器被安装在焊接箱上方,具有控制焊枪和气体的功能。每个焊枪有各自单独的供电电源,电源必须具有陡降或垂直陡降的特性,这些电源均为连续输出电源,100% 负载率输出为 250 A。电极采用钨针,其特点为放射性低、对人体危害小。为了防止污染和在热影响区产生粗晶,采用纯度为 99.9% 的氩气保护,并在焊接时采取小线能量。气体保护装置由氩气瓶、减压计、流量计等组成,氩气瓶是储存氩气的高压容器,使用时应注意安全规则。焊口充氩气保护,充气流量保持在 3~8 L/min 左右,视管径而定。焊接电流在 40~100 A 之间,氩气流量约 8 L/min,焊炬喷嘴孔径 8 mm,喷嘴与工件距离 5~6 mm。引弧时提前 3~5 s 送气,以驱赶管内和焊接区间空气。熄弧前应先提高行进速度,然后熄弧;或使用焊接结束前带有电流自动衰减功能的焊机,以消除弧坑以及防止弧坑开裂。焊后须继续送气 10~30 s,以保证尚未冷却的钨极和熔池能在保护气氛下冷却。

4.3.2.2 焊管定径机构

通过一个预定径段,产生一个夹送力,避免光亮退火和定径之间产生过大拉力,也避免了光亮退火后定径量太大。利用这一机构使焊管管径达到焊接管材尺寸要求。

4.3.2.3 内毛刺碾压装置

往复式液压内毛刺碾压装置用于不锈钢焊管内毛刺碾平,碾压后内毛刺小于0.01~0.05 mm。

4.3.3 在线固溶处理设备

钢管从焊接、定径机组出来后,进入钢管清洗装置,然后进入该在线光亮退火系统。通过调速系统使在退火系统内的钢管带有一定的张力(1%左右)。系统包括:感应加热、测温和冷却段,钢管清洗装置,电气控制,气体(氢气、氩气)供给装置(可选用瓶装气体)和钢管冷封、密封。

主要技术参数如下:

钢管直径:	16.0~28.0 mm
壁厚:	0.5~1.0 mm
材料:	奥氏体不锈钢
退火温度:	950~1100℃
出口温度:	<120℃
温度偏差:	±5℃
退火速度:	2.9 kg/min
电源功率:	120 kW
冷却水要求:	150 L/min,温度最高 32℃
补充新水:	30 L/min
气体消耗:	氢气 8~15 L/min
补充新水:	30 L/min
氩气:	50 L/min(不包括焊接用气)

4.3.4 涡流探伤仪

EEC－22智能数字式金属管道涡流探伤仪由高精度延时打标模块(置于机内)、彩色显示器、平面组合探头、打标机、键盘等组成。其技术特性如下：

频率范围:	64 Hz～2 MHz
增益:	0～48 dB,步长0.5 dB
相位旋转:	0±359°,步进1°
探伤速度:	最高150 m/min

4.4 不锈钢焊管质量控制与质量保证

4.4.1 不锈钢带的质量保证

通过采购优质进口或国产不锈钢带来保证钢带的化学成分和壁厚尺寸。

带材的厚度公差一般控制在±0.01 mm,带材的边部毛刺和带形必须严格控制,不允许出现波浪、瓢曲等现象,尤其是边部毛刺的高度必须控制在0.05 mm以下,否则会影响焊管质量,在焊缝处容易出现虚焊(未焊透)、烧穿、焊缝凹陷等缺陷。

4.4.2 不锈钢管的几何尺寸控制

钢管的几何尺寸控制主要取决于钢带的成形方法和带宽尺寸。用综合弯曲成形法成形时,采用多机架,需要计算出带材中心弯曲半径 R 和带材边缘弯曲半径 r,以及相应的变形角 θ 和 ϕ 等参数,这些参数可参看图4-3。

4.4.2.1 带材宽度 L

正确选择带材宽度对成品管的尺寸精度和焊缝质量是非常关键的。氩弧焊接的薄壁带材宽度受各种因素的影响,如材质、焊接电流大小、带材边部状态、焊缝余量和定径余量等。根据试验并参考有关文献,可按下式进行计算。

$$L = \pi(d - t) \times (1 + \delta) + a_1 \tag{4-1}$$

式中 d——成品管外径,mm;

t——成品管壁厚,mm;

δ——材料塑性变形伸长率,取 1%;

a_1——焊接余量,取 1mm。

4.4.2.2　带材边缘弯曲半径的确定

带材边缘弯曲半径理论上应设计为成品管半径 R,但为了防止变形后回弹,在成形进程中给带材增加变形量,以补偿变形后带材的回弹,所以选择的 R 应略小于成品管的半径。

4.4.2.3　带材成形时中心部分长度的确定

$$L = 1.046(N - i)/(N + 1) \tag{4-2}$$

式中　N——成形机架数目;

i——所计算的变形机架顺序号。

4.4.2.4　带材成形时中心部分半径的确定

$$R = 0.25[(N - 2i + 1)^2 + nN]r \tag{4-3}$$

式中　n——弯曲变形机架数。

4.4.2.5　相应变形角 θ 和 ϕ

$$\theta = 57.3L/2R \tag{4-4}$$

$$\phi = 57.3(b - L)/2r \tag{4-5}$$

4.4.3　不锈钢管的焊缝质量保证

4.4.3.1　氩气保护

不锈钢薄壁焊管在焊接过程中，其焊接熔池和刚结晶仍处在高温状态的焊缝是依靠氩气保护、与空气隔绝的。如果空气进入焊接保护区域，熔融的液态金属和刚凝固的焊缝金属就会受到污染。随着污染程度的不同，可能会产生各种不同的焊接缺陷，影响焊缝成形。所以，氩气保护对焊后管材质量起着非常关键的作用。

4.4.3.2 焊接电流

焊接电流是钨极氩弧焊最主要的工艺参数。焊接时增大焊接电流,就可以增加熔深和熔宽,即焊接厚度增大。如果焊接条件、材料和其他参数不变,一定厚度的管材所需的焊接电流就只能在一定的范围内调整,超出允许调整的范围就可能产生一些焊接缺陷。

另外，根据钨极氩弧焊的静特性，焊接过程中的电弧电压只与电弧高度有关，而对于电流的变化则影响很小。因此，电弧热量主要取决于焊接电流。改变电弧功率，主要是调整焊接电流的大小。

4.4.3.3 焊接速度

焊接速度与线热量有关，线热量反比于焊接速度。焊接速度决定着对单位长度焊缝所提供的能量，同时影响熔深和熔宽，所以，焊接速度的快慢直接关系到焊缝的优劣。如果提高焊接速度，线能量将会降低，可避免金属过热，减少热影响区，熔深和熔宽也减少。因此，焊接时在保证焊缝质量的前提下，应尽量提高焊接速度，但也不能过高，否则会使保护效果变差，导致焊缝正反面宽度不均匀，尤其是熔池中的冶金反应不够充分，易出现冶金缺陷。在焊缝的受力状态不好时，将产生局部未焊透（虚焊）现象。

4.4.4 不锈钢管性能和组织控制

采用在线热处理及机械滚轧处理来改进焊管焊缝区的力学性能,特别是不锈钢带通过焊接处理后,焊缝处的组织发生了变化,焊缝处附近碳化物大量析出，易产生晶间腐蚀，而且组织较为粗大，与基体组织有明显区别。为保证最终产品的抗腐蚀性能，在焊接完成后需进行在线固熔处理，通过在线感应加热，将产品加热到1070℃左右使焊缝处的碳化物溶入奥氏体内，然后冷却，以获得单相奥氏体组织。

固熔处理加热温度的控制是焊接不锈钢管获得单相奥氏体组织的关键，温度过高，则晶粒易于粗大，并且出现大量铁素体；温度过低则碳化物溶解不充分，组织也不均匀，针对 304 钢和 316 钢的特点，其加热温度控制在 1050～1150℃之间较为适宜。

加热时间应能保证钢管的透热和碳化物的溶解以及组织均匀化，过长的加热时间会产生过热，带来组织缺陷，加热时间过短则易产生产品组织不均匀现象。针对不同的壁厚，用每分钟通过的金属量来确定加热时间。通过换算，可得出不同尺寸钢管的加热速度。钢管在线退火后采取水冷，可避免碳化物析出，得到单一的奥氏体组织。

4.5　国内不锈钢焊管设备

国内无缝不锈钢管早已大量生产，冷凝器用管基本都是不锈钢焊管，占总量的约 2/3，并且近十年来有了长足发展。目前全国已有多条不锈钢焊管生产线，如长沙铜铝材厂、浙江久立集团、常州武进世纪不锈钢有限公司等，在诸多生产企业中，比较突出的是彰源金属工业（苏州）公司，它是一个生产不锈钢焊管的大型企业，生产规格为 ϕ(9.5～219)mm×(0.4～8)mm，年生产规模为 3 万 t。除了生产管材外，该公司还生产焊管设备，这里就该公司的不锈钢管生产线及焊管设备介绍如下。

4.5.1　不锈钢管焊接生产线

不锈钢管焊接机组布置图见图 4-5，钢带成形示意图见图 4-6，成形机中的成形辊外形图见图 4-7，各型号不锈钢焊管机组技术参数列于表 4-3。

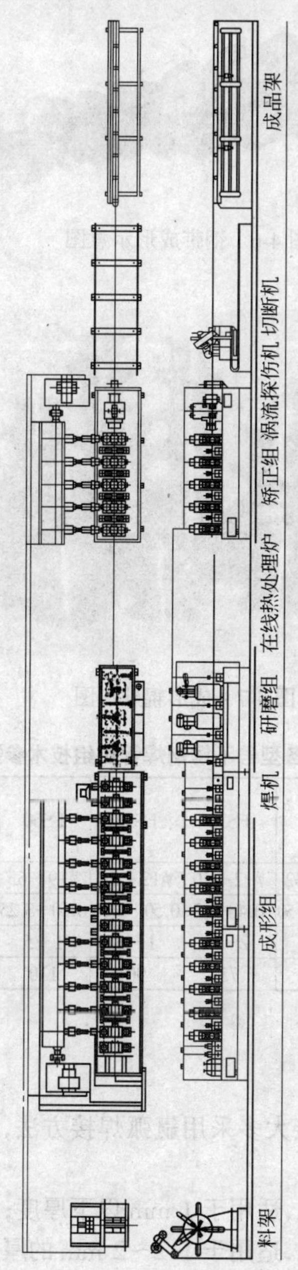

图4-5　不锈钢管焊接机组布置图

图 4-6 钢带成形示意图

图 4-7 成形辊外形图

表 4-3 各型号不锈钢焊管机组技术参数

参数 \ 型号	FS25	FS38	FS50	FS60	FS76	FS89
成品外径/mm	ϕ10～32	ϕ12～50	ϕ12～53	ϕ19～63	ϕ32～89	ϕ89～127
钢管厚度/mm	0.35～1.50	0.4～2.2	0.50～2.75	0.50～3.25	0.60～3.75	0.80～4.25
成形速度/m·min^{-1}	2～5	2～5	1～5	1～5	0.8～4	0.8～4
电机功率/kW	45	75	90	110	132	110×2

4.5.2 焊机

目前不锈钢管焊接大多采用氩弧焊接方法，氩弧焊接机可分为下列几种形式：

(1) 单枪氩弧焊机，适用于 1 mm 以下厚度；

(2) 三枪氩弧焊机，适用于 1.2～2 mm 的厚度；

(3) 三枪氩弧焊接+等离子焊接,适用于 2.5 mm 以上厚度。

冷凝器用焊接不锈钢管,多数是 1 mm 以下厚度,所以多使用单枪氩弧焊机。产品厚度在 1.2～2.0 mm 时,则宜使用三枪氩弧焊机。焊机在焊接生产线中的位置见图 4-8。

图 4-8 焊机外形图

4.5.3 光亮热处理炉设备

目前不锈钢焊管的热处理大都采用在线热处理,此种方式效率高,加热稳定,节能、环保,其输出功率是依钢管大小及厚度来做配置,使用氮气作为保护气体。其外形与在生产线中的位置见图 4-9。

图 4-9 在线热处理装置外形图

4.5.4 精整设备

不锈钢焊管在热处理完成之后,产品外径会产生变形,必须经过精整程序,精整作业模具依规格来确定精整,设备布置在生产线上,其设备见图 4-10。

图 4-10　不锈钢焊管精整机外形图

4.5.5　检验设备

有缝不锈钢管检验有 3 种方式:

(1) 涡流探伤;

(2) 水压试验;

(3) RT 检测。

在线作业,使用涡流探伤检测,结果准确,符合经济高效原则,其探伤装置见图 4-11。

图 4-11　涡流探伤装置图

水压试验在水压试验机上进行。水压试验机见图 4-12。

图 4-12 水压试验机

RT 检测在 RT 检测机上进行,RT 检测机见图 4-13。

图 4-13 RT 检测机

5 钛及钛合金冷凝管

5.1 概述

我国钛工业起步于20世纪50年代,至20世纪末钛工业大致经历了3个发展期:即20世纪50年代的开创期,60～70年代的建设期和80～90年代的初步发展期。进入21世纪以来,得益于国民经济的持续、快速发展,我国钛工业也进入了一个快速成长期。截止到2003年底,我国海绵钛的年产能为4000 t;钛锭的年产能为20000 t;钛加工材的年产能约为14000 t。据初步统计,2003年我国实际生产钛材约6000 t,占世界总产量的10%左右。但钛加工材的发展也是不平衡的,比如钛带的发展就较为缓慢,也因此制约了一些以钛带作为原料的相关产品的发展速度。

通常用钛钢比来衡量一个国家金属材料利用技术水平的发展程度,也就是说钛的用量越大,说明国家越发达,如美国和前苏联的钛钢比都在万分之二左右,而我国的钛钢比仅为万分之零点三,说明我国钛及钛合金的发展潜力还非常大。

钛合金冷凝管主要用于以海水或污染严重的淡水作为冷却介质的火力发电厂。海滨电站的全钛冷凝机组将有每年近千吨钛冷凝管的需求。1982年2月,我国自行设计制造的国产全钛冷凝器,已成功地在我国125 MW发电机组上使用,截止目前,海滨电站的全钛冷凝器机组的钛冷凝管年需用量超过千吨。

在原油提炼过程中,原油脱盐后,一些残留的盐会水解成HCl,HCl蒸气到达冷凝器中冷凝后,与水形成盐酸,这种酸部分被氨或胺中和形成同样具有腐蚀性的铵盐或胺盐。因钛在HCl、NH_4Cl、NH_4HS中的耐蚀性好,多年来钛及钛合金已成功地用于石油精炼设备中,主要用作常压原油蒸馏塔冷凝器管组,其可靠性远高于碳钢;还可用作壳式热交换器、管式热交换器、空气冷却器及压力容器等。

此外,海水淡化对钛冷凝管也有很大的潜在需求。

5.2 冷凝管用钛及钛合金的性能

钛及其合金具有优良的抗腐蚀性能,其在海水中的腐蚀速率近于零,比强度高,高低温强度性能好,无磁性,储氢,还具有形状记忆和超导等优异性能,因而具有非常广泛的用途。

5.2.1 钛的物理性能

冷凝管使用钛及其合金材料一般为工业纯钛。工业纯钛的退火组织为以 α 钛为基体的单相固溶体的合金,称为 α 钛合金,指含有少量氧、氮、碳及铁和其他杂质的致密金属钛。钛的物理性能列于表 5-1。

表 5-1 钛的物理性能

熔化温度/℃	1668±5	泊松比		0.32
熔化热/$kJ \cdot mol^{-1}$	18.8	弹性模量/GPa		112
热导率/$W \cdot (m \cdot K)^{-1}$	22.08	超导转变温度/K		<0.5
线膨胀系数/K^{-1}	7.35×10^{-6}	比密度	20℃	4.505
电阻率/$\Omega \cdot m$	4.2×10^{-8}		870℃	4.35
密度/$g \cdot cm^{-3}$	4.51		900℃	4.32

5.2.2 钛的化学性能

钛在海水和淡水中均有极高的抗腐蚀能力,在海水中的耐蚀性能比铜、不锈钢和镍都好,即使在水流速高达 20 m/s 和含沙量高达 40 g/L 的条件下,仍具有优良的耐蚀性能。钛与氧易形成高化学稳定性的致密的氧化物保护膜,因而,在低温和高温的环境下具有极高的抗蚀性。在室温条件下,钛不与氯气、稀硫酸、稀盐酸、硝酸和铬酸作用,在碱溶液和大多数有机酸及其化合物中抗腐蚀能力也很高。但能被氢氟酸、磷酸、熔融碱侵蚀。

钛是一种非常活泼的金属，其平衡电位很低，在介质中的热力学腐蚀倾向大。但实际上钛在许多介质中很稳定，比如钛在氧化性、中性和弱还原性等介质中是耐蚀的，这是因为钛和氧的亲和力大，在空气中或含氧介质中，钛的表面能够生成一层致密、附着力强、惰性大的氧化膜，保护了钛基体不被腐蚀。即使受到了机械损伤，也会很快自愈或再生，这表明钛是具有强烈钝化倾向的金属。介质温度在315℃以下，钛的氧化膜始终保持这一特性，完全满足钛在一般环境中的耐蚀性，最突出的是耐海水腐蚀。

5.2.3　钛的加工性能

工业纯钛在冷变形过程中,没有明显的屈服点,其屈服强度与强度极限非常接近,在冷变形加工过程中有产生裂纹的倾向。工业纯钛具有极高的冷加工硬化效应,因此,可利用冷加工变形进行强化。当变形大于20%～30%时,强度的增加速度下降,但其塑性几乎没有降低。

我国α钛合金的牌号表示为TA,后接一个代表合金序号的数字。根据其杂质元素含量的不同,特别是对改变钛的特性影响较大的氧、氮、铁元素的不同而分为不同的级别。按杂质含量的不同,纯钛分为TA0～TA3 4个牌号,随着序号的增大,钛的纯度降低,抗拉强度增大,伸长率下降。用于钛合金冷凝管的合金有TA0～TA2、TA9、TA10 5个牌号,都属于α钛合金,其主要特点是高温性能好、组织稳定、焊接性和热稳定性好,是发展热钛合金的基础,一般不能热处理强化。

5.2.4　工业纯钛的力学性能

工业纯钛的力学性能列于表5-2。

表 5-2 工业纯钛的力学性能

抗拉强度/MPa	300～600
屈服强度/MPa	250～500
伸长率/%	20～30
断面收缩率/%	45
冲击韧性/$MJ\cdot m^{-2}$	0.5～1.5

5.3 钛及钛合金冷凝管生产

钛及钛合金管材有无缝管和焊接管两种,无缝管生产难度大、生产成本高,而焊接钛及钛合金管由于生产效率高、成材率高、操作人员少、生产成本低,因而占所有钛及钛合金管总使用量的三分之二以上。

5.3.1 焊接钛管工艺路线

焊接钛管工艺流程如图 5-1 所示。

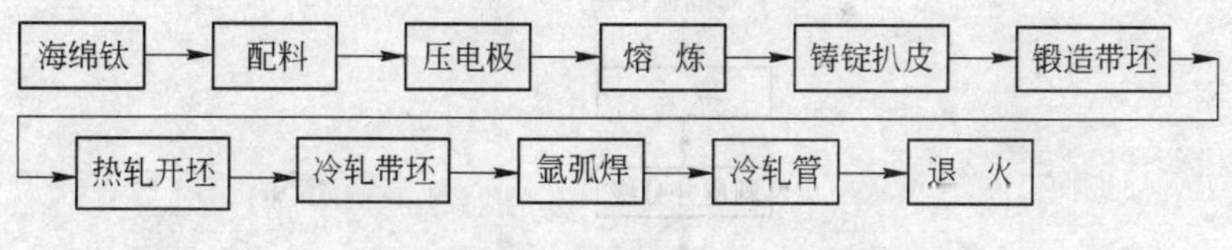

图 5-1 钛及钛合金冷凝管工艺流程图

5.3.2 海绵钛的生产

目前国内外能够进行工业化生产海绵钛的方法是镁热还原法制取海绵钛(Kroll 法)。这种生产方法属间歇式生产,不连续,生产成本高,因而,国内外许多科研部门或制造企业都在努力地研究与探讨其他可以更高效、成本较低的生产方式,有些方法已取得了很好的成效,但距实际意义上的工业化生产还存在一定的距离,尚有一些技术上的难题有待解决。下面简单做一介绍。

5.3.2.1　镁热还原法制取海绵钛(Kroll 法)

在惰性气体氩气保护下,精制 $TiCl_4$ 与镁在钢制容器内反应数天,反应温度为 800～900℃。大部分副产物 $MgCl_2$ 以及过量的镁从反应器中分离出来,但还原产物中仍有少量的镁和 Cl_2,可循环利用。镁热还原法工艺流程示于图 5-2。

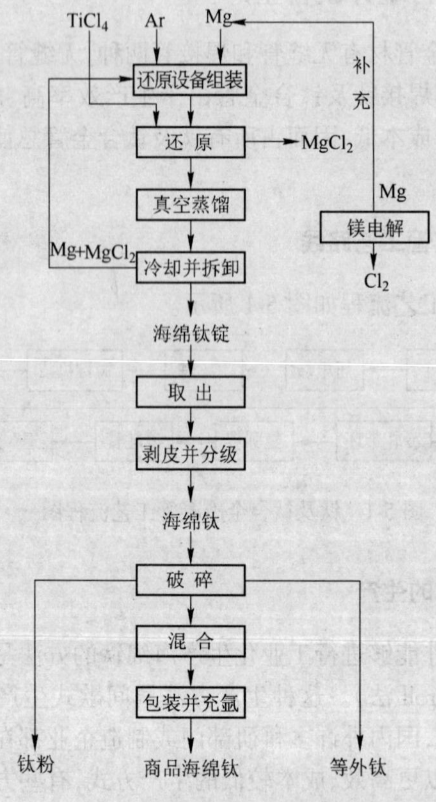

图 5-2　镁热还原法工艺流程图

5.3.2.2 $TiCl_4$ 电解法制取海绵钛

Kroll 法制取海绵钛实现了工业化生产,但生产周期长、能耗大、工序复杂且不能连续作业。为了解决这些问题,人们对以 $TiCl_4$ 为原料的电解法进行了深入研究。该方法采用碱金属或碱土金属的氯化物作为电解质,电解温度选择在 600～1000℃,并在惰性气体保护下进行电解。意大利马克尔吉纳塔电化学公司曾采用电解方法在实验室中得到了海绵钛,制取成本降低了近 40%。美国活性金属公司也曾建立了海绵钛的生产厂,但由于成本、规模化生产以及技术上的种种问题,使用 $TiCl_4$ 电解法制取海绵钛并未实现工业化生产。

5.3.2.3 TiO_2 电解还原制取海绵钛

TiO_2 电解还原制取海绵钛法被称为 FFC 剑桥工艺,是一种将固体 TiO_2 直接还原的方法,它摒弃了传统电解法,将原料 TiO_2 压制并不完全烧结成阴极,用碳作阳极,在熔盐 $CaCl_2$ 中阴极还原,驱赶 TiO_2 中 O^{2-} 进入熔盐溶液,然后迁移至阳极成 CO_2 和 CO 析出,留金属钛于阴极。氧离子化并溶解在熔盐中,然后在阳极上放电,纯金属钛则沉积在阴极上。与传统的生产工艺相比,该工艺简洁而且迅速,可降低生产成本,该方法也可应用在其他金属氧化物的电解。目前正由试验室向规模化生产发展。

5.3.3 钛及钛合金的熔铸

5.3.3.1 原料

纯钛原料采用的最低品位要求列于表 5-3,其原料质量符合 GB/T2524《海绵钛》国家标准。海绵钛的粒度应在 0.83～25.4 mm 范围内,表面应清洁、无肉眼可见的夹杂物。装运海绵钛的桶必须密封,以防受潮。

表 5-3　纯钛原料采用的最低品位要求

牌　　号	最 低 品 位	HB10/1500/30
TA0	0 级	≤100
TA1	1 级	≤110
TA2	3 级	≤155

钛合金用纯金属原料采用的最低品位要求列于表 5-4，钛合金的配料比列于表 5-5。TA10 合金中的钼在熔炼过程中以中间合金的形式加入，钛－钼中间合金中钼元素含量应在 20%～50%，加入粒度 2～15 mm。中间合金成分应均匀，不允许有夹杂物存在。

表 5-4　钛合金用纯金属原料采用的最低品位要求

牌　号	钼 (GB3462)	镍 (GB/T6516)	钯 (GB/1420)	海绵钛 (BG/T2524)	海绵钛硬度 HB
TA9			HPd-1	1 级	110 以下
TA10	Mo-2	Ni99.90		2 级	114～120

表 5-5　钛合金的配料比（质量分数，%）

牌　号	钼	镍	钯	钛
TA9			0.2	余量
TA10	0.33	0.8		余量

5.3.3.2　自耗电极的压制

A　压制设备

自耗电极的压制一般在压力机上进行，压制电极的规格根据真空自耗电弧炉的设备参数选择。压制模具的上、下模及衬板材质可使用 Cr12MoV 材料；其连接板用 45 号钢；模框材料为 ZG45。用于压制电极的 30 MN 油压机设备参数列于表 5-6。

表 5-6 30 MN油压机设备参数

设备参数		单位	技术性能
油压机压力		MN	30
压力档次		MN	10
		MN	20
		MN	30
最大开档		mm	3200
最大行程		mm	2300
油压机速度	空程	mm/s	80～100
	工作	mm/s	6.6～20
	回程	mm/s	75
设备占地面积(长×宽)		mm×mm	16150×10490

B 压制工艺

自耗电极压制工艺参数列于表 5-7。

表 5-7 自耗电极压制工艺参数

设备名称	模具规格 /mm×mm	电极规格 /mm×mm	压制力 /MN	单位压力 /MPa	电极密度 /g·cm^{-3}	电极重量 /kg·根$^{-1}$
30 MN油压机	ϕ200×370	ϕ200×370	17～19	225～252	3.2～3.5	41.5～42.5

C 电极压制及压制过程的注意事项

电极压制及压制过程的注意事项如下：

(1) 开机前应先检查设备是否正常，检查项目有：油位、各仪表、操作手柄、原料、使用工具有无锈迹等，有问题的项目应及时处理并达到要求；

(2) 原料合金包应放置在模子的中间部位；

(3) 根据生产数量的多少开启海绵钛桶，暂时不使用的不要将海绵钛桶打开，以防海绵钛受潮；

(4) 压制好的电极应及时运至熔炼炉台进行烘干，防止受潮。

5.3.3.3　钛及钛合金的熔炼

钛的化学活泼性很高，为了防止外界气体的污染，钛合金的熔炼、浇铸均应在保护气氛或真空状态下进行。真空度一般为1.333～13.33 Pa。

钛及钛合金的熔铸采用真空自耗电弧炉熔炼（VAR）。其工艺流程为：

电极烘干⟶自耗电极焊接⟶一次熔炼⟶去杯口飞边⟶二次熔炼⟶车光表面⟶切除头部缩孔⟶取样⟶成分分析⟶杯口探伤⟶检查⟶合格铸锭

A　真空自耗电弧炉

真空自耗电弧炉是把海绵钛熔炼成钛锭的设备。在密闭抽真空的炉体内，被压结成棒形的海绵钛用专用卡具立着卡在炉内顶部作为阴极，当炉内通电后，它与底阳极之间产生电弧，随着电弧把钛棒熔化，海绵钛棒也随之向下移动，在熔池（带有水冷结晶器）中被熔融钛逐步凝固成钛锭。由于被熔化成锭的是海绵钛棒自身，又是在真空系统中进行，所以，这种熔化炉便被称为真空自耗电弧炉。

真空自耗电弧炉的型号从 50 kg 到 10 t 有十几种规格，一般钛材加工厂都有多台这类设备。部分真空自耗电弧炉的主要技术参数列于表 5-8。真空自耗电弧炉布置图以及外形图分别示于图 5-3 和图 5-4。

表 5-8　真空自耗电弧炉的主要技术参数

技术参数	型号			
	ZH-200	ZH-500	ZH-1000	ZH-2000
容量/kg	200	500	1000	2000
工作电压/V	20～40	50	50	50
最大电流/A	12000	12000	12000	12000
极限真空度/Pa	6.65×10^{-3}			
工作真空度/Pa	1.33×10^{-2}	1.33×10^{-1}	1.33×10^{-1}	1.33×10^{-1}
电极长度/mm	1745			
电极直径/mm	ϕ56～150	ϕ200	ϕ200～300	ϕ300～400
铸锭直径/mm	ϕ100			
铸锭长度/mm	670			
冷却水耗量/$m^3\cdot h^{-1}$	50			

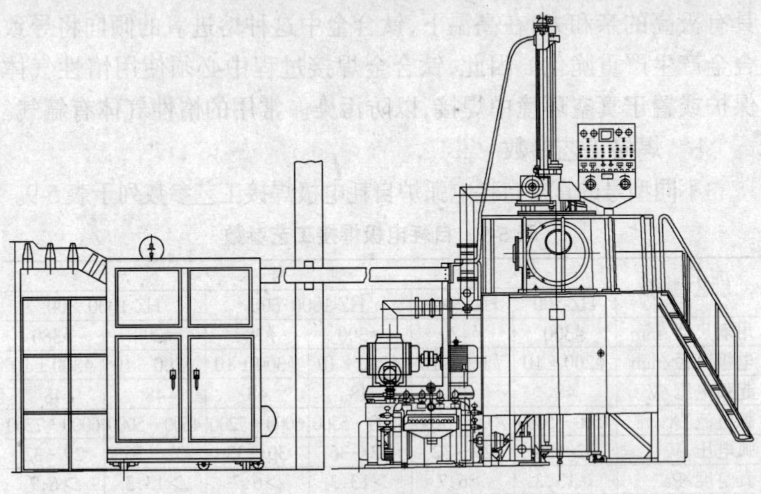

图 5-3 真空自耗电弧炉布置图

图 5-4 真空自耗电弧炉外形图

B 钛电极的焊接

a 钛电极的焊接特点

在钛合金的焊接中，必须重点考虑氧的影响，由于钛合金对氧具有极高的亲和力，在高温下，钛合金中这种熔进氧的倾向将导致合金产生严重脆化。因此，钛合金焊接过程中必须使用惰性气体保护或置于真空环境中焊接，以防污染。常用的惰性气体有氩气。

b 焊接工艺参数

不同型号的真空自耗电弧炉自耗电极焊接工艺参数列于表5-9。

表5-9 自耗电极焊接工艺参数

工艺参数	型号					
	HZ-500	HZ-2000	HZ-1000/600		HZ-1000/800	
坩埚尺寸/mm	$\phi300$	$\phi480$	$\phi300$	$\phi380$	$\phi300$	$\phi380$
电极直径/mm	$\phi200+10$	$\phi300\pm10$	$\phi200+10$	$\phi300\pm10$	$\phi200+10$	$\phi300\pm10$
起弧电压/V	48	48	48	48	48	48
弧电流/A	4500～5000	7000～8200	4500～5500	6000～7200	4500～5000	6000～7200
弧电压/V	32～36	29～32	32～36	30～33	32～36	29～32
真空度/Pa	>13.3	>6.7	>13.3	>6.7	>13.3	>6.7
焊接时间/s	25～40	80～120	25～40	60～90	25～40	60～90
冷却时间/min	10～15	25～35	10～15	15～20	10～15	15～20

c 焊接操作要点及注意事项

焊接操作要点及注意事项如下：

(1) 压制完的电极在熔炼前必须进行烘干处理，烘干温度控制在180～200℃之间，保温2～3 h以上。

(2) 自耗电极的焊接面积一般情况下应大于可焊面积的1/4。

(3) 第一、二次熔炼，第二节电极(一次铸锭)焊接预真空度不应低于6.7 Pa。

(4) 二次熔炼电极焊接时间应从电弧稳定时开始计算：第一节电极焊接时间为30～50 s；第二节电极焊接时间为60～90 s。注意焊接过程不得氧化。

(5) 二次熔炼电极焊接冷却时间：第一节电极为10～15 min；第二节电极，工业纯钛为10～15 min，钛合金为20～30 min。

C 钛及钛合金的熔炼

a 熔炼工艺

钛及钛合金熔炼工艺参数列于表5-10，排气补缩工艺参数列于表5-11。

表 5-10 钛及钛合金熔炼工艺参数

工 艺 参 数	型 号					
	HZ-500	HZ-2000	HZ-1000/600		HZ-1000/800	
坩埚尺寸/mm	ϕ300	ϕ480	ϕ300	ϕ380	ϕ300	ϕ380
电极直径/mm	ϕ200	ϕ300	ϕ200	ϕ300	ϕ200	ϕ300
熔炼次数	一次	二次	一次	二次	一次	二次
极限真空度/Pa	≤0.67	≤0.67	≤0.67	≤0.67	≤0.67	≤0.67
熔炼真空度/Pa	≤6.7	≤6.7	≤6.7	≤6.7	≤6.7	≤6.7
泄漏率/Pa·min^{-1}	＜2	＜2	＜2	＜2	＜2	＜2
起弧电压/V	48	48	48	48	48	48
弧电流/A	5800±200	9000±200	5800±200	7600±200	5800±200	7600±200
弧电压/V	32～37	28～33	32～37	29～32	32～37	29～32
稳弧电流/A	1.5～5.0	2.0～2.5	1.5～5.0	1.5～5.0	1.5～5.0	1.5～5.0
冷却时间/min	50～120	180～210	50～120	150～180	50～120	150～180
水压(不小于)/MPa	≥0.15	≥0.30	≥0.15	≥0.15	≥0.15	≥0.15

表 5-11 排气补缩工艺参数

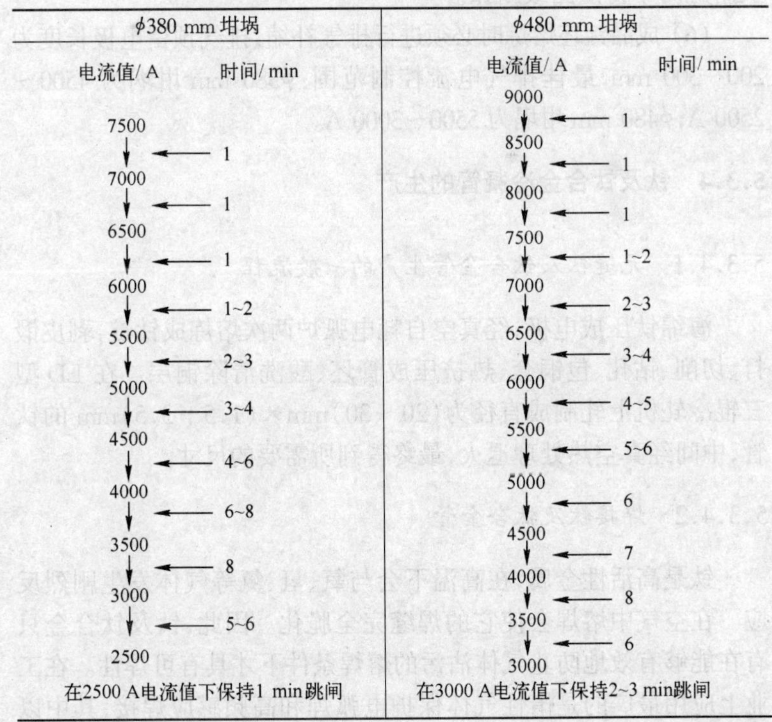

ϕ380 mm 坩埚		ϕ480 mm 坩埚	
电流值/A	时间/min	电流值/A	时间/min
7500		9000	
↓	1	↓	1
7000		8500	
↓	1	↓	1
6500		8000	
↓	1	↓	1
6000		7500	
↓	1~2	↓	1~2
5500		7000	
↓	2~3	↓	2~3
5000		6500	
↓	3~4	↓	3~4
4500		6000	
↓	4~6	↓	4~5
4000		5500	
↓	6~8	↓	5~6
3500		5000	
↓	8	↓	6
3000		4500	
↓	5~6	↓	7
2500		4000	
		↓	8
		3500	
		↓	6
		3000	
在2500 A电流值下保持1 min跳闸		在3000 A电流值下保持2~3 min跳闸	

b　操作要点及注意事项

操作要点及注意事项如下：

(1) 开炉前必须对真空自耗电弧炉的传动系统、冷却系统、电控系统、真空系统及炉体进行检查，各部位均处于正常情况下方可开炉。

(2) 每炉熔炼前应对熔炼炉进行泄漏率的检测，符合要求后方可熔炼。

(3) 熔炼时可通过调节电压的方式控制好弧长，以熔池到边为宜。

(4) 一次铸锭如果是成品锭坯时，则极限真空度和熔炼真空度应按二次熔炼工艺参数执行。

(5) 二次熔炼所用电极（一次铸锭）其表面必须清理干净；二次熔炼时不得短路或断弧。

(6) 成品锭坯熔炼时必须进行排气补缩，排气预留电极长度为200～300 mm，最佳排气电流控制范围：ϕ380 mm 坩埚为 4500～2500 A；ϕ480 mm 坩埚为 5500～3000 A。

5.3.4　钛及钛合金冷凝管的生产

5.3.4.1　无缝钛及钛合金管生产的一般流程

海绵钛压成电极，经真空自耗电弧炉两次熔炼成钛锭，剥皮锻打、切削、钻孔、包铜套、热挤压成管坯、酸洗清除铜层。在 LD 型三辊冷轧机上轧制成直径为(20～30)mm×(1.5～3.5)mm 的钛管，中间经真空热处理退火，最终得到所需要的尺寸。

5.3.4.2　焊接钛及钛合金管

钛是高活性金属，在高温下会与氧、氢、氮等气体发生剧烈反应。在空气中熔焊会使它的焊缝完全脆化。因此，钛及钛合金只有在能够有效地防止气体沾污的熔焊条件下才具有可焊性。在工业上应用最广的是惰性气体保护电弧焊和高频感应焊接，其中以钨极氩弧焊应用最广，其他如等离子焊、真空电子束焊、真空扩散焊等方法也有应用。

钨极氩弧焊的工作原理及特点前面章节已有介绍，本节着重就钛及钛合金管钨极氩弧焊工艺加以叙述。钛及钛合金管钨极氩弧焊接生产线组成示于图 5-5，氩弧焊机的构成示于图 5-6。

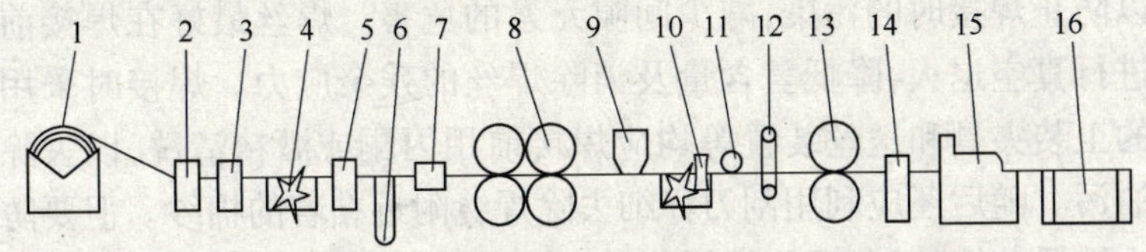

图 5-5 钛及钛合金管钨极氩弧焊接生产线组成示意图

1—开卷机；2—牵引、矫直辊；3—液压剪；4—对焊机；5—牵引机；6—活套；7—带材处理装置；8—成形机；9—带边脱脂及擦拭装置；10—焊接机；11—铣刀；12—带式磨削装置；13—定径机；14—矫直机；15—切管机；16—成品管料架

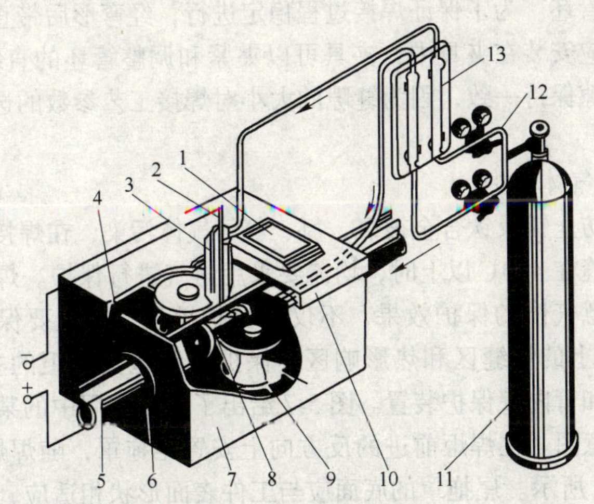

图 5-6 氩弧焊机的构成图

1—观察孔；2—电极；3—焊枪；4—密封件；5—被焊管材；6—密封环；7—密封箱；8—管内氩气输送装置；9—焊接辊；10—箱盖；11—氩气源；12—减压阀；13—转子流量计

A 钛及钛合金管的焊接

a 焊接前的准备

一般焊接前要求板(带)坯处于交货状态。对于冷凝管所使用的α钛及钛合金均应在退火状态下进行焊接。

焊接前要对填充焊丝以及工装夹具和设备进行严格的清理,以防止焊接时的污染,减少间隙元素的危害。焊丝最好在焊接前进行真空退火,降低氢含量及消除焊丝的残余应力。焊接时采用的工装夹具和送丝装置等均应焊接前用丙酮或酒精清洗,以去除油污。随后还应利用刮刀仔细去除焊缝附近粘着的棉纱。但要防止铁器冲撞,以免混入铁屑。

b 板(带)的弯形

板(带)的弯形工序对有缝管的焊缝质量具有决定性意义。钛材的弯形可借助于焊接生产线中的成形设备。弯形时,板(带)料的弯曲半径由大逐渐减小,经数道次弯成所需尺寸的开口直缝管坯。为了保证焊接过程稳定进行,经弯形后带直缝开口的管坯应安装在夹具中,夹具可以夹紧和调整管坯的直缝开口,使其缝隙保持一致,因为缝隙的大小对焊接工艺参数的选择有很大影响。

c 气体保护

为防止钛及钛合金被氧、氮、氢等气体污染,在焊接时及焊后的焊缝在450℃以上时,均需要采用氩气进行保护。焊接过程中应注意气体的保护效果,不仅要保护熔池,而且要保护处于400℃以上的焊缝区和热影响区。保护装置包括焊炬的主喷嘴、尾拖罩和管内壁保护装置。图5-7给出了实际应用中的某种焊枪结构示意图。在焊炬前进的反方向上安置尾拖罩,随焊炬运动,如图5-8所示。尾拖罩的底面应与工件表面形状相适应,其长度取决于焊接速度,焊速快,尾拖罩也长。焊管的管内壁保护装置示于图5-9。在设计、制造及使用反面保护装置时应注意各部分的惰性气体流不能互相干扰,要求始终保持层流状态,以防止大气混入。

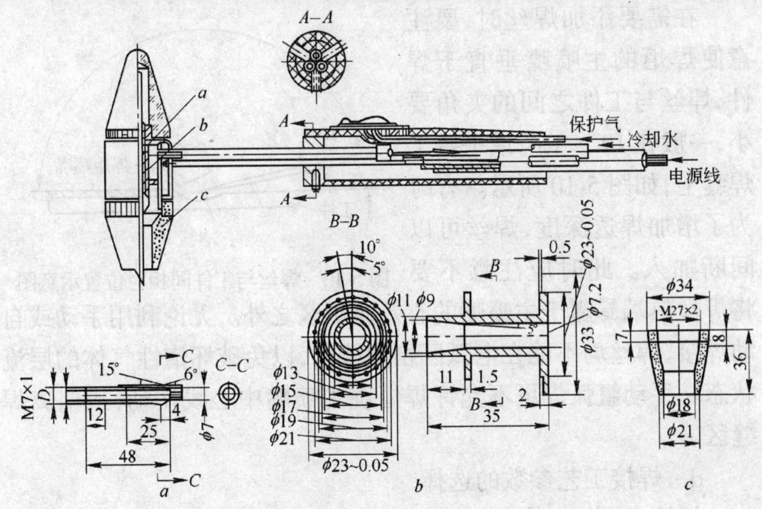

图 5-7 焊枪结构示意图

a—电极夹头；*b*—气体透镜；*c*—陶瓷喷嘴

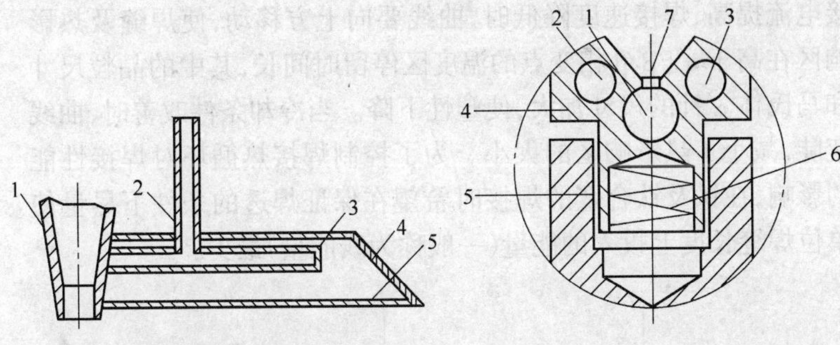

图 5-8 喷嘴及尾拖罩示意图

1—主喷嘴；2—进气管；3—氩气均气管；4—外壳；5—铜网

图 5-9 管内壁保护装置示意图

1—氩气进口；2—冷水进口；3—冷水出口；4—上体；5—下体；6—弹簧；7—氩气出口

采用的氩气纯度要求在 99.99％以上。有时为了提高电弧功率，获得较大的熔化深度，也可采用氩气－氦气混合气体（一般含氦气 25％以上）。但氦气密度小，易产生湍流。

在需要添加焊丝时，要注意使焊炬的主喷嘴垂直于焊件，焊丝与工件之间的夹角要小，一般在10°～15°，或平躺于焊缝上，如图5-10所示。有时为了增加焊透深度，焊丝可以间断加入。此时应注意不要将焊丝热端暴露于主喷嘴的有效保护区之外。无论利用手动或自动焊接，焊丝均不能在电弧区剧烈摆动，以免破坏惰性气体的层流状态。手动氩弧焊更不允许焊炬绕主喷嘴中心线摆动，或偏离焊缝区。

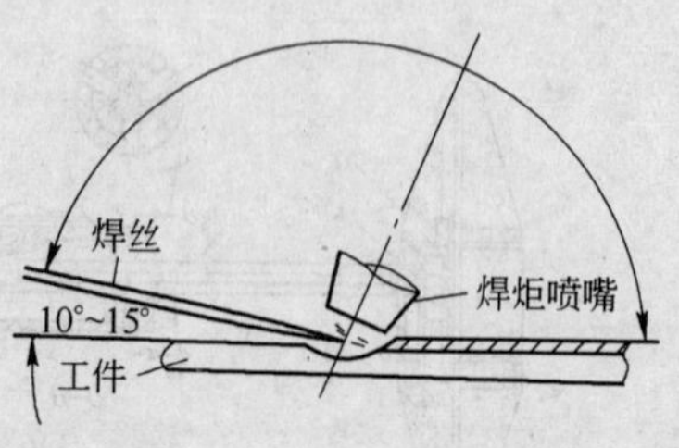

图5-10 焊丝与工件间相对位置示意图

d 焊接工艺参数的选择

焊接过程也是在焊缝及附近的热影响区的加热和冷却过程，这一过程要受焊接电流、电弧电压、焊接速度等焊接工艺参数和冷却条件的影响。图5-11给出工业纯钛的焊接热循环曲线。当焊接电流提高、焊接速度降低时，曲线要向上方移动，使焊缝及热影响区在高于α+β/β相变点的温度区停留时间长，其中的晶粒尺寸和马氏体α′针的尺寸加大，使塑性下降。当冷却条件改善时，曲线变陡，减小了热影响区的大小。为了控制焊接热循环对焊接性能的影响，在钛及钛合金的焊接时希望在保证焊透的条件下尽量使单位焊缝长度上投入的能量（一般称为线能量）最少。

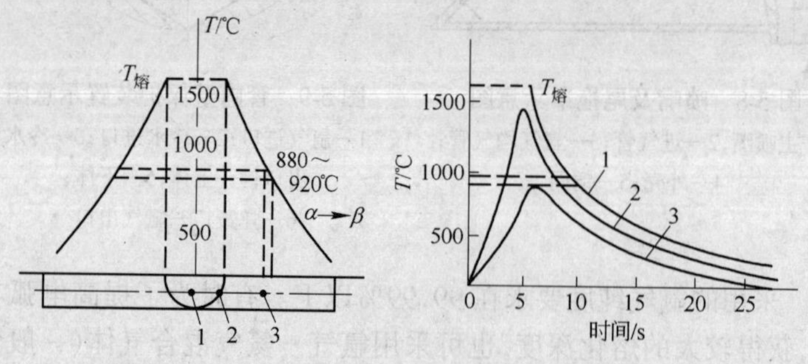

图5-11 工业纯钛的焊接热循环曲线

表5-12和表5-13分别列出了钨极自动氩弧焊和钨极手动氩弧焊的焊接工艺。应该指出,在表中所列工艺参数范围内,要依据合金类型,坡口形式,是否采用焊丝、水冷及工装夹具的情况,焊接工件的装配间隙以及保护气体流量大小等情况,通过试验来选择具体焊接工艺。

表5-12 钨极自动氩弧焊焊接工艺

板 厚 /mm	焊丝直径 /mm	钨极直径 /mm	焊接层次	焊接电流 /A	电弧电压 /V	氩气流量/L·min^{-1}		焊接速度 /m·h^{-1}
						主喷嘴	尾拖罩	
0.8~1.5	0.8~1.2	1.0~2.0	1	40~90	12~15	8~12	8~10	18~24
2.0~3.0	1.0~1.5	2.0~3.0	1	120~200	14~16	10~14	10~12	19~22
4.0~6.0	1.2~1.8	2.0~3.5	1~3	140~200	15~17	12~16	12~14	10~20
8.0~10.0	1.5~2.0	3.0~4.0	2~4	180~240	14~18	14~16	12~14	

表5-13 钨极手动氩弧焊焊接工艺

板 厚 /mm	焊接电流 /A	填 充 材 料		主喷嘴直径 /mm	氩气流量 /L·min^{-1}
		直径/mm	截面/mm×mm		
0.5	15~30	1.0	1.0×1.0	8~10	8~12
1.0	50~60	1.5	1.0×1.5	8 10	
2.0	80~100	2.0	1.5×2.0	10~12	8~12
2.5	110~120	2.0	1.5×2.0	10~12	10~14
3.0	120~140	3.0	2.0×3.0	10~12	10~14
4.0	120~160	3.0	2.0×3.0	12~16	10~14
5.0	130~160	3.0	2.0×3.0	12~16	12~16
6.0	140~170	3.0~4.0	3.0×3.0	12~16	12~16
7.0	140~180	3.0~4.0	3.0×3.0	12~16	12~16
10.0	160~220	3.0~4.0	3.0×3.0	12~16	12~16

在焊接厚板时可采用多层焊。第一层不添加焊丝，后面几层加焊丝。在每次焊接前一定要将上次焊接的焊缝区及热影响区的氧化层及富氧层仔细地清除掉。焊丝端头的沾污部分也应去除。在制定多层焊接工艺时，后面几层焊接的焊接电流应相应减少。

e　焊缝质量的评定

评定钛及钛合金焊缝质量的优劣一般采用无损探伤（通常采用X射线探伤）来检查气孔，用肉眼检查宏观的冷裂纹，并最后进行力学性能检验。力学性能测试是衡量焊接工艺的一个重要指标，每批产品在焊接后均应进行该试验，以评定和调整焊接工艺。力学性能主要包括室温抗拉强度和弯曲角。

B　焊接钛管的冷加工

通过焊接的有缝钛管，一般要经过几道次的冷加工（轧制），然后进行退火处理才能使产品达到相关标准的要求，方可提供给客户使用。

C　应用实例

国内某钛及钛合金生产企业，使用美国引进的直径 8～40 mm的钨极氩弧焊管机组，生产 ϕ25 mm×0.9 mm×9779 mm等规格的焊接钛管，经广州沙角发电厂装机插管运行试验，水电部热工所复验，质量达到美国相同产品标准，物理性能等符合试验要求。

6 新型冷凝管简介

6.1 添加微量元素的新型铜合金材料

我国地域辽阔，各地水质情况比较复杂，加之随着我国工业化进程的加快，水质情况不断恶化。使用普通加砷黄铜管已无法满足全国所有电厂的需要，特别是那些水质较差的电厂。因此，国内部分冷凝管生产企业与各地区电管局、发电厂合作，从添加微量元素、改进合金成分、提高工艺水平入手，研究和试制新型材料。添加元素包括了 Ti、Ni、B、Mn、Al 等，从实验和现场装机运行结果来看，在锡黄铜中添加硼元素的使用效果最好。

6.1.1 加硼锡黄铜

20 世纪 80 年代初，沈阳有色金属加工厂与东北电管局及其所属电厂等部分单位合作，研制开发加硼锡黄铜合金，其化学成分是在原 HSn70-1 的基础上添加了 0.0015%～0.02% 的微量硼元素，合金牌号被确定为 HSn70-1B。在锡黄铜中加入微量的硼，可细化晶粒，使合金强化；塑性虽略有降低，但不影响其加工成形能力。

经试制，产品的各项性能符合相应标准。为进一步验证产品耐蚀性能，研发小组对出厂检验合格的产品进行了静态腐蚀、动态腐蚀等模拟试验；同时在不同水质条件的试验站进行了挂片试验。所有的试验得出了相同的结论：HSn70-1B 光滑的表面膜使其在相同水质条件下比不含硼的材料具有更高的耐腐蚀性能。在此基础上，小批量的产品同时在几家不同水质的电厂进行装机实地运行试验，水质条件几乎涵盖了国内大部分电厂所使用的淡水条件。水质情况分别为：

A 电厂：直流冷却方式，水库水，溶解固形物 110～140 mg/L，氯离子 4～6 mg/L。

B电厂：开式循环冷却方式，使用地下水，溶解固形物1500～4000mg/L，氯离子240～790 mg/L。

C电厂：开式循环冷却方式，使用地下水，溶解固形物800～1450 mg/L，氯离子14～20 mg/L。

D电厂：开式循环冷却方式，使用地下水，溶解固形物479～1031 mg/L，氯离子58～126 mg/L。

装机实际运行1、2、4、7年后，分别抽取样管进行各项试验与检测，观察对比其腐蚀情况，抽取的样管对比照片分别示于图6-1、图6-2、图6-3、图6-4。

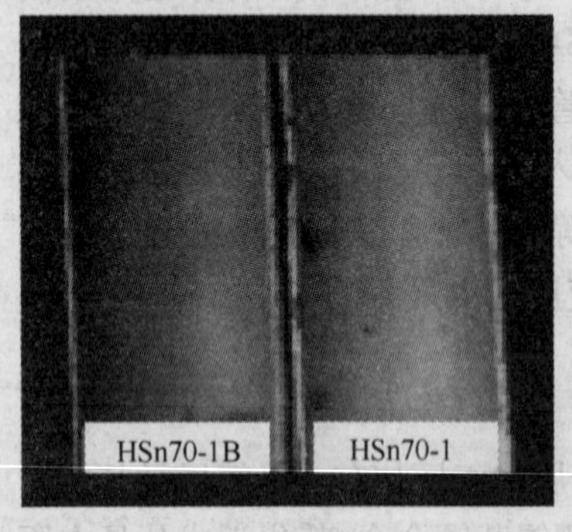

a

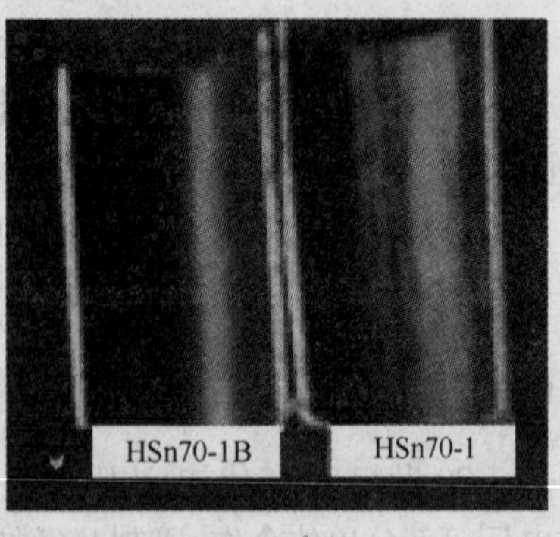

b

图6-1 装机运行1年后加硼管与普通管腐蚀情况对比

a—B电厂运行1年；*b*—C电厂运行1年

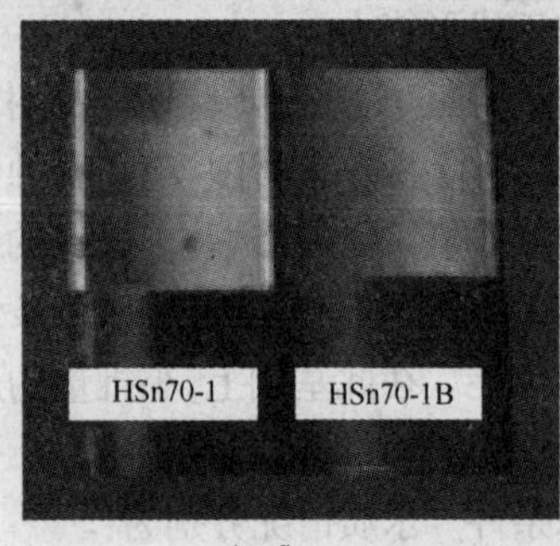

a

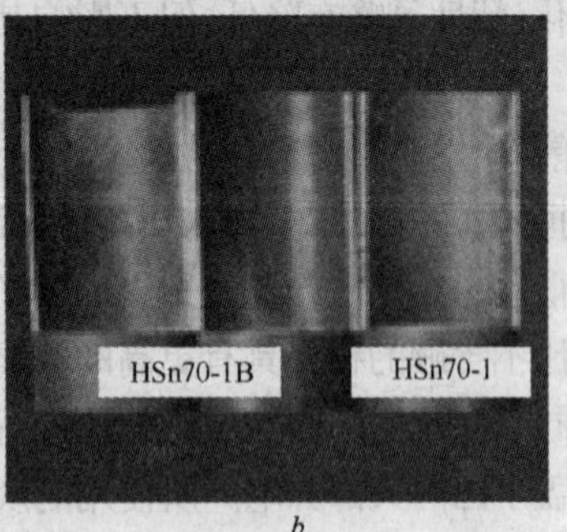

b

图6-2 装机运行2年后加硼管与普通管腐蚀情况对比

a—B电厂运行2年；*b*—D电厂运行2年

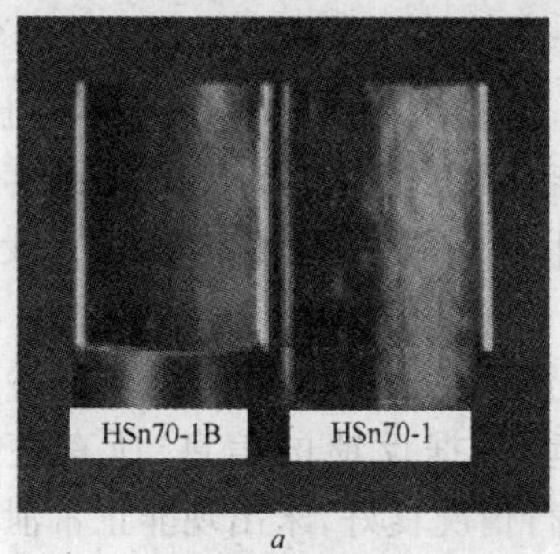

a

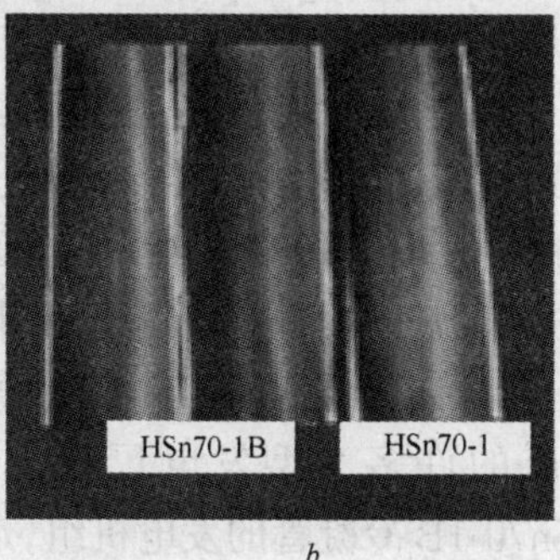

b

图 6-3　装机运行 4 年后加硼管与普通管腐蚀情况对比

a—B 电厂运行 4 年；*b*—C 电厂运行 4 年

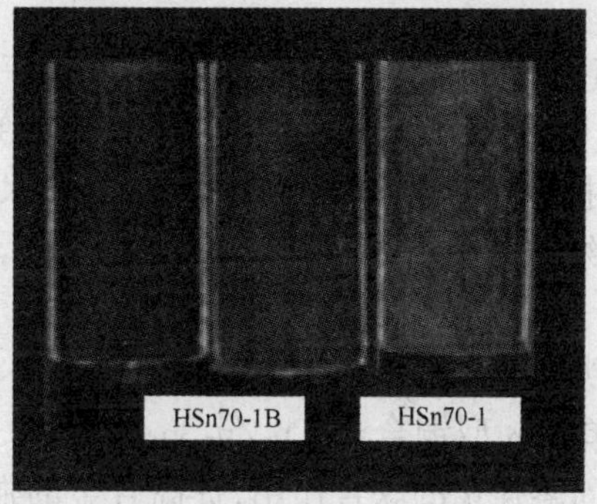

图 6-4　D 电厂装机运行 7 年后加硼管与普通管腐蚀情况对比

针对实际装机运行的情况和效果，中科院沈阳金属研究所使用 X 射线及电子探针分析、电化学测试、电解萃取喷碳、能谱仪测定等先进手段，分别对出厂管材的表面膜、运行后表面覆盖层的形貌及组成进行了全面准确的测试与分析。测定出材料在水质中的腐蚀电位、腐蚀速度和极化曲线。经试验、分析、研究得出：

(1) 在锡黄铜中加入微量硼，其含量在 0.01%～0.07% 范围内耐蚀性最好，并提出加硼抑制黄铜脱锌腐蚀的机理是由于硼原子很容易填补在脱锌后的空穴中，从而堵塞了锌原子继续向外扩散的通道，降低了脱锌的速度。

(2) 硼在表面膜中富集，提高了表面膜的阻力，减小了锌原子透过表面膜向外扩散的速度。

通过实际装机运行和多项实验测试、各项性能的对比，HSn70-1B冷凝管良好的综合性能及耐蚀性能被确认并得到客户的广泛认同。1987 年经中国专利局国际联机检索审查，正式授予 HSn70-1B 耐蚀铜合金发明专利。

到目前为止，HSn70-1B 冷凝管已在全国各个地区、不同冷却水质的许多大型发电厂投入运行，据反馈的信息，所有使用 HSn70-1B 冷凝管的发电机组，运行情况良好，未出现非正常泄漏现象，且使用年限有较大提高。

6.1.2 多元锡黄铜

在加硼锡黄铜 HSn70-1B 的基础上，西北铜加工厂又在原化学成分的基础上添加了 0.05%～1.00%的镍和 0.02%～2.00%的锰，生产出了 HSn70-1AB 管。据测试，该合金材料所能适应的冷却水质范围为：

溶解固形物：　　　　　<4500 mg/L

Cl^-：　　　　　　　<2000 mg/L

悬浮物含砂量：　　　　<500 mg/L

该材料以单相 α 型铜合金 Cu-Zn-Sn 系为基，采用 As、B、Ni、Mn 多元少量、固溶强化的联合作用，提高合金的强度、硬度、耐冲击腐蚀以及其他腐蚀的性能，同时又不影响合金的塑性。

目前，该材料也在许多电厂使用，效果良好。

6.1.3 其他添加微量元素的铜合金材料

为更有针对性地提高冷凝管材料的抗腐蚀性能，许多研究和生产单位，就在铜合金材料中添加不同的微量元素做了大量的实验，其中一些方案也取得了试验室和实地试验的初步成效，因未作为正式产品投入批量生产，还无法提供更有说服力的实地运行效果。下面分别就试验结果做一简单叙述。

(1) 在 HAl77-2 合金中添加 0.2%～1.0%的镍，在含砂海水水质情况下，装机运行两年，其管壁厚均匀减薄略高于普通

HAl77-2 管,但泄漏率低得多。

某单位在 HAl77-2 铝黄铜中,除添加了硼元素外,还加入了微量的 Fe、Ni、Mn、Si 等合金元素。这些添加元素均有细化晶粒的作用,在不降低材料塑性的条件下,可大幅度提高其强度和硬度,从而增加铝黄铜的抗冲击腐蚀能力。具体化学成分为:

Zn 23.75%,Al 2.20%,As 0.06%,Ni 0.3%~3%,Fe 0.1%~0.5%,Mn 0.2%~1%,Si 0.1%,余量 Cu;

Zn 20.32%,Al 2.02%,B 0.006%,As 0.06%,Ni 0.3%~3%,Fe 0.1%~0.5%,Mn 0.2%~1%,Si 0.1%,余量 Cu;

(2) 将 BFe30-1-1 合金中的铁和锰的含量提高到 2%左右,可提高其材料的抗砂蚀能力,在含砂量为 750×10^{-4}% 条件下使用,能够获得满意的效果。同时对于由悬浮固体产生的浸蚀和腐蚀都有更高的抵抗力,工作温度高达 425℃。

(3) 在 BFe30-1-1 合金中添加 0.3%~0.7%的钛,其熔铸和热加工性能同原合金相当,冷加工性能有部分恶化。但可提高材料的再结晶温度和强度,再结晶温度由 540℃ 提高到 650℃;抗拉强度由 500 MPa 提高 810 MPa;伸长率由 6%降至 5%。

6.2 铝青铜合金材料

冷凝管用铝青铜合金已被列入一些国外标准中,日本标准中虽未将铝青铜列入冷凝管合金范畴,但其铝青铜合金作为冷凝管材料在火电机组中的应用于 20 世纪 60 年代已经开始,有较长的应用历史。我国到目前为止还没有这些材料的应用实例。国外冷凝管用铝青铜合金的化学成分列于表 6-1。

表 6-1 国外冷凝管用铝青铜合金的化学成分(质量分数,%)

合金牌号		Cu	Al	As	Ni	Fe	Mn	Sn	Pb	Zn
美国	C60800	余量	5.0~6.5			≤0.1			≤0.1	
	C61300	余量	6.0~7.5		≤0.15	2.0~3.0	≤0.20	0.20~0.50	≤0.01	≤0.10
	C61400	余量	6.0~8.0			1.5~3.5	≤1.0		≤0.01	≤1.0

续表 6-1

合金牌号	Cu	Al	As	Ni	Fe	Mn	Sn	Pb	Zn
德国 Cu Al5 As	余量	4.0~6.0	0~0.2	≤0.2	≤0.2	≤0.2		≤0.02	≤0.3
欧盟 Cu Al5 As	余量	4.0~6.5	0.1~0.4	≤0.3	≤0.2	≤0.2	≤0.05	≤0.02	≤0.3
英国 CA102	余量	6.0~7.5		Ni+Fe+Mn:1.0~2.5					
日本 AP 青铜	余量	1			Si:0.1		6~8		

日本 AP 青铜耐污染海水腐蚀性能优良，在相同水质条件下使用，腐蚀速度仅为铝黄铜的 1/5～1/2，取得了很好的效果。实用表明，AP 青铜的腐蚀形态为均匀的全面腐蚀。据分析，AP 青铜管的自然电位管与铝黄铜有很大的差异，比其高出 10～100 mV，在没有海绵球清洗的条件下，分极阻抗值基本不受海水水质影响，稳定在 1～3 万 Ω·cm。在有海绵球清洗的条件下，其值与铝黄铜一样，分极阻抗值均在数千至 1 万 Ω·cm 之间变化。因此，在有海绵球清洗的条件下，AP 青铜不易形成良好的防蚀皮膜。也就是说，AP 青铜管形成的防蚀皮膜不受硫离子等污染物存在的影响，但其致密性在有海绵球清洗的情况下则难以保证。

6.3　高效传热管

为提高凝汽器管的换热效率、降低能耗，从 20 世纪 80 年代起，一些冷凝管生产企业与电厂合作开始了强化传热、高效节能冷凝管的研发。研发的基本思路是在原光面管的基础上，通过采用特殊的挤压、旋轧、拉拔等加工方式，在铜管表面加工出翅片、凸筋、螺旋槽、波纹等形状，以增加换热面积、改善换热条件，从而达到提高换热效率、节能降耗的目的。

到目前为止，各种不同形状、齿高各异的高效传热管已在小型冷却器、换热器等热交换器中广泛使用。小型火力发电机组成功应用的主要是波纹管，其中有单头和三头波纹管，如图 6-5 所示，S 为螺距，h 为波纹深度，θ 为螺旋升角。

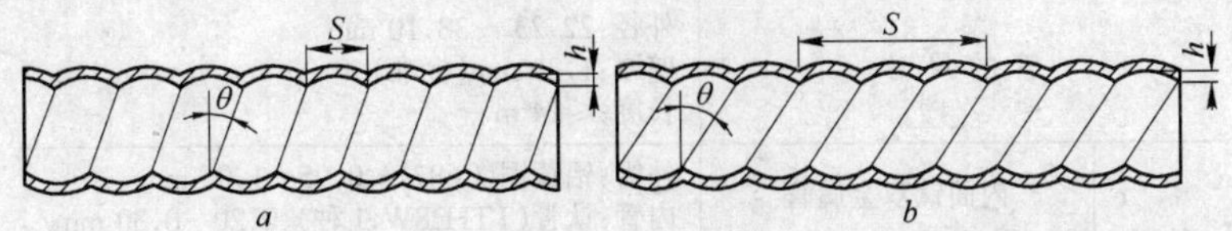

图 6-5 发电机组用波纹管

a—单头波纹管；b—三头波纹管

根据应用数据，一台 50 MW 的火力发电机组，使用单头波纹管与光面管相比，“端差”提高了 3 度以上，整个机组运行效率提高了1%～2%，单机每年可多发电 300 万度，同时还节省标准煤 4000 t。此外，由于波纹管内壁凸起，紊流增加，使得管子内壁基本不结垢，这样不仅可以提高机组效率，还会抑制腐蚀产生。目前，这种波纹管已装机运行 5 年，运行状况良好。

据西安交通大学对实验结果的研究与分析，由于三头波纹管在头数、管的升角、展开长度上的差异，不但增大了传热面积还具有减少流动阻力的功效。

6.4 铜合金－钛双金属管

20 世纪 80 年代，日本的渥美哲郎等就研制并生产了铜合金－钛双金属管，其生产规格、工艺、性能以及使用实例简介如下。

6.4.1 双金属管的规格

铜合金－钛双金属管是在铝黄铜管的内表面或外表面分别复合一种或两种 0.20～0.30 mm 的极薄壁钛焊接管。目前的制造范围受设备的制约，管外径一般在 22.23～38.10 mm，管长度最长 24 m。铜合金管的壁厚以 1.25 mm 为标准，根据复合的两材质管的壁厚进行调整。详细规格列于表 6-2。

表 6-2 铜合金－钛双金属管规格

管的尺寸		外径:22.23 ～38.10 mm 壁厚:1.25 mm(标准) 长度:≤24 m
构成	内面钛双金属管	外管:铝黄铜(C6871),0.95～1.05 mm 内管:钛管(TTH28W,1 种),0.20～0.30 mm
	外面钛双金属管	外管:钛管(TTH35W,2 种),0.20～0.30 mm 内管:铝黄铜(C6871),0.95～1.05 mm

6.4.2 双金属管的制造方法

变形阻力大不相同的两种材质构成的双金属管的制造,最理想的是采用高压水扩管法,高压水扩管法的原理示意图示于图 6-6。使内管和外管充分密合的条件是内管圆周方向弹性极限值(大致标准:屈服极限/弹性系数)低于外管的弹性极限值。

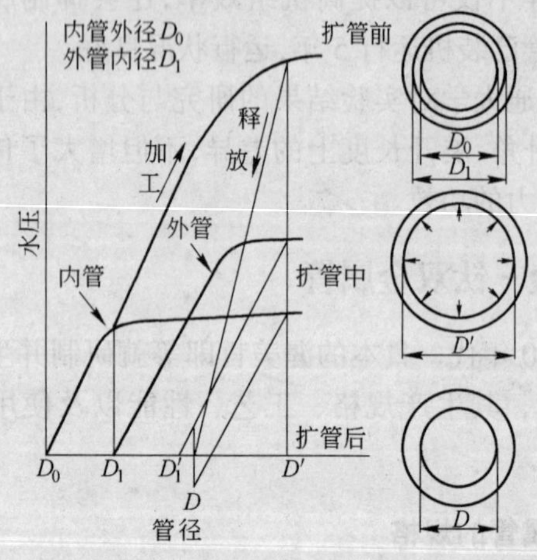

图 6-6 水压扩管法制造双金属管原理示意图

双金属管的生产首先是用各自的生产方式生产出合格的原料管材。通过适当条件下的热处理,调整两原料管的力学性能(圆周方向的弹性极限值),以满足上述条件。之后将制备的两原料管,用水压扩管复合。水压扩管是向内管里注入工作水,密封后增压使内管扩大变形与外管密合(图 6-6,$D_0=D_1$)。继续增压至 30～40 MPa

范围,使外管的外径变化量达到 0.2～0.3 mm 左右,在这种状态下保持一定时间后卸掉水压载荷。由于两原料管的弹塑性变形特征的不同,外管回复量(弹性变形回复量:外径变化量 $D'-D_1'$)超过内管的回复量(弹性变形回复量:$D'-D_0'$),靠外管的收缩力使两管紧密结合。这种界面的密合力达到 30～70 N/cm² 就足够了。

另外,采用上述方法生产的双金属管,作为外管或内管的铝黄铜管上会残留轻微的压缩应力。通过力学特性的调整和恰当的水压扩管条件选择,最终产品在对铝黄铜管按标准规定进行残余应力检验中未检测出裂纹。

6.4.3 双金属管的性能

6.4.3.1 传热性能

把双金属管与对比用的铝黄铜管安装到模拟有效长2000 mm冷凝器的测定装置上,管外面用压力为 4.0～4.7 kPa(34～36 mmHg)的低压饱和蒸汽加热,以平均流速 2.0 m/s 向两管内通 23℃ ± 5℃ 的冷却水,进行热交换,测定双金属的热导率。用标准换算测定值,与其他材质传热管的标准热导率进行比较,其结果示于图 6-7。

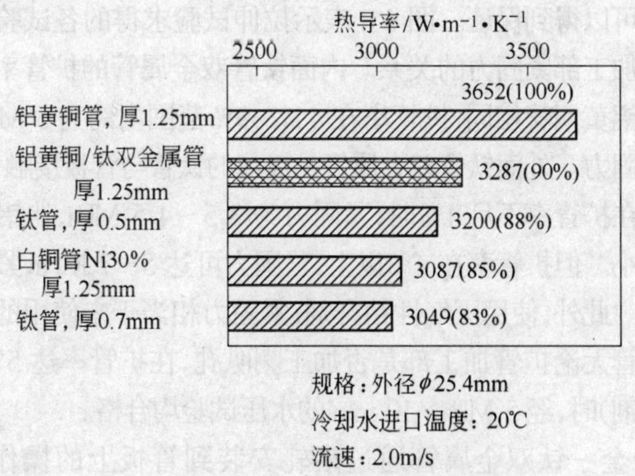

图 6-7 各种冷凝管标准热导率对比

双金属管的热导率比相同尺寸的铝黄铜管低，其原因在于复合薄壁钛管的热导率比铝黄铜管的值低约1/6，另一个原因是铝黄铜/钛界面的接触阻力。然而，无论何种双金属管，其热导率比铝黄铜管的平均值低10%仍在允许范围内。双金属管的传热性能超过了壁厚0.5 mm的钛焊接管。

6.4.3.2 耐振动性

研发并已实际应用的铜合金－钛双金属管，由于两种构成材料的弹性系数几乎没有差别，而且壁厚与铝黄铜管相同，所以双金属管与现有铝黄铜的刚性差可忽略，不必担心蒸汽流引起的振动问题，可以直接安装。

6.4.3.3 扩管安装性

冷凝管在铜合金管板上的安装，一般采用滚轧扩管方式。通过滚轧扩管把薄壁钛焊接管安装到铜合金管板上时，其固着力相当于铜合金管的1/2～1/3。目前的情况是，通过使用厌气性粘合剂进行扩管，确保粘着力及气密性。

铜合金－钛双金属管采用传统的滚轧扩管法容易安装到管板上而且气密性可以得到保证。图6-8表示拉伸试验求得的各试验管的扩管率和扩管加工部紧固力的关系。内面钛管双金属管的扩管率和紧固力的关系与铝黄铜管相同，扩管率在4%～9%范围内约为5 MPa能确保充分的紧固力。外面钛管双金属管是极薄的钛管与管板接触，紧固力可能不足。在扩管率不足4%时，紧固力为3.5～4.5 MPa，比铝黄铜管的紧固力还小。但扩管率在4%以上，紧固力可达5～7 MPa，紧固力比铝黄铜管高。此外，使用厌气性粘合剂，紧固力相当于未使用的2倍。两种双金属管无论扩管加工部是否加工喇叭孔，在扩管率达5%以上(未使用粘合剂)时，经5 MPa×10 min的水压试验均合格。

铜合金－钛双金属管通过滚轧安装到管板上的操作，与一般铜合金管同样容易且能确保充分的紧固力和气密性，同时再一次确认喇叭孔加工也能无故障地应用。建议最佳扩管率(壁厚减少率)选用5%～8%。

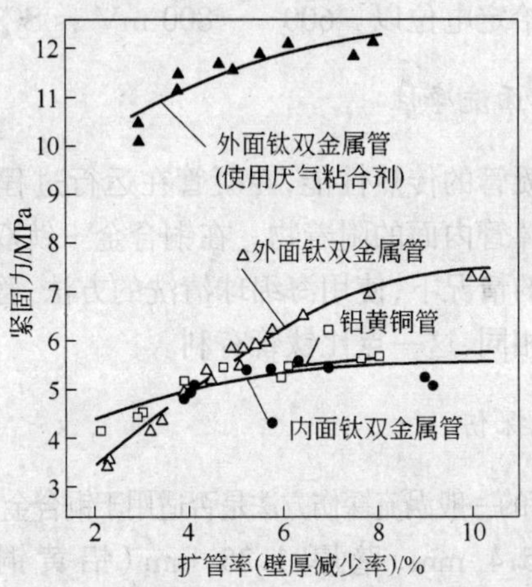

图6-8　试验管的扩管率和紧固力的关系

6.4.3.4　耐蚀性

钛管在作为冷凝管使用条件下最具耐蚀性能的材料,已在实践中得到了充分的证明。

铜合金－钛双金属管,根据所需要的耐蚀性,选择不同的种类,即海水侧期望完全耐蚀性,选择内面钛双金属管;为了防止冷凝水侧氨蚀或铜离子溶出,选择外面钛双金属管。

钛的耐腐蚀性主要是不动态皮膜产生的,那么复合钛管的壁厚只需0.1 mm就足够了。复合钛管的耐蚀性可以通过碳化硅球(海绵球表面附着研磨材料)的连续通过试验加以确认。碳化硅球通过15万个,钛管的磨损量换算成平均减壁厚量仅为0.022 mm。因此,复合钛管壁厚为0.2～0.3 mm就认为是极安全的。

在使用铜合金－钛双金属管时,由于铜合金在海水中的自然电极电位比钛低,所以两种材料只在接触海水的管端部,铝黄铜管或海军黄铜管板产生接触腐蚀。这种接触腐蚀,与铝黄铜管冷凝器的空冷部分安装钛管的情况一样,采用电防蚀完全可以防止。

从铝黄铜管或海军黄铜管板的防蚀及防止钛管吸氢脆化的观点，建议电防蚀的给定电位以 -600～-800 mV vs SCE 为宜。

6.4.3.5　管内面洗净性

为确保冷凝管的传热性能，冷凝管在运行过程中要用海绵球清洗的方法除掉管内面的附着物。在铜合金-钛双金属管与铝黄铜管内径相同的情况下，使用海绵球清洗的方法，管内附着物去除性与铝黄铜管相同，这一点比钛管有利。

6.4.3.6　涡流探伤

探讨冷凝管的一般涡流探伤方法是否适用于铜合金-钛双金属管。

在外径 25.4 mm、壁厚 1.25 mm（铝黄铜 0.95 mm/钛 0.3 mm）的内面及外面钛双金属管的各个铝黄铜管部设置人工缺陷，作为涡流探伤检查的标准缺陷。如图 6-9 所示，人工缺陷的两种双金属管都是以 ϕ2 mm 贯通孔（a）为标准，假设铝黄铜管形成海水腐蚀或冷凝水侧的氨蚀，即外面钛双金属管是 ϕ2 mm 内面平底孔（b）；内面钛双金属管是 ϕ2 mm 外面平底孔（c）；（d）是宽 2 mm的外面 1/4 圆周槽。平底孔及圆周槽对铝黄铜管壁厚的减薄率为 20%～80%，共选定 4 种情况。涡流探伤频率为 30 kHz；相位及灵敏度，在 CRT 上把人工缺陷（a）的信号设定为 45 度；在记录纸上设定为 20 mm。在本条件下进行检查，人工缺陷 CTR 波形和图表记录示于图 6-9。

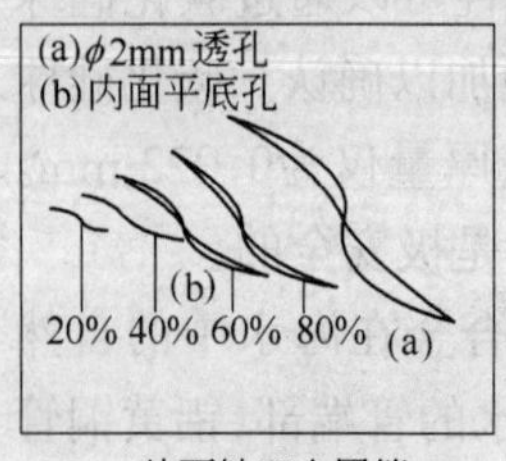

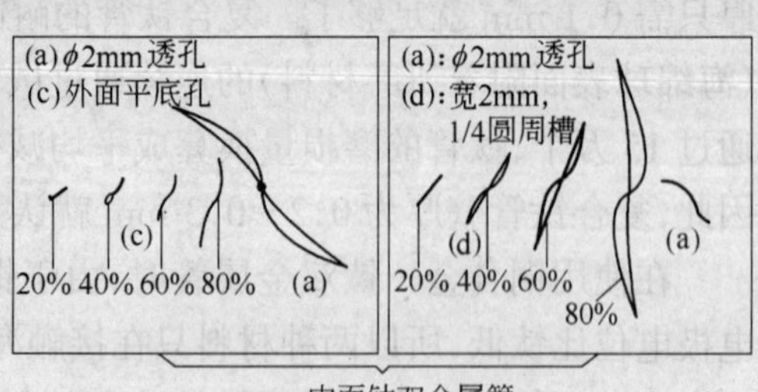

图 6-9　铜合金-钛双金属管涡流探伤检查结果

由图可知，所有的人工缺陷都有清晰的波形，相位与减薄间也得到一定的关系，这表明铜合金－钛双金属管在相同检查条件下，可以采用涡流探伤检查。

6.4.4　使用情况

表6-3列出了到目前为止双金属管的主要使用情况。内面钛双金属管是为了充分耐海水腐蚀，外面钛双金属管是为了应对空冷部分附近管外面产生氨蚀而采用的。以下列举实机冷凝器使用的内面及外面双金属管的性能调查结果。

表6-3　铜合金－钛双金属管使用情况

机组容量/MW	冷凝管材质 外面/内面	冷凝管规格（外径×壁厚(内/外)×长度）/mm×mm×mm	数 量/根
375	C6871/TTH28W	25.4×1.0/0.3×12198	1000
220	TTH35W/C6871	25.4×0.3/1.0×9816	10
1000	TTH35W/C6871	31.75×0.3/1.0×22950	10
600	C6871/TTH28W	28.58×1.0/0.3×18272	16
350	TTH35W/C6871	25.4×0.3/0.95×9816	90
1000	C6871/TTH28W	38.1×0.95/0.3×23520	1000
350	TTH35W/C6871	38.1×0.3/0.95×17360	1200
450	TTH35W/C6871	25.4×0.3/0.95×18300	2000

6.4.4.1　内面钛双金属管

表6-4列出了国外某电厂冷凝器上使用6年的内面钛双金属管的抽样结果。冷凝器以铝黄铜为基准，在注入铁离子(电解式：$(0.0075\sim0.015)\times10^{-4}$%，连续3个月间隔)、海绵球清洗2～7次/周(4～12个/根)的条件下运行，对海水未实施氯处理。结果确认：内面钛双金属管的内、外表面均未产生腐蚀，也未观察到海

水侵入铝黄铜/钛管界面的任何形迹。双金属管的洁净度(与相同尺寸的铝黄铜管的热导率比)达到85%以上,维持高的传热性能,内面水垢清除后,恢复到初期传热性能值。内管(钛管)的吸氢在出口部位观察到,但并未形成氢化物,未出现力学性能的逐年恶化,管材维持着优良的性能。

表 6-4 内面钛双金属管实机冷凝器使用 6 年后的性能

项	目	1号	2号	出厂性能
腐蚀状况	外面	无	无	
	内面	无	无	
内面附着物量/$mg·cm^{-2}$		1.35	0.44	
热导率/$W·(m·K)^{-1}$		3116	3258	3180~3361
管洁净度/%		6	90	88~93
抗拉强度/MPa		472	474	460~480
伸长率/%		46	45	41~51
界面结合力/$N·cm^{-2}$		65	64	40~70
钛管氢量/%	入口	65×10^{-4}	64×10^{-4}	$(30\sim70)\times10^{-4}$
	中央	63×10^{-4}	65×10^{-4}	
	出口	96×10^{-4}	73×10^{-4}	

注:相同尺寸铝黄铜新管热导率以 3614 W/m·K 为基准。

6.4.4.2 外面钛双金属管

国外某电厂冷凝器上使用两年的外面钛双金属管及作对比的铝黄铜管的性能抽查结果列于表6-5。双金属管的安装位置在空气冷却部位的正下方,作为对比的铝黄铜管也靠近双金属管安装。冷凝器注入铝黄铜管基准的铁离子(电解式:0.01×10^{-4}%连续),每周用海绵球清洗两次。未对海水进行氯处理。

表 6-5 外面钛双金属管实机冷凝器使用两年后的性能

项	目	外面钛双金属管	铝黄铜管	双金属管出厂性能
腐蚀状况	外面	无	支持板部腐蚀,0.1 mm	
	内面	局部腐蚀,0.1 mm	全长腐蚀,0.1 mm	

续表 6-5

项目		外面钛双金属管	铝黄铜管	双金属管出厂性能
内面附着物量/$mg \cdot cm^{-2}$		2.58	2.40	
热导率/$W \cdot (m \cdot K)^{-1}$		2675(3304)	2756(3347)	3108～3125
管洁净度/%		74(91)	86(93)	86～92
抗拉强度/MPa		441		430～450
伸长率/%		41		25～50
界面结合力/$N \cdot cm^{-2}$		31		30～70
钛管氢量/%	入口	55×10^{-4}		$(30～70) \times 10^{-4}$
	出口	50×10^{-4}		

注:1. 相同尺寸铝黄铜新管热导率以 3614 W/m·K 为基准;2. ( )内数值是洗净后数值。

外面钛双金属管的外面(钛管)确定未产生腐蚀,内面(铝黄铜管)也限于最大深度 0.1 mm 的轻微腐蚀。未发现海水对双金属管界面的侵入。

双金属管和铝黄铜管都由于水锈在管内壁的附着而使传热性能比初期减少了 15%左右。双金属管用刷子洗净就能恢复到初期性能。另外,未观察到外管(钛管)吸氢,也未观察到力学性能的逐年恶化。外面双金属管仍维持着所期待的优良性能。

6.5 复合管耐蚀热交换器

随着沿海地区石油化工、电力等行业的迅速发展,应用海水取代日益紧张的淡水作为工业冷却介质,可以节约大量的淡水资源,获得显著的经济效益和社会效益。但是由于海水腐蚀性强,当管束采用普通碳钢或不锈钢时,海水作为冷却介质会对管束产生严重腐蚀,显著降低热交换器的使用寿命。这样,不仅增加了设备的更换次数,同时也由于设备失效引起装置停工过于频繁而使经济效益降低。一般情况下,为解决这一问题,需要对管子进行材料升级,升级材料常用的主要是白铜和钛管。由于钛管制作成本很高而使用户难以接受,白铜则由于在污染严重的海水介质中可能引起腐蚀而导致失效。同时,在沿海及内陆生产装置中的一些腐蚀条件比较苛刻的工况环境,如通过换热设备的介质为湿硫化氢或氯离子含量较高时,普通碳钢或不锈钢管束同样不能满足抗腐蚀要求,也需要对管子进行材料升级,这一普遍性问题的解决,引起了广大用户和设计部门的高度重视。对于换热器来说,其发展在很大程度上表现为新材料的采用。由于许多场合存在严重的腐蚀现象,采用的对策一是表面防腐,二就是选用耐蚀新材料。目前应用的耐蚀新材料主要是金属钛管、哈氏合金、超级双相不锈钢、锆管等。以上材料都具有良好的防腐性能,但是它们的共同缺点是设备造价太高,令一般企业难以接受。

为解决上述实际问题,目前有企业将材料成本相对较低的碳钢管、不锈钢管作为基强管与耐蚀性能优越的薄壁钛管复合在一起,应用于热交换设备之中,研制开发了具有理想的抗腐蚀效果、制造成本相对较低(钛+20钢,纯钛管为40%和钛+奥氏体不锈钢,纯钛管为60%)且使用性能与纯钛管相同的换热器管束。与普通碳钢管相比,具有如下突出优点:

(1) 抗腐蚀性能优越。在介质为海水的近海热交换器管束中,钛管的耐蚀性是其他任何管材不能比拟的,复合管正是利用钛管这一优越性来达到耐腐蚀、不易结垢、不易堵塞、海生物不易附着的效果。

(2) 材料防腐成本投入降低。复合管热交换器管束采用薄壁钛管满足防腐要求并使用碳钢或不锈钢作为强度主体,达到了钛管热交换器的使用效果而成本却比后者大为降低。

(3) 降低维护费用。以换热面积700 m^2计,在同样使用条件下,一台碳钢管束年维护费用约为4万元,而复合管管束防腐维护费用几乎为零。

(4) 延长使用寿命。常用有机防腐管束一般使用寿命为1~2年,而钛复合管管束使用寿命为10年以上。

(5) 节约淡水资源降低综合能耗。利用海水的社会效益和经济效益显著高于淡水。由于海水比环境温度低6~10℃,而循环水温比环境温度高3~5℃,两者综合温差在10℃以上,且循环水系统的综合成本要比海水高很多。同时,由于使用循环水管束表面会产生微生物附着和结垢,可降低换热效率,而钛复合管可有效地避免微生物附着从而避免换热效率的降低。

节约淡水资源是我们国家的重要发展方向,沿海地区工业企业应充分利用海水。该产品为沿海地区在低设备成本条件下,利用海水代替资源紧张的淡水作为工业冷却介质提供了设备上的保证。

7　冷凝管的腐蚀与防护

冷凝管的腐蚀在各个使用领域都不同程度地存在。以使用最多的火力发电为例,凝汽器管运行中的腐蚀损坏已成为影响发电机组安全运行的主要因素之一。凝汽器管泄漏污染凝结水,将造成炉前系统、锅炉、汽轮机的腐蚀与结垢。由此导致更换水冷壁管、降低锅炉热效率、减少机组运行时间及降低汽轮机的能力和效率等的直接和间接经济损失,每年可达数百万甚至上千万元。因此,对冷凝管腐蚀与防护的研究十分必要。

一些研究就不同水质、不同使用条件下材料的腐蚀现象、产生原因进行了分析,并提出了一些建议。但针对材料的腐蚀特征和机制的研究还不够具体和明确,没有较为清晰和统一的结论。

7.1　铜合金冷凝管的腐蚀

7.1.1　铜合金腐蚀的影响因素

7.1.1.1　腐蚀性介质

铜是化学元素周期表中 IB 族的第一个元素,其原子序数为29,电子结构为 2s8p18d1f。失去最外层 1f 的电子,即产生单价铜离子 Cu^+,d 层也可能会失去一个电子,这样就产生了二价铜离子 Cu^{2+}。铜合金的电化结构决定了它们对酸的腐蚀不太敏感,只有当溶液中含有氧和其他氧化剂时,才会产生腐蚀。在含氧的场合使用时,会在铜的表面产生一层具有良好自保护性的薄氧化膜,以避免进一步的腐蚀。有些介质,由于含有腐蚀性离子,如 Cl^-、硫化物等,可溶解氧化铜,这样就增加了金属的腐蚀率。在铜合金内加入可产生不溶氧化物的元素,有助于在含有增溶性阴离子的场合形成保护膜。

7.1.1.2 冷却水性能对铜管腐蚀的影响

A 冷却水的化学成分的影响

一般说来,冷却水化学成分的影响具有双重特性,一方面,由水中沉淀出的不溶液盐覆盖于初生金属,有利于铜管表面保护膜的形成;另一方面,它进一步控制合金的电化学势,从而决定将发生一般腐蚀或者说点蚀。

B 温度的影响

冷却水温度过高,会使铜镍合金产生“高温点腐蚀”。

C 水流速度的影响

水流速度是影响铜管寿命的重要参数。当水流速度增大时,扩散到管材表面的氧和失去的铜离子也随之增加,这种扩散过程对保护层的生长有益,直到达到某一限定值。当水流速度再高时,沉淀过程会受到影响,甚至能冲走管材表面的腐蚀产物。如果这种情况发生在最终氧化膜形成之前,铜合金将得不到满意的保护。当水流速度更高时,管材完全得不到保护,合金会迅速腐蚀。若水流速度很低甚至为零时,沉渣、泥水和悬浮物颗粒会沉积在管材内壁的下部,被覆盖的管材内表面会产生沉积腐蚀。

7.1.1.3 使用初期的工作条件

由于保护层的生成机理比较复杂,故对铜合金管材使用初期应特别小心。普遍认为,热交换器铜管遇到的问题大多与其初始工作条件有关。

7.1.1.4 铜管材表面的保护膜

从化学的角度讲,铜在空气和常温下相当不活泼且氧化速度很低。在元素的电化学系列中,铜接近惰性端,即使在酸溶液中,一般也不会取代氢,只有该过程在加压状态下进行时,反应速度才会加快。由于铜是一种不活泼的元素,故从理论上讲即使不对其表面保护膜上附着的不溶解腐蚀产物加以限制，腐蚀速度也是相当低的。虽然保护膜的剥落不大可能会促使腐蚀速度加快，但实际上，铜及铜合金材料的使用寿命仍是取决于未受影响的腐蚀物保护膜的持续时间。铜合金材料因其中添加的镍、锡、铝等元素，有助于防腐保护膜的形成，所以，比纯铜的耐腐蚀性能更高。

7.1.1.5 合金成分

A 添加部分有益元素

在合金中添加某些有益的微量元素可大大提高合金的抗腐蚀性能，这点在实践中已得到证明。如在黄铜合金中添加微量的砷可大幅度地提高合金的抗脱锌腐蚀能力；添加微量的硼可使其具有更为优异的抗腐蚀能力，特别是抗溶解固形物腐蚀等一些选择性腐蚀。

在黄铜中加入1%～2%的锰能明显提高黄铜的强度和工艺性能，从而增强了合金在海水、氯化物溶液及过热蒸汽中的耐蚀性能。

加入1%～3%的铁，会在α固溶体中析出高熔点的富铁相化合物，可细化晶粒，提高合金的强度和硬度，提高合金在大气、海水中的耐腐蚀性能。

镍可提高合金抗脱锌能力，提高耐蚀性和合金韧性。

B 控制某些有害元素

控制某些有害的杂质元素，可增强合金的抗腐蚀能力，如有实验证明，在铝黄铜材料中锡含量在0.05%时，在阳极极化曲线上的电流密度峰值最高，腐蚀电流最大；相同含量的材料在静态腐蚀试验中，它的失重量也是最大。实验还证明，在铝黄铜中，当锡含量大于0.040%时还会降低合金的力学性能，使金相组织不均匀。同一合金材料当锡含量控制在0.020%以下时，对其各项性能和金相组织均无影响。HAl77-2铝黄铜中，不同的锡含量在相同的加工工艺条件下，其成品金相组织状况示于图7-1和图7-2中。

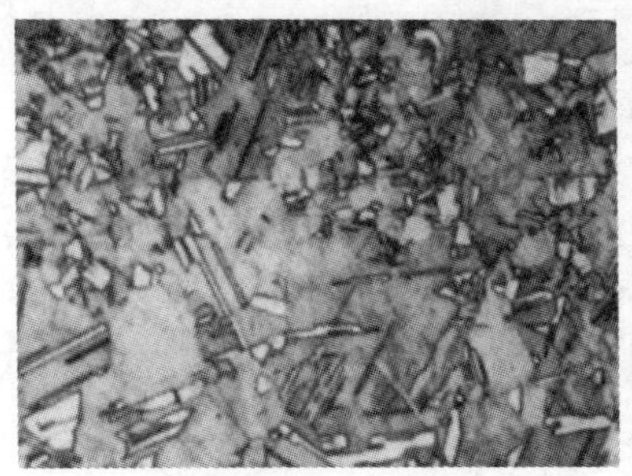

锡含量：0.130%； 电解抛光
腐蚀剂：混合酸
放大倍数：×100
晶粒度：大小不均

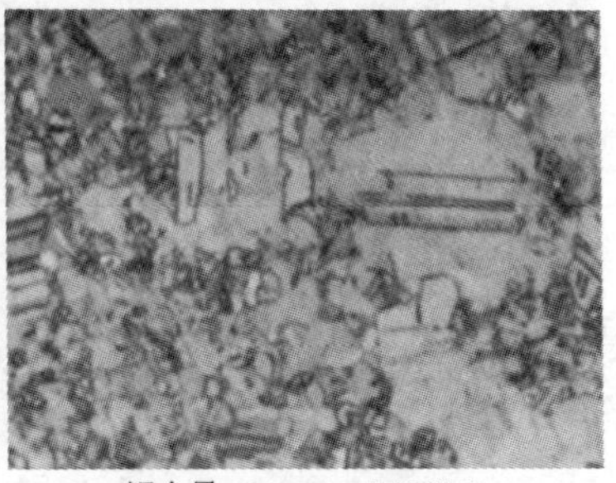

锡含量：0.050%；电解抛光
腐蚀剂：混合酸
放大倍数：×100
晶粒度：大小不均

图 7-1 铝黄铜中锡含量高时导致的组织不均

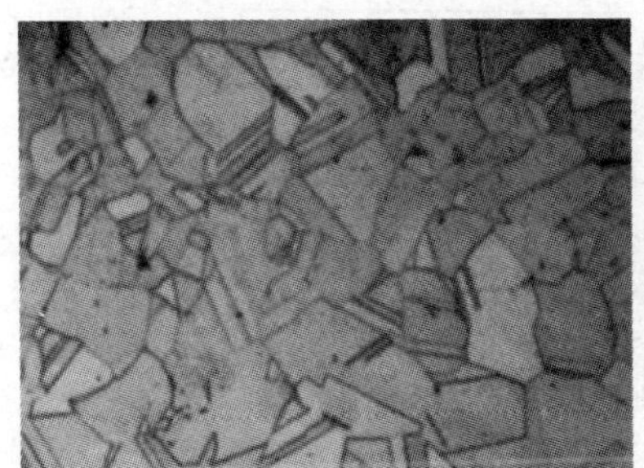

锡含量：0.0145%；电解抛光
腐蚀剂：混合酸
放大倍数：×100
晶粒度：0.045mm，组织均匀

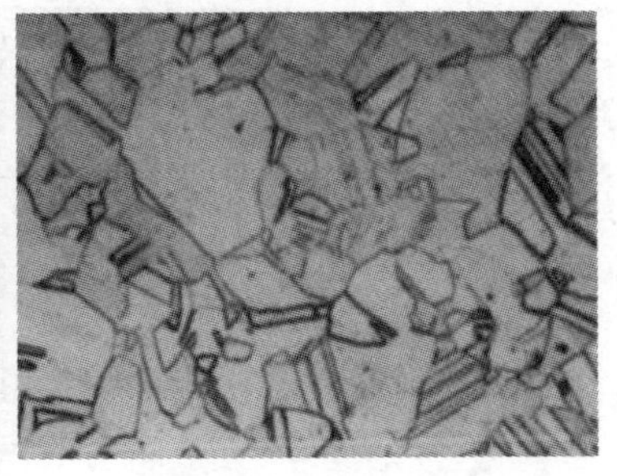

锡含量：0.0071%；电解抛光
腐蚀剂：混合酸
放大倍数：×100
晶粒度：0.050mm，组织均匀

图 7-2 铝黄铜中锡含量低时材料的金相组织

7.1.2 铜合金冷凝管的腐蚀类型

不同用途或使用场合运行条件的变化会使铜合金冷凝管产生各异的腐蚀形态，但对其使用寿命危害最大的是局部腐蚀。主要类型有以下几种。

7.1.2.1　点蚀

点蚀也称孔蚀，指在金属材料表面大部分不腐蚀或腐蚀轻微而分散发生的高度局部腐蚀现象，是常见的局部腐蚀之一，是发电、化工和航海事业中常遇到的腐蚀破坏形态。

点蚀的蚀孔有大有小，多数情况下为小孔，轻者有较浅的蚀坑，严重的甚至形成穿孔。腐蚀形态如图 7-3 所示。一般说来，点蚀表面直径等于或小于它的深度，只有几十微米，分散或密集分布在金属表面上，孔口多数被腐蚀产物所覆盖，少数呈开放式。有的为碟形浅孔，有的是小而深的孔，也有的孔甚至使金属板穿透。蚀孔的最大深度与按失重计算的金属平均腐蚀深度的比值称为点蚀系数，点蚀系数愈大表示点蚀愈严重。

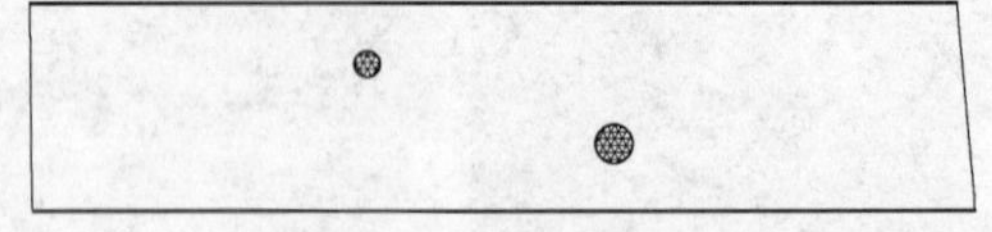

图 7-3　点腐蚀示意图

点蚀多发生在表面有钝化膜或有保护膜的金属上。

点蚀的发生、发展可分为两个阶段，即蚀孔的成核和蚀孔的生长过程。点蚀的产生与腐蚀介质中活性阴离子（尤其是 Cl^-）的存在密切相关。

当介质中存在活性阴离子时，平衡即被破坏，使溶解占优势。关于蚀孔成核的原因现有两种说法。一种说法认为，点蚀的发生是由于氯离子和氧竞争吸附所造成的，当金属表面上氧的吸附点被氯离子所替代时，点蚀就发生了。其原因是氯离子选择性吸附在氧化膜表面阴离子晶格周围，置换了水分子，就有一定几率使其和氧化膜中的阳离子形成络合物（可溶性氯化物），促使金属离子溶入溶液中。在新露出的基底金属特定点上生成小蚀坑，成为点蚀核。另一种说法认为氯离子半径小，可穿过钝化膜进入膜内，产生强烈的感应离子导电,使膜在特定点上维持高的电流密度并使阳离子杂乱移动,当膜/溶液界面的电场达到某一临界值时,就发生点蚀。

含氯离子的介质中若有溶解氧或阳离子氧化剂(如 Fe^{3+})时,也可促使蚀核长大成蚀孔,因为氧化剂可使金属的腐蚀电位上升至点蚀临界电位以上。上述原因一旦使蚀孔形成,点蚀的发展是很快的。

点蚀的发展机理也有很多学说,现较为公认的是蚀孔内发生的自催化过程。

半咸水中($NaCl$: 1000×10^{-6}, $CaCO_3$: 100×10^{-6}, $pH = 7$) HSn70-1 点蚀严重,经实验与分析,发现腐蚀与合金表面存在的氧化铜有关,Cu_2O 膜对铜管不仅不具有保护作用,而且在与含氧化物的水接触时,由于存在电极电位差,从而导致铜管发生点蚀。无论是电厂装机实际运行,还是模拟化学试验、实地挂片试验,都得出一个相同的结论:带有严重氧化膜的管子与光管或膜管相比,其耐蚀性最差。

点蚀的破坏性和隐患很大,不但容易引起设备穿孔破坏,而且还会诱发晶间腐蚀、应力腐蚀、腐蚀疲劳等现象的产生。在很多情况下点蚀是引起这类局部腐蚀的起源。

7.1.2.2 应力腐蚀开裂

金属在应力和腐蚀介质的同时作用下,往往在明显低于该材料屈服强度和出现很小延展性的情况下发生突然断裂,这种腐蚀破坏现象称为应力腐蚀开裂。应力腐蚀开裂的腐蚀形态如图 7-4 所示。

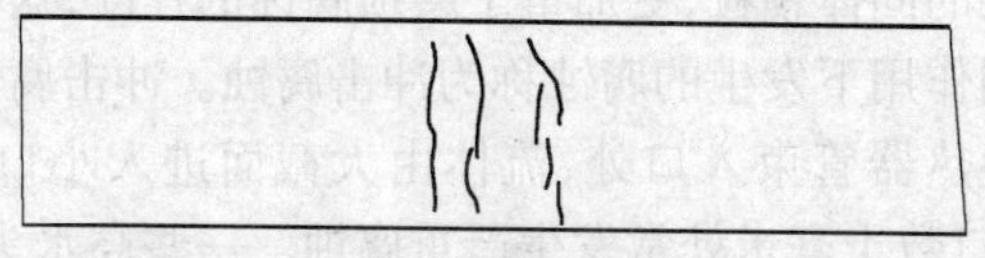

图 7-4 应力腐蚀示意图

应力腐蚀开裂具有脆性断口形貌,但它也可能发生于韧性较高的合金材料中。发生应力腐蚀开裂的必要条件是要有拉应力(不论是残余应力还是外加应力,或者两者兼而有之)和特定的腐蚀介质存在。裂纹的形成和扩展大致与拉应力方向垂直。这个导致应力腐蚀开裂的应力值,要比没有腐蚀介质存在时材料断裂所需要的应力值小得多。

在微观上,穿过晶粒的裂纹称为穿晶裂纹,而沿晶界扩展的裂纹称为沿晶裂纹,当应力腐蚀开裂扩展至一定深度时(即承受载荷的材料断面上的应力达到它在空气中的断裂应力时),材料就沿正常的裂纹(在韧性材料中,通常是通过显微缺陷的聚合)而断开。因此,由应力腐蚀开裂而导致的断面,包含有应力腐蚀开裂的特征区域以及与已存在微缺陷的聚合相联系的情况。

对于黄铜合金来说,在有腐蚀性离子(尤其是 NH_4^+)且材料内存在机械应力的情况下,最易产生应力腐蚀开裂。在半成品加工后或安装以后,都会在管材中留下部分机械应力,所以当冷却水中甚至冷凝车间的空气中含有 NH_3S^{2-} 或其他污染物时,应在使用前对管材进行完全退火或消除应力处理。

此外还应注意,由于管组热胀冷缩的变化或操作不当等,也会引发热交换器中产生机械应力。

7.1.2.3 冲击腐蚀

高速冷却水流的湍流以及进入水流的气体或沙粒等异物的冲击腐蚀作用,使凝汽器铜管表面局部保护膜遭到破坏。保护膜被破坏的金属在冷却水中具有较低的电位而成为阳极,保护膜未被破坏的部位电位高而成为阴极,导致金属进一步腐蚀破坏。冷却水流中含有的固体颗粒,更加重了磨损腐蚀的程度,这种在机械和电化学共同作用下发生的腐蚀称为冲击腐蚀。冲击腐蚀多发生在冷凝器和换热器管束入口处,流体由大截面进入小口径,产生湍流,在管入口数十毫米处常发生严重腐蚀。一些高水头、含砂量大的电站工作门底缘和电站压力管弯管段也经常会出现这种腐蚀现象。冲击腐蚀外表特征一般是:局部性沟槽、波纹、圆孔和马蹄形,通常显示方向性,如图 7-5 所示。此类腐蚀在电厂选址、凝汽器设计时应予以足够的重视。

图 7-5 冲击腐蚀示意图

7.1.2.4 沉积物腐蚀

沉积物腐蚀也被称为固形物腐蚀,指管内有粘泥及疏松多孔沉积物附着在管壁上,造成沉积物和溶液本体间金属离子或供氧浓度的差异,形成腐蚀原电池而导致局部铜管管壁腐蚀的现象,其外表特征如图 7-6 所示。从现场反映的结果来看,沉积物的腐蚀程度因水质状况与合金材料的不同而有差异,沉积物在管壁上附着不仅会导致材料的腐蚀与泄漏,而且还严重影响传热效果。

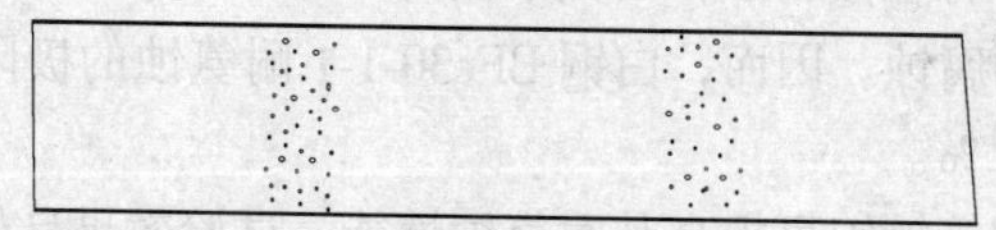

图 7-6 沉积物腐蚀示意图

7.1.2.5 砂蚀

所谓砂蚀,一般指冷却水中的悬浮沙粒对冷凝管的损伤现象,见图 7-7。然而,砂蚀并非单纯的机械磨损破坏,砂蚀的破坏机理是首先由机械作用导致管材表面膜的破坏,进而在表面膜损伤处由于电化学反应而产生腐蚀。一般情况下,电化学腐蚀的速度将远大于砂粒机械磨损的速度。因此,砂蚀也可以说是二者交互作用下的侵蚀现象。冷却水含沙量超过 $30 \times 10^{-4}\%$ 时就会引起砂蚀,通常含沙量增加、沙粒粒度增大,磨蚀出现几率随之增大。

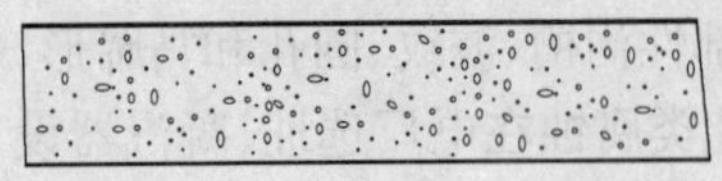
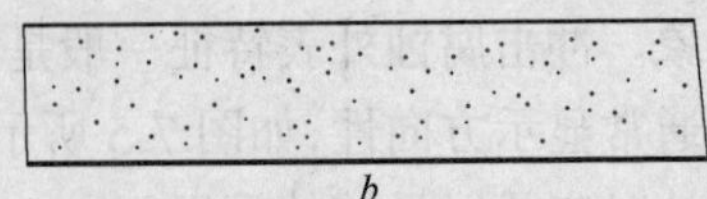

图 7-7　砂蚀示意图

a—严重砂蚀；*b*—轻度砂蚀

7.1.2.6　氨蚀

氨蚀多发生在隔板处，外观很像机械损伤与腐蚀介质侵蚀的联合作用，该处的铜管有很深的腐蚀沟槽和粗糙表面，管壁明显减薄。腐蚀部位呈现基体金属光泽，无腐蚀产物附着。

氨蚀的产生原因主要有：空冷区氨的聚集、铜管的振动与磨损以及隔板与铜管的电偶作用等。

通过长期实验得知，铝黄铜 HAl77-2 在氨浓度小于 $100\times10^{-4}\%$时（若无电偶作用），不会产生氨蚀；当氨浓度大于 $500\times10^{-4}\%$时，则可产生强烈氨蚀。白铜 BFe30-1-1 在氨浓度为 $(10\sim1000)\times10^{-4}\%$ 时，不产生氨蚀；在氨浓度为 $5000\times10^{-4}\%$时，有轻微腐蚀；当氨浓度为 $10000\times10^{-4}\%$时，则可产生较强烈的腐蚀。因而，白铜 BFe30-1-1 耐氨蚀的极限氨浓度为 $7000\times10^{-4}\%$。

铝黄铜管镀镍可提高其耐氨蚀性能，试验效果良好。

7.1.2.7　晶间腐蚀

晶间腐蚀是一种由微电池作用而引起的局部破坏现象，是金属材料在特定的腐蚀介质中沿着材料的晶界产生的腐蚀。这种腐蚀主要是从表面开始，沿着晶界向内部发展，直至成为溃疡性腐蚀，整个金属强度几乎完全丧失。

晶间腐蚀是一种有选择性的腐蚀破坏，它与一般选择性腐蚀不同之处在于，腐蚀的局部性是显微尺度的，而在宏观上不一定是局部的。腐蚀特征是在表面还看不出破坏时，晶粒之间已丧失了结合力。

晶间腐蚀的产生必须具备两个条件:一是晶界物质的物理化学状态与晶粒本身不同;二是特定的环境因素,如潮湿大气、电解质溶液、过热水蒸气、高温水等。

晶间腐蚀一般与合金成分的不均匀性有关,多数发生在含硫化物多、含氧低盐水中。由于沿晶界面处杂质的偏析,晶界面处比晶核处的电化学反应更活泼。铅、磷、砷等被认为是引起黄铜产生晶间腐蚀的主要元素。国际上常把砷作为脱锌的阻化剂,故对其含量应严加控制。

有试验表明:一些发生早期腐蚀穿孔破坏的铜管,其腐蚀孔表面均存在较严重的晶间腐蚀。

7.1.2.8　浸蚀

浸蚀是直接由水的湍流和水的固有浸蚀性(温度、盐度等)而产生的,在氯离子含量超过 $1000\times10^{-4}\%$ 的盐水中较易发生,且多产生于管材内部、弯曲处或其他物体堵塞处。浸蚀是湍流的机械作用(该作用会冲掉保护膜)、溶液的腐蚀和流速等的综合影响造成的。保护膜的自愈合性是阻止材料加速腐蚀的唯一要素,一旦金属裸露出来,金属表面会以比被保护区快 100 倍的速度氧化。

在实际应用过程中,很多情况下是由于热交换器使用不当而产生的局部腐蚀。静止或流速很低的水是产生局部腐蚀的先决条件。

7.2　不锈钢冷凝管的腐蚀

不锈钢在许多介质中具有良好的耐蚀性,但在某些介质中,却可能因化学稳定性低而发生腐蚀。从使用的经验来看,除机械失效外,不锈钢的腐蚀主要表现形式仍是局部腐蚀,包括应力腐蚀开裂、点腐蚀、晶间腐蚀、腐蚀疲劳以及缝隙腐蚀等。这些局部腐蚀所导致的管材失效事例几乎占失效事例的一半以上。事实上,有很多失效事故是可以通过合理的选材而予以避免的。

7.2.1 不锈钢冷凝管的腐蚀种类

不锈钢的腐蚀,按机理可分为物理腐蚀、化学腐蚀与电化学腐蚀3种。工程实际中的金属腐蚀,绝大多数情况都属于电化学腐蚀。

常见不锈钢局部腐蚀的种类有:应力腐蚀开裂、点腐蚀、晶间腐蚀和缝隙腐蚀,其中应力腐蚀开裂和点腐蚀的表现形态及产生机理与铜合金基本一致,而晶间腐蚀由于材料化学成分以及组织结构的不同,其产生机理及表现形式有些差异。

7.2.1.1 不锈钢的晶间腐蚀

晶粒间界是结晶学取向不同的晶粒间紊乱错合的界域,因而,它们是钢中各种溶质元素偏析或金属化合物(如碳化物和 δ 相)沉淀析出的有利区域。因此,在某些腐蚀介质中,晶粒间界可能先行被腐蚀,这种类型的腐蚀被称为晶间腐蚀。大多数的金属和合金在特定的腐蚀介质中都可能呈现晶间腐蚀。

固溶处理的奥氏体不锈钢若在 450~850℃ 温度范围内保温或缓慢冷却,然后在一定腐蚀介质中暴露一定时间,就会产生晶间腐蚀。

若在 650~750℃ 范围内加热一定时间,这类钢的晶间腐蚀就更为敏感。例如在 650℃ 下加热 1 h 就是一种人为敏化处理的方法。这就是说,利用这种方法可使奥氏体不锈钢更容易产生晶间腐蚀倾向。

碳含量高于 0.02% 的奥氏体不锈钢中,碳与铬能生成碳化物 $Cr_{23}C_6$。这些碳化物高温淬火时成固溶态溶于奥氏体中,铬呈均匀分布,使合金各部分铬含量均在钝化所需值,即 12%Cr 以上,合金具有良好的耐蚀性。这种过饱和固溶体在室温下虽然暂时保持这种状态,但它是不稳定的,如果加热到敏化温度范围内,碳化物就会沿晶界析出,铬便从晶粒边界的固溶体中分离出来。由于铬的扩散速度缓慢,远低于碳的扩散速度,不能从晶粒内固溶体中扩散补充到边界,因而只能消耗晶界附近的铬,造成晶粒边界贫铬区。贫铬区的含铬量远低于钝化所需的极限值,其电位比晶粒内部的电位低,更低于碳化物的电位。贫铬区和碳化物紧密相连,当遇到一定腐蚀介质时就会发生短路电池效应。该情况下碳化铬和晶粒呈阴极,贫铬区呈阳极,迅速被侵蚀。

7.2.1.2 缝隙腐蚀

缝隙腐蚀是指在金属构件缝隙处产生斑点或溃疡形成的宏观蚀坑,是局部腐蚀的一种形式,它可能存在于溶液停滞的缝隙之中或屏蔽的表面内,这样的缝隙可以在金属与金属或金属与非金属的接合处形成,例如,管材与管板之间的间隙。

A 缝隙腐蚀产生的条件

金属表面由于存在异物或结构上的原因会造成缝隙,此缝隙的宽度一般在 0.025~0.1 mm 范围内。

几乎所有的金属与腐蚀性介质都有可能引起金属的缝隙腐蚀,其中以依赖钝化而耐蚀的金属材料和以含 Cl^- 的溶液最易发生此类腐蚀。

B 缝隙腐蚀机理

缝隙腐蚀的机理已有一些理论上的解释。大多数人认为缝隙腐蚀是由于金属离子和溶解气体在侵蚀溶液中造成缝隙内外浓度不均匀,形成浓差电池所致。如较早的两种理论:一是金属离子的浓差电池,是在 20 世纪 20 年代提出的;另一理论是 Evans 提出的充气不匀电池,即氧的浓差电池。

缝隙腐蚀与点蚀有许多相似之处,两者在成长阶段的机理是很一致的,都是以形成闭塞电池为前提。由于特殊的几何形状或腐蚀产物在缝隙、蚀坑或裂纹出口处的堆积,使通道闭塞,限制了腐蚀介质的扩散,使腔内的介质组分、浓度和 pH 值与整体介质有很大差异,从而形成了闭塞电池腐蚀。但是,它们在形成过程上有所不同。缝隙腐蚀是在腐蚀前就已存在缝隙,腐蚀一开始就是闭塞电池作用,而且缝隙腐蚀的闭塞程度较点蚀大。点蚀是通过腐蚀过程的进行逐渐形成蚀坑(闭塞电池),而后加速腐蚀的。或者说,前者是由于介质的浓度差引起的;而后者一般是由钝化膜的局部破坏引起的。与点蚀相比较,对同一种金属而言,缝隙腐蚀更易发生。从环形阳极极化曲线上的特性电位来看,缝隙腐蚀的临界电位要比点蚀电位低。在 $E_{br} \sim E_{rp}$ 区间,对点蚀来说,原有的点蚀可以发展,但不产生新的蚀孔,而缝隙腐蚀在该电位区内,蚀孔既能发生,也能发展。此外,在腐蚀形态上点蚀较窄而深,缝隙腐蚀较广而浅。

7.2.1.3 全面腐蚀

全面腐蚀是指在整个合金表面上以比较均匀的方式所发生的腐蚀现象。当发生全面腐蚀时,材料由于腐蚀而逐渐变薄,最后导致材料腐蚀失效。不锈钢在强酸和强碱中可能呈现全面腐蚀。全面腐蚀所引起的失效问题并不令人担心,因为,这种腐蚀通常可以通过简单的浸泡试验或查阅腐蚀方面的文献资料而预测。

7.2.2 与铜合金管对比实例

不锈钢管的强度高,许用应力是锡黄铜的 1.6 倍,是钛管的 1.5 倍;弹性模量比铜合金管、钛管高,允许有较大跨距而不产生振动。不锈钢管耐冲击腐蚀、无氨蚀,在凝汽器运行的工况条件下,一般不会产生应力腐蚀。

在某电厂两台 300 MW 发电机组凝汽器中使用 TP304 不锈钢管、锡黄铜管和含镍 10% 的白铜管,在淡水为冷却水的条件下,其失效率与可靠性的关系比较示于图 7-8,其中失效率 Fr = (堵管的百分数)/(服务小时数 × 10^4)。

从图 7-8 可以看出:

在主冷区不锈钢管明显好于锡黄铜管,而锡黄铜管又好于白铜管;而在空冷区不锈钢管的优越性更为突出。

从上述实例中更清晰地说明冷凝管选材的重要性,任何一种材料都有其适用的水质与机组运行的工况条件,如空冷区不适用黄铜管,某些水质与工况条件下白铜管的可靠性未必比黄铜管更高等。

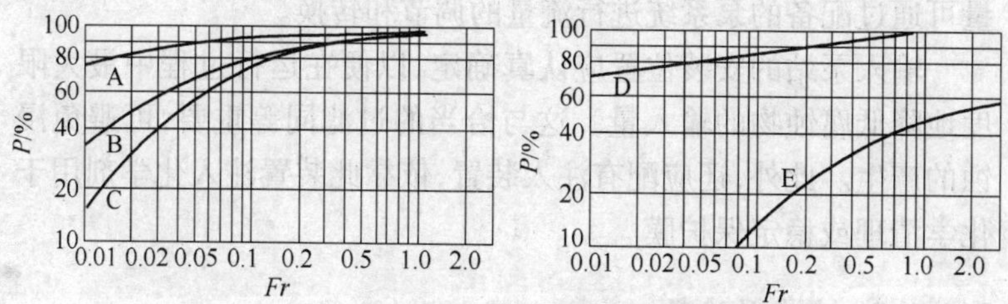

图 7-8 可靠性 P 与失效率 Fr 的对比图

A—主冷区不锈钢管;B—主冷区锡黄铜管;C—白铜管;D—空冷区不锈钢管;E—空冷区锡黄铜管

7.3 钛及钛合金冷凝管的腐蚀

在所有冷凝管合金中,钛及钛合金的耐腐蚀性能最佳,能够适用于多种恶劣的水质。钛及钛合金的腐蚀种类主要有缝隙腐蚀、点蚀、应力腐蚀和电偶腐蚀(接触腐蚀)。

钛在发烟硝酸、某些甲醇溶液或某些盐酸溶液、高温次氯酸盐、温度 300～450℃熔盐或含 NaCl 气氛、二硫化碳以及正己烷和干氯气等介质中会产生应力腐蚀。

电偶腐蚀一般是异种金属在电解液中接触时,由于稳定电位不同而引起的腐蚀现象。有的厂家将钛管胀接在旧的铜管板上,如不采取相应的防护措施,很容易产生此类腐蚀。

7.4 冷凝管的腐蚀防护

7.4.1 一般要求

7.4.1.1 设计要求

铜合金管材的寿命很大程度上取决于确定热交换器形状和工作参数的设计。在设计水箱时,保证在入口处得到均匀的水流速度是很重要的,这样可以避免产生湍流,且能把管与管之间的流速降至最低点。热交换器的操作应有一定的灵活性:如冷却水的流量可通过配备的泵系统进行流量的调节和转换。

输入泵站的安装位置应认真确定,以便在运行过程中最大限度地降低腐蚀物的输入量。这与恰当的过滤同等重要,可避免浸蚀的产生。此外,还应配有注入装置,依靠此装置注入化学剂用于化学清理或稳定保护膜。

7.4.1.2 合金的选择

对于热交换器铜管的合金选择应从技术和经济两方面进行考虑。

需要考虑的技术参数为:盐度、速度、污染物含量、水的硬度、氧含量、浑浊度等;此外还要考虑管材的预处理是否可靠,能否满足工作条件的要求。在可能的条件下,应尽量选择完全退火状态的产品,表面无氧化物和碳化物斑点的管材。

7.4.1.3 管材储存

管材如果不是立即使用,应将产品用塑料膜包好,不能透气,并放置在密封干燥的库房里。

7.4.1.4 安装

在安装过程中应妥善处理管材,避免产生任何应力或应变,这在穿管、端口胀接操作时尤为重要。总的原则是壁厚的减少不得超过10%,弯管机应配有力矩自动控制装置。安装前要进行认真检查,以免采用已损伤的或已产生了变形的管子。

7.4.1.5 预处理

不论选择何种合金,都有必要进行可靠的预处理,预处理的目的是在合金的表面产生初生腐蚀层,这是生成保护膜的必要条件。在预处理上花点功夫,将有益于延长管材的使用寿命。当用海水作冷却水时,最好的预处理方法是在空载情况下让热交换器在流速很低时工作 30～60 天。此外,还要设法使冷却水的氧含量提高,且不含硫化物或阴离子。

7.4.1.6 正常运行

首先,在运行初期或运行过程中,都要绝对禁止在热交换器的管子中留下滞留水。其次停止工作时,要用空气吹干管子,尤其在使用前或长期不用时更应如此。管子的清理可采用加压水或在运行过程中抽入流水。任何种类的研磨清理对管子而言都是有害的,因为这样会磨掉保护膜的水垢。如必须采取研磨清理或化学清理时,则应再次对清理过的表面进行预处理。当热交换器管中无冷却水或水静止时,不允许蒸汽接触热交换器管。

7.4.2 管材使用时的防护措施

7.4.2.1 硫酸亚铁成膜

硫酸亚铁成膜是先将冷却水进行氯处理再向水中注入亚铁离子,以期在冷凝管的内表面形成致密均匀的保护膜。这种方法在冷却水含沙量较低、沙粒粒度在 50 μm 以下的情况下,效果明显。

其机理是:在水中溶解度较高的 Fe^{2+} 被水中溶解的氧氧化成为 Fe^{3+},Fe^{3+} 在水中溶解度显著下降,生成 FeOOH 胶体粒子悬浮于冷却水中,由于静电的吸附作用,FeOOH 胶体粒子被吸附和渗透到冷凝管表面的氧化亚铜薄膜上,从而形成了附着牢固而致密的水合氧化铁 FeOOH 保护膜。这种保护膜主要阻滞了氧在阴极上的还原过程,同时对阳极溶解过程也有一定的阻滞作用。

7.4.2.2 外加电流阴极保护

外加电流阴极保护有利于水合氧化铁膜形成牢固附着,但电流阴极保护有一定的局限性,它保护的范围主要局限在管端和管内有限的范围内。外加电流阴极保护与 $FeSO_4$ 成膜处理同时适当地配合使用,成膜的效果更佳。

7.4.2.3 胶球冲洗

胶球冲洗是防止泥砂、有机物附着在管内壁、降低传热效率和结垢的有效方法,胶球冲洗装置示意图示于图 7-9。其原理是将橡胶球(见图 7-10)混入冷却水中,由循环水带入铜管后被压缩变形,与铜管内壁进行全周摩擦,破坏了脏物在铜管壁积聚附着的条件,从而达到预防结垢和清洗管壁的目的。为了保证清洗效果,可采取如下相应的措施:

(1) 凝汽器水室应无死角,以保证胶球能顺利通过所有的凝汽器管束;

(2) 凝汽器进口装设二次滤网,以保证水质清洁,防止杂物堵塞管束和收球网;

(3) 胶球的弹性要好,选择比管子直径大 1～2 mm 的软质胶球;

(4) 清洗时间应根据运行中的水质情况和污染物来确定,一般不少于 1 h;

(5) 每次投球数量不少于凝汽器冷却水一个流程管数的 20%;

(6) 保持凝汽器冷却水出入口有一定的压差。

采用胶球冲洗时还应注意定期检查胶球的磨损情况,当球的直径减小时应及时更换新球。如收球网前后压差过大,应进行反冲洗,以保证胶球的正常循环。运行过程中若发现胶球循环速度下降时,应先检查胶球输送装置及系统工作情况,发现问题及时处理。为提高胶球的回收率,还应加强机械过滤,防止杂物堵塞铜管。回收网的内壁要光滑、无毛刺、不卡球,而且应安装在循环水管的垂直管段上。通过试验确定合理的循环水流速,因为胶球是依靠一定的流速才能通过铜管。

此外,应提醒注意的是:过度的海绵球清洗会破坏金属表面的保护膜,促使腐蚀的产生。

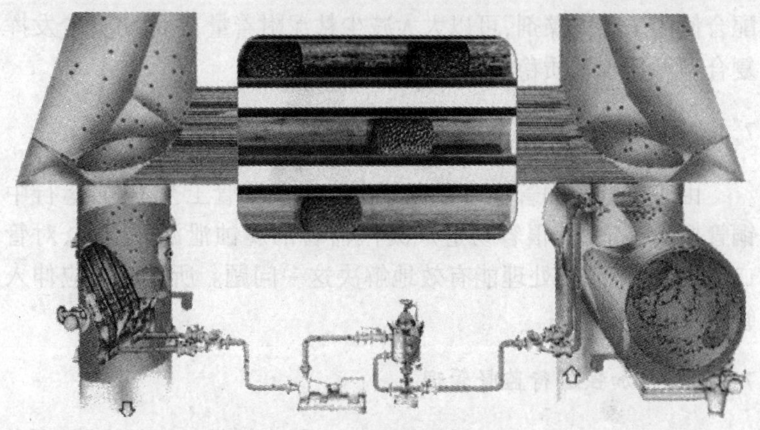

图 7-9 胶球冲洗装置示意图

图 7-10 橡胶球形式

7.4.2.4 凝汽器管表面处理

严格控制管材表面预处理、成膜工艺条件,保证冷凝管表面的洁净,并具有完整的、致密的、耐腐蚀的保护膜。

内蒙古电管局曾对所使用的黄铜管进行镀镍处理,以减少氨蚀的发生,取得了良好的效果。

7.4.2.5 加强循环水的处理

在循环水中连续均匀地加入水质稳定剂,防止过加、欠加,并配合使用杀菌灭藻剂，可以大大减少粘泥附着量，并且可充分发挥复合型循环水水质稳定剂的防腐作用。

7.4.2.6 管板、管口涂胶

由于凝汽器铜管管口存在冲击腐蚀及胀管工艺不当、运行中铜管振动等情况，很容易造成凝汽器管的腐蚀泄漏。因此，对管口、管板进行涂胶处理能有效地解决这一问题。所涂胶层应伸入管口 150 mm 左右。

7.4.2.7 加强运行监督管理

冷却塔水沟防护网易锈蚀穿孔，杂物会挟带进入凝汽器，所以应对冷却塔水沟监督运行加装防护网，以避免异物进入循环水系统对铜管内表面产生摩擦，并尽量减少用高压水枪冲洗等措施清除泥垢，以防破坏保护膜。

7.4.2.8 控制加氨量

保持机组运行中低压缸和凝汽器的严密性，防止空气进入，防止氨蚀。应采用自动加氨系统，控制加氨量。

7.4.2.9 凝汽器管腐蚀在线监测装置

凝汽器管腐蚀在线监测装置可以快速、准确地测量运行机组凝汽器管的局部腐蚀速率和均匀腐蚀速率，从而可以检验凝汽器管防腐措施的有效性，并指导调整防腐措施，使凝汽器管腐蚀问题得到有效地抑制。

8 冷凝管选材

经验表明,任何一种合金管材的使用性能都不可能满足所有的使用状况,或者说比其他合金都好,因此,在特定环境下选用最有效、最经济的材料,是人们多年来一直摸索的课题。

8.1 冷却水类型

我国幅员辽阔,冷凝管的使用场合遍布全国各地。所用冷却水概括起来大致有如下类型:

(1) 江河湖水:内陆电厂,多采用开式循环或直流式冷却系统;

(2) 水库水:内陆电厂,多采用开式循环或直流式冷却系统;

(3) 地下水:内陆地区坑口电厂,多采用循环式冷却系统;

(4) 海水:多为海滨电厂,多采用开式循环或直流式冷却系统;

(5) 海水与陆地淡水混合水:沿海地区靠近河流入海口的电厂,存在海水倒灌情况。

这些不同类型的水源水质并非一成不变,随着季节不同、气象条件的变化、水资源情况以及河流上游排废的变化等往往存在短期的、周期性或季节性的变化。一般来说,地表水水质受季节或意外情况变化的影响比地下水要大。

8.2 冷却水水质

8.2.1 影响凝汽器管使用寿命的水质指标

不同类型的冷却水其水质差异很大,导致冷凝管产生腐蚀或影响其使用寿命主要有下列水质指标。

8.2.1.1 溶解固形物和氯离子

冷却水中的溶解固形物、氯离子和硫酸根离子含量对凝汽器管材的腐蚀起着重要作用。根据水中的溶解固形物含量,可将天然水分为四类列于表 8-1。

表 8-1 水质分类

水质分类	淡水	微咸水	咸水	海水
溶解固形物/%	$<500\times10^{-4}$	$(500\sim2000)\times10^{-4}$	$>2000\times10^{-4}$	2500×10^{-4}左右

任何一种类型的冷却水,其一年四季的水质情况是不同的;对于靠近海边的江河水,还会存在海水倒灌的情况;另外短期或瞬间溶解固形物和氯离子较高的现象也时有发生。

8.2.1.2 悬浮物及含沙量

冷却水的悬浮物和含沙量是引起凝汽器管冲击腐蚀和沉积物下局部腐蚀的重要因素。使用内陆江河水时,其上游地质变化;使用靠近海边的江河水,在海水倒灌时以及吸入口位置都会对该项指标产生影响。对于含沙量,除含量指标外,泥沙的粒径和形状特性也会对管材腐蚀产生影响。在新建电厂,实际运行时冷却水的悬浮物含量可能会远远超过投产时设计用的测定值。

8.2.1.3 水质污染指标

水质污染指标如下:

(1) 硫离子含量,S^{2-};

(2) 氨含量,NH_3;

(3) 溶解氧含量,O_2;

(4) 化学耗氧量,COD_{Mn}。

上述指标之一超出规定值时，即认为水体污染。

8.2.1.4 冷却水的浓缩倍率

浓缩倍率是判定水系统状态的一个重要技术经济指标，体现了整体节水与水处理技术水平的高低。浓缩倍率越高，所需的补充水量越少，排污水量越少，节水效果越好；同时水中污染物增多，如无适当有效的水处理方法，保证水质达到使用要求，则会导致水系统腐蚀或泄漏。

20 世纪 80 年代，我国电力行业循环冷却水的浓缩倍率一般为 2.0～2.5，90 年代，随着水资源的紧缺，此项指标提高到 2.5～3.0。进入 21 世纪，水资源的匮乏与水处理技术水平的发展，促使某些地方冷却水浓缩倍率的指标已提高至 5.0。在这一指标下，循环水系统中所遇到的腐蚀、结垢、生物污垢等问题的处理则显得尤为重要。只有在保证循环水系统设备安全运行的前提下，才能使提高循环水浓缩倍率，减少废水排放，节约水资源，取得良好的经济效益、社会效益和环境效益成为可能。

一般冷却水的处理技术，是指对循环水系统的水质、设备材质、工况条件；选择缓蚀剂、阻垢剂、分散剂、杀虫剂、正确匹配组成水处理配方；提出工艺控制条件、提供相应的清洗、预膜方案等水处理的全过程。

8.2.2 国内部分典型水质情况

使用水库水作为循环冷却水的某电厂水质分析结果列于表 8-2；存在海水倒灌情况、使用入海口河水作为循环冷却水的某电厂水质分析结果列于表 8-3；盐碱地区使用河泡子水/井水的某电厂水质分析结果列于表 8-4；使用清洁江水的某电厂水质分析结果列于表 8-5；沿海地区使用地下水的某电厂水质分析结果列于表 8-6；沿海地区使用海水作为循环冷却水的某电厂水质分析结果列于表 8-7。

表 8-2 使用水库水的某电厂水质分析结果

（水质来源:水库水;冷却方式:循环）

序 号	分析项目	符 号	单 位	分析结果
1	浊 度			3.5
2	pH值	pH		8.1
3	游离二氧化碳	CO_2	%	1.98×10^{-4}
4	全固形物	TS	%	114.5×10^{-4}
5	悬浮物	T	%	2.8×10^{-4}
6	溶解固形物	S	%	112.1×10^{-4}
7	耗氧量	O_2	%	2.52×10^{-4}
8	二氧化硅	SiO_2	%	1.03×10^{-4}
9	钙离子	Ca^{2+}	%	22.0×10^{-4}
10	镁离子	Mg^{2+}	%	4.03×10^{-4}
11	钠离子	Na^{+}	%	7.4×10^{-4}
12	铁离子	Fe^{3+}	%	0.21×10^{-4}
13	铜离子	Cu^{2+}	%	0.009×10^{-4}
14	氯 根	Cl^{-}	%	5.1×10^{-4}
15	硫酸根	SO_4^{2-}	%	25.2×10^{-4}
16	硝酸根	NO_3^{-}	%	2.35×10^{-4}
17	腐殖酸根		%	0.092×10^{-4}
18	全碱度		%	1.1×10^{-7}
19	氢氧根	OH^{-}	%	0
20	碳酸根	CO^{2-}	%	0
21	重碳酸根	HCO	%	67.1×10^{-4}
22	全硬度		%	1.46×10^{-7}
23	铵 盐		%	1.06×10^{-4}
24	铝离子		%	0.033×10^{-4}
25	全 硅		%	1.9×10^{-4}
26	胶 硅		%	0.87×10^{-4}

表 8-3 使用入海口河水作为循环冷却水的某电厂水质分析结果

（水质来源:海口河水;冷却方式:开放式）

序 号	分析项目	符 号	单 位	分析结果
1	外观浊度			清
2	pH值	pH		8.3
3	全固形物	TS	mg/L	34609
4	灼烧碱量		mg/L	8257
5	溶解固形物	S	mg/L	33303
6	耗氧量	O_2	mg/L	14.6
7	二氧化硅	SiO_2	mg/L	37
8	钙离子	Ca^{2+}	mg/L	376.29
9	镁离子	Mg^{2+}	mg/L	1207.96
10	铁离子	Fe^{3+}	mg/L	24
11	氯 根	Cl^-	mg/L	18300
12	硫酸根	SO_4^{2-}	mg/L	2544.1
13	全碱度		mol/L	2.1
14	重碳酸根	HCO	mol/L	128.1
15	全硬度		mol/L	130

表 8-4 盐碱地区使用河泡子水/井水的某电厂水质分析结果

（水质来源:河泡子水/井水;冷却方式:开放/循环式）

序 号	分析项目	符 号	单 位	分析结果
1	外 观			浑 浊
2	透明度		mm	2481.60
3	浊 度		度	135.00
4	pH值	pH		9.38
5	全固形物	TS	mg/L	2588.00
6	悬浮物	T	mg/L	106.40
7	溶解固形物	S	mg/L	2481.60

续表 8-4

序 号	分析项目	符 号	单 位	分析结果
8	耗氧量	O_2	mg/L	7.54
9	二氧化硅	SiO_2	mg/L	13.00
10	钙离子	Ca^{2+}	mg/L	0.72
11	镁离子	Mg^{2+}	mg/L	2.12
12	钠离子	Na^{+}	mg/L	470.00
13	铁离子	Fe^{3+}	mg/L	4.05
14	铜离子	Cu^{2+}	mg/L	0.04
15	氯 根	Cl^{-}	mg/L	381.50
16	硫酸根	SO_4^{2-}	mg/L	90.50
17	磷酸根	PO_4^{3-}	mg/L	5.60
18	腐殖酸根		mol/L	0.50
19	全碱度		mol/L	24.70
20	氢氧根	OH^{-}	mol/L	0
21	碳酸根	CO^{2-}	mol/L	8.80
22	重碳酸根	HCO	mol/L	15.90
23	全硬度		mol/L	2.84
24	暂时硬度		mol/L	2.84
25	永久硬度		mol/L	0
26	负硬度		mol/L	21.86

表 8-5 使用清洁江水的某电厂水质分析结果

（水质来源：清洁江水；冷却方式：开放式）

序 号	分析项目	符 号	单 位	分析结果
1	浊 度			微 黄
2	pH 值	pH		7.6
3	游离二氧化碳	CO_2	%	44.0×10^{-4}
4	全固形物	TS	%	292.5×10^{-4}

续表 8-5

序号	分析项目	符号	单位	分析结果
5	悬浮物	T	%	11.0×10^{-4}
6	灼烧碱量		%	127.0×10^{-4}
7	溶解固形物	S	%	281.5×10^{-4}
8	耗氧量	O_2	%	3.52×10^{-4}
9	二氧化硅	SiO_2	%	8.3×10^{-4}
10	钙离子	Ca^{2+}	%	23.4×10^{-4}
11	镁离子	Mg^{2+}	%	4.8×10^{-4}
12	钾、钠离子	K^+、Na^+	%	8.4×10^{-4}
13	铁离子	Fe^{3+}	μm/L	2240
14	铁铝氧化物	R_2O_3	%	8.0×10^{-4}
15	氯根	Cl^-	%	17.0×10^{-4}
16	硫酸根	SO_4^{2-}	%	10.7×10^{-4}
17	全碱度		%	1.6×10^{-7}
18	全硬度		%	1.45×10^{-7}

表 8-6 沿海地区使用地下水的某电厂水质分析结果

（水质来源：地下水；冷却方式：开放式）

序号	分析项目	符号	单位	分析结果
1	浊度			透明
2	pH值	pH		7.59
3	游离二氧化碳	CO_2	mg/L	26.40
4	全固形物	TS	mg/L	36200.00
5	悬浮物	T	mg/L	585.00
6	溶解固形物	S	mg/L	35615.00
7	耗氧量	O_2	mg/L	11.68
8	二氧化硅	SiO_2	mg/L	17.00
9	钙离子	Ca^{2+}	mol/L	380.00

续表 8-6

序　号	分析项目	符　号	单　位	分析结果
10	镁离子	Mg^{2+}	mol/L	1170.00
11	铁铝氧化物	R_2O_3	mg/L	33.00
12	氨	NH_3	mg/L	0
13	氯　根	Cl^-	mg/L	17800.00
14	硫酸根	SO_4^{2-}	mg/L	2445.10
15	硝酸根	NO_3^-	mg/L	0
16	磷酸根	PO_4^{3-}	mg/L	0
17	全碱度		mol/L	1.95
18	氢氧根	OH^-	mol/L	0
19	碳酸根	CO^{2-}	mol/L	0.08
20	重碳酸根	HCO	mol/L	1.87
21	全硬度		mol/L	116.50
22	暂时硬度		mol/L	1.95
23	永久硬度		mol/L	114.55

表 8-7　沿海地区使用海水作为循环冷却水的某电厂水质分析结果

（水质来源：海水；冷却方式：开放式）

序　号	分析项目	符　号	单　位	分析结果
1	浊　度			浑　浊
2	pH 值	pH		8.00
3	全固形物	TS	mg/L	35555.00
4	悬浮物	T	mg/L	137.60
5	溶解固形物	S	mg/L	35417.40
6	耗氧量	O_2	mg/L	16.80
7	二氧化硅	SiO_2	mg/L	0.80
8	钙离子	Ca^{2+}	mol/L	20.50
9	镁离子	Mg^{2+}	mol/L	98.50

续表 8-7

序 号	分析项目	符 号	单 位	分析结果
10	铁离子	Fe^{3+}	mg/L	0.54
11	氨	NH_3	mg/L	0
12	氯 根	Cl^-	mg/L	18000.00
13	硫酸根	SO_4^{2-}	mg/L	2623.00
14	全硬度		mol/L	119.00
15	暂时硬度		mol/L	2.70

8.3 选材导则

8.3.1 凝汽器管选用原则

凝汽器管选用原则如下:

(1) 根据不同的冷却水质以及材料的适用性进行选材。

(2) 管材的耐腐蚀性、使用年限、价格、维护费用以及凝汽器结构等技术经济指标进行全面比较后确定。

(3) 所选用凝汽器管在设备安装、运行正常,采用正确的维护措施的条件下,不出现管材的严重泄漏,使用寿命可达 20 年以上。

8.3.2 凝汽器管的选用

8.3.2.1 材料的适应性

A H68A 普通黄铜

H68A 普通黄铜适用于来自河水、湖水、地下水的无悬浮固体腐蚀剂的清洁淡水中,也适用于溶解固形物含量小于 0.2% 的循环水中。黄铜加砷能够抑制脱锌腐蚀,产品完全退火可防止或减少应力腐蚀开裂。

适用流速:0.8~1.0 m/s, pH 值 7.6~8.0,使用温度小于 230℃。

B　HAl77-2 铝黄铜

当热交换器与咸水或海水接触时,铝黄铜是应用最广的一种铜合金。由于含有砷,不会产生脱锌腐蚀,当产品完全退火后还可避免应力腐蚀开裂。在清洁水中,当水的流速小于 3.5 m/s 或在海水中水的流速小于 2.5 m/s 时,这种材料可阻止点蚀和浸蚀。然而,硫化物对此材料有一定影响,且悬浮固体量大时,也会对此材料产生影响。在完全退火后,此种材料可承受少量溶解氨的侵蚀,采用硫酸亚铁水处理,可大大改进此材料对一般性腐蚀和浸蚀的抵抗能力。从技术和经济的角度综合考虑,铝黄铜是生产用于盐水中的各种类型的热交换器的最佳铜合金。该材料一般以完全退火状态供货,使用温度可达 230℃,在此温度范围内的最大许用应力为 82.8～13.8 MPa。

C　HSn70-1 锡黄铜

HSn70-1 锡黄铜可在淡水或半咸水中使用,砷可抑制脱锌腐蚀,材料中所含锡可改进其在有少量污染的水中,尤其是在含有硫衍生物的水中使用时对一般性腐蚀的抵抗能力。当产品完全退火后还可避免应力腐蚀开裂。当水中未溶固体含量小于 $2000\times10^{-4}\%$时,可使用在最大水流速为 3 m/s 的场合,但不适宜在海水中使用。该材料一般以完全退火状态供货,使用温度不超过 230℃,在此温度范围内的最大许用应力为 68.9～20.7 MPa。

D　BFe10-1-1 铁白铜

BFe10-1-1 铁白铜对清洁的或有少量污染的海水及咸水有很好的抗腐蚀性,即使水中含有未冷凝气体仍是如此。这种合金可避免应力腐蚀开裂和高温点脱镍,而浓氨冷凝剂的渗透会在管板附近或支撑表面等管壁处产生腐蚀。锰和铁的加入改进了这种材料的抗侵蚀性能,在清洁的海水里最大能接受的水流速度是 2.2～2.5 m/s,而在清新或微盐的水质中相应的流体限速为 4 m/s。

为避免产生沉积腐蚀,通常建议在水流速度高于 0.8～1.0 m/s的场合下工作。但与此材料接触的水中含有硫化物或悬浮固体时,水流速度可适当降低。

该合金在温度较高的场合使用时,除具有较好的抗腐蚀性能外,还具有较好的力学性能。这种管材可以以完全退火的状态供货,也可以以轻拉状态供货。最大工作温度为 315℃,在此温度范围内的最大许用应力为 68.9～41.4 MPa。

E BFe30-1-1 铁白铜

BFe30-1-1 铁白铜的固有硬度和有自我保护性的表面氧化皮膜,对流速高达 3～3.5 m/s 的海水中的悬浮固体产生的侵蚀和点蚀有很好的抵抗性能。溶解在冷凝剂中的非冷凝气体如二氧化碳和氨等也不会对其产生影响。此外,该合金对碱液和被硫化物污染的半咸水、咸水和海水也有较好抗蚀性。与其他白铜一样本材料也可绝对避免应力腐蚀开裂。但此合金对沉积腐蚀较为敏感,故不适用于静止或流速较低(流速在 1～1.2 m/s 以下)的水中。

在热交换器工作时,由于蒸汽直接冲击金属,会在管壁上产生高温点脱镍和局部过热现象。本材料通常以完全退火状态或拉伸消除应力状态供货,其工作温度与管材的供货状态有关,最高工作温度为 370～425℃。在规定的温度范围内的最大许用应力为 82.7～64.8 MPa。

F HSn70-1B 与 HSn70-1AB 添加微量元素的锡黄铜

HSn70-1B 和 HSn70-1AB 都是在原有 HSn70-1 加砷锡黄铜的基础上又添加了可以有效提高材料耐腐蚀性能微量元素的新型铜合金材料,其中 HSn70-1B 因添加了微量硼元素,使其在某些腐蚀介质中的耐蚀性有了进一步的提高。HSn70-1AB 是在 HSn70-1B 合金的基础上又添加了微量的镍和锰元素,其耐蚀性能又得以进一步提高,适用于各类不同的或有轻度污染的陆地淡水及存在海水倒灌的场合。具体指标可参看表 8-8。

G 不锈钢

不锈钢表面薄而坚固的氧化膜使不锈钢在大部分水质中都具有优异的耐腐蚀性因而适用于多种水质类型。但在某些介质中,却可能因化学稳定性低而发生腐蚀,这些腐蚀通过合理的选材可以部分地予以避免。此外,奥氏体不锈钢经焊接后,由于在母材上出现与敏化加热温度范围相当的热影响区而使不锈钢在焊缝附近易产生晶间腐蚀,腐蚀类型及程度因不锈钢的种类、热影响区部位及形貌的不同而异。

H 钛管

钛管对氯化物、硫化物和氨都具有较好的耐蚀性，耐冲击腐蚀的能力也很强，适用于以海水或咸水、污染海水、悬浮物含量高或污染严重的冷却水质。但在含沙量较高且流速较慢的情况下也会产生腐蚀。

8.3.2.2 凝汽器管的选用

无论在什么场合下使用，最佳的合金选择可以看作是对材料的物理性能、化学性能、工艺性能、安装性能、经济性以及合金材料的工作条件、防腐措施等进行综合考虑，以选择出最佳。在满足各项性能指标的情况下，通常有几种合金可供选择。这时，材料的耐蚀性和经济性就成了主要的选择参数。

A 适应水质及允许流速

根据多年的使用经验，各种水环境下推荐使用的铜合金冷凝管材料示于图 8-1；凝汽器用铜管和钛管所适应的水质及允许流速列于表 8-8；凝汽器用不锈钢管所适用的水质参考列于表 8-9。

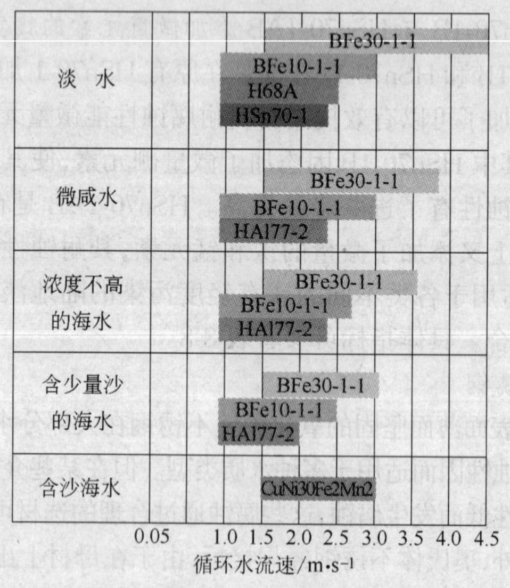

图 8-1 各种水环境下推荐使用的铜合金冷凝管材料

表 8-8 凝汽器用铜管和钛管所适应的水质及允许流速

合金材料	溶解固形物 /mg·L^{-1}	Cl^- /mg·L^{-1}	悬浮物和含沙量/mg·L^{-1}	允许流速/m·s^{-1} 最低	最高
H68A	<300,短期<500	<50,短期<100	<100	1.0	2.0
HSn70-1	<1000,短期<2500	<150,短期<400	<300	1.0	2.2
HSn70-1B	<3500,短期<4500	<400,短期<800	<300	1.0	2.2
HSn70-1AB	<4500,短期<5000	<2000	<500	1.0	2.2
HAl77-2	<35000,短期<40000	<20000,短期<25000	<50	1.0	2.0
BFe10-1-1	<5000,短期<8000	<600,短期<1000	<100	1.4	3.0
BFe30-1-1	<35000,短期<40000	<20000,短期<25000	<1000	1.4	3.0
Ti	不限	不限	<1000	不限	

注:短期指冷却水中含较高溶解固形物和氯离子的时间,一年中连续不超过两个月。

表 8-9 常用不锈钢凝汽器管适用水质参考

Cl^-/mg·L^{-1}	美国	德国
<200	TP304、TP304L、TP430	
<500		X5CrNi810
<1000	TP316、TP316L	
<2000		X2CrNiMoN17122
<5000	TP317、TP317L	X5CrNiMo17122
<10000		X1NiCrMoCu25205
海水	AL-6X、AL-6XN	

B 其他注意事项

其他注意事项如下:

(1) 当冷却水的污染程度增高,其水中污染物:$S^{2-}\geqslant 0.02$ mg/L;$HN_3\geqslant 1$ mg/L;$O_2\leqslant 4$ mg/L;$COD_{Mn}\geqslant 4$ mg/L 时,应根据实际水质情况采用加氯处理、海绵球清洗、硫酸亚铁处理等水处理措施。

(2) 硫酸亚铁成膜处理是提高铜合金管耐蚀性能的有效手段。

H68A 和 HSn70-1 管在采用硫酸亚铁成膜处理时，允许的悬浮物含量可提高到 500～1000 mg/L。HSn70-1 管允许的溶解固形物含量可以提高到 1500 mg/L，氯离子含量可提高到 200 mg/L。

(3) 在选用铜合金凝汽器管时，对于空抽区布置在中间部位的凝汽器以及其他类型凝汽器的空抽区宜选用 BFe10-1-1、BFe30-1-1 或不锈钢管，以避免该区域的管子产生氨蚀。

(4) 含沙海水凝汽器铜管的腐蚀与选材。

有试验表明，在冷却水质为含盐量：0.75%～1.85%（为一般海水的 1/3～1/2），悬浮物：0.05%～0.23%（主要为泥沙），pH 值 8.0 左右，水质状况基本无污染，流速 2 m/s 的条件下，运行两年后铜管的泄漏率为：

H68A：64.29%；

HAl77-2：12%；

BFe10-1-1：38%；

BFe30-1-1：0。

(5) 对确认水质长期遭受污染或有恶化趋势而又无法改善时，宜选择合适水质条件的不锈钢管或钛管。采用不锈钢管或钛管时，应保证足够的水流速，并采取完善的加氯处理、胶球冲洗等措施，以保证材料所需的清洁度。

(6) 凝汽管的选择还应考虑其管子材质与管板之间的胀接或焊接，应尽量避免与管子发生电偶腐蚀，或采取有效的防腐措施，以确保凝汽器整体的严密性。

参 考 文 献

1 杨文波等.热力发电厂.北京:中国电力出版社

2 刘正鄂.有色重金属及合金的熔炼与浇铸.有色总公司职工教育教材编审办公室,1985

3 Л.Е.米列尔.有色金属及合金加工手册.北京:中国工业出版社,1965

4 重有色金属材料加工手册.第二分册,第四分册.北京:冶金工业出版社,1979

5 王碧文.有色重金属管棒型线材生产.有色总公司职工教育教材编审办公室,1986

6 铜加工技术实用手册编委会.铜加工技术实用手册.北京:冶金工业出版社

7 张喜燕等.钛合金及应用.北京:化学工业出版社

8 张其枢等.不锈钢焊接.北京:机械工业出版社,2004

9 Welding Handbook.1990,68:41～42

10 中国钛业协会.中国钛工业的现状及未来.2004

11 意大利 TTM 公司的热交换器铜管生产.铜加工,1996(4):73～80

12 神头第二发电厂组编.电力安全工作问答.北京:中国电力出版社,2005

13 C.Jepsson 等.Metals Tech.1979,(10)

14 DL5011《电力建设施工及验收技术规范(汽轮机组篇)》的施工验收标准,2004 年 6 月

15 易德兴.B10 空心铸锭的水平连续铸造.铜加工,1997(3):96～100

16 王继周等.锡黄铜冷凝管材的残余应力.中国有色金属学报,1993,3(2):67～72

17 郭莉.冷凝管生产的品质管理.铜加工,1999(4):20～23

18 郭莉.白铜冷凝管用硬度值判定机械性能初探.铜加工,1998(1):12～14

19 陈敬堂.THERMATOOL 公司高频焊管技术.焊管,1992,15(2):49～57

20 张建中等.含硼黄铜冷凝管使用前后表面膜及耐蚀性的研究.材料科学进展,1989(3):425～429

21 陆桐.HSn70-1B 新型凝汽器管的试验应用.HSn70-1B 新型凝汽器管鉴定资料,1990

22 张小农等.热电站冷凝器用黄铜管的腐蚀特征与机制.上海有色金属,2003(24):55～58

23 田福生等.铸－轧－盘拉法生产铜及铜合金管技术与生产线.中国铜加工技术创新文集,2006,44～49
24 Frand Donsbach 等.铜加工感应熔化炉的技术发展.中国铜加工技术创新文集,2006,478～498
25 狄大江.船用 BFe10-1-1 大口径薄壁管材的研制.铜加工,1999(4):15～19
26 渥美哲郎等.冷凝器用铜合金－钛双金属管的实用化.骆渊译.铜加工,1995(3):32～40
27 徐增华.金属耐蚀材料.腐蚀与防护,2001(10):458～460
28 梁磊.电厂凝汽器冷却管腐蚀及泄漏情况的调查.电站辅机,1998(3):6～10
29 王吉会.硼对铜合金组织和性能的影响.材料研究学报,1997(4)
30 李耀群.周期式冷轧管机的发展.钢管,2002(4):1～8
31 于文艳.钛材在舰船冷凝器中的应用前景.应用科技,2002(7):7～9
32 张智强等.HSn70-1B 冷凝管成分组织及耐蚀性能研究.腐蚀与防护,1999(9):398～404
33 李冰等.铜合金管坯旋轧成形的三维热力耦合有限元模拟.科学技术与工程,2005(17):1293～1296
34 田荣璋.铜合金及其加工手册.中南大学出版社,2002
35 李耀群.关于 BFe10-1-1 白铜管盘拉工艺的研究.铜加工研究,2004(11):3～7

冶金工业出版社部分图书推荐

书　名	定价(元)
铜加工技术实用手册	268.00
铜水(气)管及管接件生产、使用技术	28.00
现代铜盘管生产技术	26.00
高性能铜合金及其加工技术	29.00
铝加工技术实用手册	248.00
铝合金材料的应用与技术开发	48.00
大型铝合金型材挤压技术与工模具优化设计	29.00
连续挤压技术及其应用	26.00
多元渗硼技术及其应用	22.00
铝型材挤压模具设计、制造、使用及维修	43.00
金属挤压理论与技术	25.00
金属塑性变形的实验方法	28.00
复合材料液态挤压	25.00
型钢孔型设计(第2版)	24.00
简明钣金展开系数计算手册	25.00
超细晶钢——钢的组织细化理论与控制技术	188.00
控制轧制控制冷却	22.00
金属塑性变形力计算基础	15.00
金属塑性加工有限元模拟技术与应用	35.00
NiTi形状记忆合金在生物医学领域的应用	33.00
板带铸轧理论与技术	28.00
高精度板带轧制理论与实践	70.00
小型型钢连轧生产工艺与设备	75.00
二元合金状态图集(日)	38.00
板带轧制工艺学	79.00
高速轧机线材生产	75.00
楔横轧零件成形技术与模拟仿真	48.00
轧制过程的计算机控制系统	25.00
矫直原理与矫直机械	30.00
连铸连轧理论与实践	32.00
新材料概论——留日中国青年材料学者的奉献	89.00
材料的结构	49.00